Hangl/Arminger

Grundlagen der finanziellen Unternehmensführung
Band I: Externe Rechnungslegung

Grundlagen der finanziellen Unternehmensführung

Band I: Externe Rechnungslegung

Mag. Christa Hangl
Professorin an der FH OÖ/Steyr

Prof. (FH) Mag. Dr. Josef Arminger
Professor an der FH OÖ/Steyr

4. Auflage

Linde

Zitiervorschlag: *Hangl/Arminger*, Grundlagen der finanziellen Unternehmensführung, Bd I^4 (2019) Seite

Bibliografische Information der Deutschen Nationalbibliothek

Die Deutsche Nationalbibliothek verzeichnet diese Publikation in der Deutschen Nationalbibliografie; detaillierte bibliografische Daten sind im Internet über http://dnb.d-nb.de abrufbar.

Hinweis: Aus Gründen der leichteren Lesbarkeit wird auf eine geschlechtsspezifische Differenzierung verzichtet. Entsprechende Begriffe gelten im Sinne der Gleichbehandlung für beide Geschlechter.

ISBN 978-3-7073-3801-0 (Print)
ISBN 978-3-7094-0914-5 (E-Book-PDF)
ISBN 978-3-7094-0915-2 (E-Book-ePub)

1210 Wien, Scheydgasse 24, Tel.: 01/24 630
www.lindeverlag.at

Druck: Hans Jentzsch & Co GmbH
1210 Wien, Scheydgasse 31

Dieses Buch wurde in Österreich hergestellt.

PEFC/06-39-15

PEFC zertifiziert
Dieses Produkt stammt aus nachhaltig bewirtschafteten Wäldern und kontrollierten Quellen
www.pefc.at

Gedruckt nach der Richtlinie „Druckerzeugnisse" des Österreichischen Umweltzeichens, Druckerei Hans Jentzsch & Co GmbH, UW Nr. 790

mit biologischen Druckfarben

Vorwort zur 4. Auflage

Der finanzielle Erfolg steht seit jeher im Zentrum des unternehmerischen Handelns. Doch nie zuvor waren Kenntnisse der finanziellen Unternehmensführung und des Controllings für die berufliche und persönliche Entwicklung von Führungskräften aller Unternehmensbereiche so erfolgsentscheidend wie heute.

Das vorliegende Werk in vier Bänden vermittelt Studierenden und Praktikern das erforderliche Finanz-Know-how und zeichnet sich dabei durch zwei Aspekte besonders aus:

Inhaltlich konzentriert es sich nicht wie viele andere Bücher auf isolierte Teilbereiche, sondern fördert das Verständnis für das finanzielle Gesamtsystem eines Unternehmens – von der Finanzbuchhaltung und Bilanzanalyse über die Kosten- und Leistungsrechnung, Investition und Finanzierung bis zum Controlling.

Didaktisch ist es von mehr als 20 Jahren internationaler Lehr- und Lernerfahrung mit Studierenden und Führungskräften in der Praxis geprägt. Mehr als 300 Übungs- und Fallbeispiele unterstützen bei der konkreten Anwendung des Gelernten und sichern damit den Lernerfolg. Weit über 400 Abbildungen tragen zur Veranschaulichung der beschriebenen Inhalte bei. Der Online-Lernguide (https://finance.lernguide.com/) bietet eine Vielzahl an Videos, in denen besonders relevante Sachverhalte, führende Praxisumsetzungen sowie Lösungen zu Rechenbeispielen präsentiert werden. Darüber hinaus kann mittels umfangreicher Selbsttests der eigene Kompetenzerwerb überprüft werden.

Das Buch erscheint nun bereits in der 4. Auflage und hat sich als Standardwerk etabliert. Die neue Auflage berücksichtigt die unternehmensrechtlichen und steuerrechtlichen Neuerungen sowie aktuelle Entwicklungen auf den Kapitalmärkten. Im Bereich der Internationalen Rechnungslegung wurden insbesondere die Änderungen durch die neuen Standards für die Bilanzierung von Finanzinstrumenten, Leasingverträgen und Umsatzrealisierung aufgenommen. Der Controlling-Band wurde neu strukturiert und um ein Hauptkapitel zum Strategischen Controlling erweitert. Zahlreiche neue Beispiele und Studien runden die Aktualisierung ab.

Die Foliensätze erstrahlen in einem neuen Layout. Der Lernguide wurde auf eine neue technische Plattform gestellt und ist nun über verschiedenste Endgeräte – vom Laptop bis zum Smartphone – nutzbar. Lektorinnen und Lektoren erhalten in bewährter Manier über das Lindeverlags-Team ergänzende Unterrichtsmaterialien. Ein herzliches Dankeschön an all jene, die uns in den letzten mehr als 10 Jahren bei der stetigen Weiterentwicklung unseres Werkes unterstützt haben!

Wir wünschen unseren Leserinnen und Lesern viel Erfolg bei ihrem Einstieg in die Welt der finanziellen Unternehmensführung und sind zuversichtlich, dass wir mit dem vorliegenden Gesamtpaket aus Buch und multimedialem Lernguide einen wertvollen Beitrag zu einer gelungenen Lehre an Hochschulen und Weiterbildungseinrichtungen leisten können!

Steyr, im August 2019

Das Autorenteam:
FH-Prof. Dr. Christoph Eisl (Hrsg)
FH-Prof. DI Dr. Heimo Losbichler (Hrsg)
FH-Prof. Dr. Josef Arminger, CPA
Mag. Christa Hangl
FH-Prof. Mag. DI Peter Hofer
FH-Prof. Dr. Albert Mayr

Autorenbeschreibung

Mag. Christa Hangl ist Professorin für externe Rechnungslegung im Studiengang Controlling Rechnungswesen und Finanzmanagement (CRF) an der Fachhochschule Oberösterreich, Fakultät für Management in Steyr. Schwerpunkte ihrer Lehr- und Forschungstätigkeit sind Finanzbuchhaltung, Bilanzierung, Jahresabschlussanalyse und Personalverrechnung. Durch ihre beruflichen Tätigkeiten in verschiedenen Wirtschaftstreuhandkanzleien und in der Erwachsenenbildung hat sie große Praxiserfahrung in ihren Lehr- und Forschungsgebieten erworben.

FH-Prof. Mag. Dr. Josef Arminger ist Wirtschaftsprüfer und Steuerberater und Certified Public Accountant (US). Er ist Professor für Internationale Rechnungslegung im Studiengang Controlling, Rechnungswesen und Finanzmanagement (CRF) an der Fachhochschule Oberösterreich, Fakultät für Management in Steyr. Darüber hinaus ist er Mitglied der Arbeitsgruppe „Internationale Finanzberichterstattung" des AFRAC. Zuvor war er langjähriger Mitarbeiter der KPMG Gruppe Österreich, zuletzt Senior Manager und Mitarbeiter der Stabstelle für Rechnungslegung (Department of Professional Practice).

Inhaltsverzeichnis

Literaturempfehlungen

Bücher

Bertl, R., *Deutsch-Goldoni, E.*, *Hirschler, K.*, Buchhaltungs- und Bilanzierungshandbuch (2017)

Coenenberg, A., *Haller, A.*, *Schultze, W.*, Jahresabschluss und Jahresabschlussanalyse (2018)

Doralt, W., *Wagenhofer, A.*, Internationale Rechnungslegungsstandards – IAS/IFRS (2019)

Egger, A., *Samer, H.*, *Bertl, R.*, Der Jahresabschluss nach dem Unternehmensgesetzbuch, Band 1: Der Einzelabschluss, Erstellung und Analyse (2018)

Egger, A., *Samer, H.*, *Bertl, R.*, Der Jahresabschluss nach dem Unternehmensgesetzbuch, Band 2: Der Konzernabschluss unter Einbeziehung der International Accounting Standards bzw. International Financial Reporting Standards (2016)

Egger, A., *Samer, H.*, *Bertl, R.*, Der Jahresabschluss nach dem Unternehmensgesetzbuch, Band 3: Unternehmensanalyse (2018)

Grohmann-Steiger, Ch., Schneider W., Dobrovits, J., Einführung in die Buchhaltung im Selbststudium (2018)

Grünberger, H., Praxis der Bilanzierung 2019/20 (2018)

Losbichler, H., Eisl, Ch., Engelbrechtsmüller, Ch. (Hrsg.), Handbuch der betriebswirtschaftlichen Kennzahlen (2015)

Mayrhofer, K., Arbeitsrecht für die betriebliche Praxis 2018/19 (2018)

Ortner, W., *Ortner, H.*, Personalverrechnung in der Praxis (2019)

Subramanyam, K.R., Financial Statement Analysis (2013)

Wagenhofer, A., Bilanzierung und Bilanzanalyse (2017)

Fachzeitschriften

Österreichische Steuerzeitung (ÖStZ)

Steuer- und WirtschaftsKartei (SWK)

Österreichische Zeitschrift für Recht und Rechnungswesen (RWZ)

Zeitschrift für internationale Rechnungslegung (IRZ)

1. Grundlagen der externen Rechnungslegung

„Reich ist man erst dann, wenn man sich in seiner Bilanz um einige Millionen Dollar irren kann, ohne dass es auffällt."

Paul Getty (US-Ölmagnat, 1892–1976)

Lernziele

Wenn Sie dieses Kapitel durchgearbeitet haben, sollten Sie:

- die gesetzlichen Grundlagen der externen Rechnungslegung kennen.
- die formalen Anforderungen an die Finanzbuchhaltung kennen.
- wissen, aus welchen Bestandteilen der Jahresabschluss besteht.
- wissen, wer zur Führung einer doppelten Buchhaltung verpflichtet ist.
- einfache Buchungssätze erstellen können.
- die Grundzüge des Umsatzsteuergesetzes kennen.
- wissen, wann und an welche außerbetriebliche Einrichtungen das Unternehmen Abgaben, Gebühren, Steuern und Beiträge zu entrichten hat.
- den Aufbau der Bilanz und der Gewinn- und Verlustrechnung kennen.
- erkennen können, welche ertrags- und/oder liquiditätsmäßigen Auswirkungen sich aufgrund einer vorgenommenen Buchung ergeben.
- die Grundzüge der internationalen Rechnungslegung und wesentliche Unterschiede zur nationalen Rechnungslegung kennen.

Finanzbuchhaltung als Informationsquelle

Um ein Unternehmen in finanzieller Sicht steuern zu können, bedarf es bestimmter Informationen, die z.T. die Finanzbuchhaltung des Unternehmens liefert. Aus der laufenden Buchhaltung gewinnt ein Unternehmen Informationen zur operativen Steuerung, d.h. Daten zur Sicherung der Liquidität und Rentabilität. Gleichzeitig ist sie Ausgangspunkt für die Kostenrechnung und das operative Controlling. Auch für Zwecke der Investitionsrechnung wird z.T. auf die Daten der Finanzbuchhaltung zurückgegriffen. Informationsbedarf besteht aber auch gegenüber externen Adressaten wie z.B. den Gesellschaftern bzw. Aktionären, Mitarbeitern, Kreditgebern, der Abgabenbehörde und Lieferanten.

Unternehmen können jedoch nicht ausschließlich jene Informationen aufzeichnen, die ihnen für Zwecke ihres Unternehmens wichtig erscheinen. Als rechtsverbindlicher Bestandteil des betrieblichen Rechnungswesens zählt zu den Aufgaben der Finanzbuchhaltung die Dokumentation des gesamten betrieblichen Geschehens für eine Abrechnungsperiode. Dabei sind bestimmte gesetzliche Vorschriften, seien es nun jene, welche formale Kriterien betreffen oder jene, welche die inhaltliche Seite der Finanzbuchhaltung betreffen, einzuhalten.

Offensichtlich halten sich jedoch nicht alle Unternehmer an diese Vorschriften, wie die Statistik des österreichischen Kreditschutzverbandes über die Insolvenzursachen für das Jahr 2015 belegt. Demnach verfügten 4 % aller im Jahr 2015 insolvent gewordenen Unternehmen über keine oder nur eine mangelhafte Buchführung. Weitere 7 % waren nicht in der Lage, Wirtschaftsvorgänge differenziert zu beurteilen, und bei 40 % führte das Fehlen des kaufmännischen Weitblicks zur Insolvenz ihres Unternehmens.

Lediglich 17 % der im Jahr 2015 angemeldeten Insolvenzen hatten ihre Ursache im außerbetrieblichen Bereich (z.B. verursacht durch den Ausfall eines Lieferanten, die Insolvenz von Abnehmern oder Unglücksfälle durch höhere Gewalt). 83 % aller Unternehmensinsolvenzen waren demnach auf innerbetriebliche Ursachen zurückzuführen! Ein wesentlicher Grund, sich mit der Thematik des Rechnungswesens näher zu befassen.

1.1. Rechtliche Grundlagen der externen Rechnungslegung

Das Unternehmensgesetzbuch (UGB) ist die zentrale Rechtsgrundlage der externen Rechnungslegung.

§ 190 Abs. 1 UGB verpflichtet jeden Unternehmer, Bücher zu führen und in diesen seine unternehmensbezogenen Geschäfte und die Lage seines Vermögens nach den Grundsätzen ordnungsgemäßer Buchführung ersichtlich zu machen.

Unternehmer ist derjenige, der nach § 1 UGB ein Unternehmen betreibt, wobei als Unternehmen jede auf Dauer angelegte Organisation selbstständiger wirtschaftlicher Tätigkeit, mag sie auch nicht auf Gewinn ausgerichtet sein, verstanden wird.

Das Unternehmensgesetzbuch typisiert drei Kategorien von Unternehmern:

a) Unternehmer kraft Betrieb eines Unternehmens (§ 1 UGB)

Dazu zählen z.B. Gewerbetreibende, aber auch Hausverwalter oder Vermieter (ab fünf Wohnungen).

b) Unternehmer kraft Rechtsform (§ 2 UGB)

Dazu zählen:

- Aktiengesellschaften (AG),
- Gesellschaften mit beschränkter Haftung (GmbH),
- Erwerbs- und Wirtschaftsgenossenschaften,
- Versicherungsvereine auf Gegenseitigkeit,
- Sparkassen,
- Europäische wirtschaftliche Interessenvereinigungen (EWIV),
- Europäische Gesellschaften (SE) und
- Europäische Genossenschaften (SCE).

Nicht dazu zählen Personengesellschaften wie Offene Gesellschaft (OG) und Kommanditgesellschaft (KG).

c) Unternehmer kraft Eintragung (§ 3 UGB)

Personen, die zu Unrecht im Firmenbuch eingetragen sind und unter ihrer Firma handeln, gelten als Unternehmer kraft Eintragung (sogenannte „Scheinunternehmer" – dient vor allem der Rechtssicherheit, denn wer unter seiner eingetragenen Firma handelt, soll rechtlich auch dann als zur Gänze dem UGB unterliegender Unternehmer behandelt werden, wenn er gar keiner ist).

Rahmenvorschriften. Rahmenvorschriften für das UGB (Unternehmensgesetzbuch) bilden EU-Richtlinien. Im Speziellen hervorzuheben ist die Bilanz-Richtlinie des Europäischen Parlaments vom 26. Juni 2013, welche Vorschriften für die Erstellung von Jahresabschlüssen sowie Konzernabschlüssen enthält. Für die

Mitgliedstaaten der EU besteht eine Verpflichtung, die nationalen Rechnungslegungsvorschriften an den Inhalt der jeweiligen EU-Richtlinie anzupassen. In Österreich erfolgte im Jahr 2015 mit dem Inkrafttreten des Rechnungslegungs-Änderungsgesetzes 2014 (RÄG 2014) eine Anpassung der Bestimmungen des Unternehmensgesetzbuches (UGB) und weiterer Gesetze an die EU-Richtlinie. Eine Vergleichbarkeit von Jahresabschlüssen innerhalb der EU ist jedoch nach wie vor nicht gegeben, da diese EU-Richtlinie weiterhin eine Vielzahl von Wahlrechten beinhaltet, wodurch eine unterschiedliche Behandlung einzelner Bereiche der Rechnungslegung innerhalb des EU-Raumes möglich ist.

Konzernabschlüsse. Um Konzernabschlüsse in der EU vergleichbar zu machen, besteht seit dem Jahr 2005 für alle börsennotierten Unternehmen die Verpflichtung, ihre Rechnungslegung an die Bestimmungen der IFRS (International Financial Reporting Standards) anzupassen.

Die Bestimmungen des UGB über die Rechnungslegung (= Führung einer doppelten Buchhaltung, Erstellung eines Jahresabschlusses mit Bilanz und Gewinn- und Verlustrechnung) gelten gemäß § 189 UGB für folgende Unternehmen:

a) Kapitalgesellschaften (GmbH und AG), und zwar unabhängig von ihrer Größe und auch unabhängig von der von ihnen ausgeübten Tätigkeit, somit z.B. auch bei Ausübung eines freien Berufes oder einer Land- und Forstwirtschaft.
b) Die Buchführungspflicht gilt weiters für unternehmerisch tätige Personengesellschaften, bei denen kein unbeschränkt haftender Gesellschafter eine natürliche Person ist. Das sind so genannte „verdeckte Kapitalgesellschaften“ wie z.B. eine GmbH & Co KG. Auch diese Gesellschaften sind unabhängig von ihrer Größe buchführungspflichtig.
   Personengesellschaften, bei denen alle unmittelbaren oder mittelbaren Gesellschafter mit ansonsten unbeschränkter Haftung tatsächlich nur beschränkt haftbar sind, weil ausländische Rechtsvorschriften diese als Kapitalgesellschaften einstufen.
c) Für alle anderen Unternehmen, also insbesondere Einzelunternehmer und Personengesellschaften, bei denen mindestens ein voll haftender Gesellschafter eine natürliche Person ist, ausgenommen freie Berufe und Land- und Forstwirte, sind im § 189 Abs. 1 Z 2 UGB Umsatzschwellenwerte festgelegt, bei deren Überschreitung die Rechnungslegungspflicht eintritt.
   - Der untere Umsatzschwellenwert (€ 700.000,00) muss in zwei aufeinanderfolgenden Jahren (nachhaltig) überschritten werden, dann tritt ab dem zweitfolgenden Geschäftsjahr die Rechnungslegungspflicht ein (Beispiel: Liegen die Umsatzerlöse in den Geschäftsjahren 2019 und 2020 über dem Schwellenwert, entsteht die Buchführungspflicht nach einem „Pufferjahr“ ab dem Geschäftsjahr 2022);

- wird der qualifizierte Umsatzschwellenwert (€ 1.000.000,00) überschritten, reicht das einmalige Überschreiten dieses Schwellenwertes aus und die Buchführungspflicht entsteht bereits im nächstfolgenden Geschäftsjahr (Beispiel: Ein Einzelunternehmer erzielt im Jahr 2019 € 600.000 Umsatz und 2020 € 1.050.000. Er ist bereits ab 2021 buchführungs- und bilanzierungspflichtig).

Die Rechnungslegungspflicht entfällt ab dem folgenden Geschäftsjahr, wenn die Umsatzgrenze in zwei aufeinanderfolgenden Geschäftsjahren wieder unterschritten wird.

Keine Rechnungslegungspflicht besteht weiterhin für Angehörige der freien Berufe, Land- und Forstwirte sowie für Unternehmer mit Überschusseinkünften (Überschüsse der Einnahmen über die Werbungskosten, z.B. bei Einkünften aus Vermietung und Verpachtung oder Kapitalvermögen).

Buchführungspflicht gemäß Bundesabgabenordnung (BAO). Die abgabenrechtliche (= steuerliche) Buchführungspflicht (Buchführungspflicht gemäß BAO) richtet sich nach dem Unternehmensgesetzbuch.

Einnahmen-Ausgaben-Rechnung. Unternehmer, welche die im UGB angeführten Grenzen nicht überschreiten, müssen zumindest eine *Einnahmen-Ausgaben-Rechnung* führen (§ 4 Abs. 3 EStG). Unter diese Bestimmung fallen z.B. kleine Handels- und Handwerksbetriebe, aber auch die so genannten „freien Berufe“ wie Ärzte, Rechtsanwälte, Steuerberater und Wirtschaftsprüfer, Journalisten usw. Die Einnahmen-Ausgaben-Rechnung ist ein vereinfachtes Buchführungssystem, das sich auf die Aufzeichnung von Zahlungsvorgängen beschränkt. Dabei werden zur Ermittlung des Gewinnes bzw. des Verlustes die tatsächlich zugeflossenen Betriebseinnahmen den tatsächlich abgeflossenen Betriebsausgaben eines Kalenderjahres gegenübergestellt.

Steuerliche Pauschalierung. Für sonstige Unternehmer sowie Unternehmer i.S. der freien Berufe besteht seit 1994 die Möglichkeit der *steuerlichen Pauschalierung.* Voraussetzungen dafür sind:

- Es darf keine Buchführungspflicht bestehen,
- es darf auch freiwillig keine doppelte Buchhaltung geführt werden,
- die Umsätze im vorangegangenen Geschäftsjahr dürfen € 220.000,00 nicht übersteigen und
- aus der Steuererklärung muss hervorgehen, dass die Pauschalierung in Anspruch genommen wird.

Das Betriebsausgabenpauschale beträgt 12 % des Nettoumsatzes, maximal € 26.400,00.

Für bestimmte Tätigkeiten beträgt das Pauschale 6 %, max. € 13.200,00. Betroffen davon sind Einkünfte aus kaufmännischer oder technischer Beratung (Konsulent), aus vermögensverwaltender Tätigkeit, Gehälter und sonstige Vergütungen aus einer wesentlichen Beteiligung an einer Kapitalgesellschaft sowie Einkünfte aus schriftstellerischer, vortragender, wissenschaftlicher, unterrichtender oder erzieherischer Tätigkeit.

Wenn die Tätigkeit über eine bloße Beratung hinausgeht, beträgt das Pauschale 12 %. Das gilt z.B. für die Erstellung von Bauplänen, Durchführung statischer Berechnungen, Bauaufsicht, Stundenbuchhaltung und Auslagendekoration.

Mit der Betriebsausgabenpauschale von 12 % bzw. 6 % werden abgegolten: AfA von Investitionen, Ausgaben für Energiebezüge, Kfz, Miete, Reparaturen, Telefon, Zinsen, Werkzeuge, Verbrauchsmaterial, Versicherungen, Werbung, Reisekosten usw. Steuerberatungskosten können als Sonderausgaben abgesetzt werden. Neben der Pauschale mindern folgende Aufwendungen den Gewinn:

- Wareneingang laut Wareneingangsbuch (Handelswaren, Rohstoffe, Halberzeugnisse, Hilfsstoffe und Zutaten),
- Löhne, Gehälter und Lohnnebenkosten (Arbeitgeberanteil zur gesetzlichen Sozialversicherung, Dienstgeberbeiträge zum Familienlastenausgleichsfonds, Kommunalsteuer, Dotierung der Abfertigungsvorsorge),
- Fremdlöhne, soweit sie unmittelbar in Lieferungen oder Leistungen eingehen,
- Beiträge des Unternehmers zur Pflichtversicherung in der gesetzlichen Kranken-, Unfall- und Pensionsversicherung.

Beispiel

Umsatz (netto)	190.000
Wareneinkauf (netto)	–76.000
Personalaufwand	–35.000
Lohnnebenkosten (Kommunalsteuer, DG-Anteil SV, DZ, DB, MV-Beitrag)	–11.200
Fremdleistungen (netto)	–3.000
Gewerbliche Sozialversicherung	–5.500
12 % Betriebsausgabenpauschale	–22.800
zu versteuernder Gewinn	**36.500**

Finden sich im Unternehmensrecht keine Lösungen für bestimmte Sachverhalte, wird auf die Grundsätze ordnungsmäßiger Buchführung verwiesen. Diese werden durch Stellungnahmen, Fachgutachten und Richtlinien des Austrian Financial Reporting and Auditing Committee (AFRAC) konkretisiert. Zunehmend werden unternehmensrechtliche Vorschriften durch die internationale Rechnungslegung (IFRS – International Financial Reporting Standards) beeinflusst.

1.2. Grundlagen der IFRS

Ländergrenzen spielen heutzutage für Investoren kaum noch eine Rolle. Sie suchen weltweit nach vorteilhaften Anlagemöglichkeiten und verlangen von Unternehmen umfassende, transparente und vergleichbare Finanzinformationen als Entscheidungsgrundlage. In Europa sind *IFRS (International Financial Reporting Standards)*[1] zunehmend die Standards, nach denen Investoren und Kreditgeber Unternehmen beurteilen. Weltweit agierende Unternehmen wenden diese Standards an, um die Jahresabschlüsse von Tochterunternehmen vergleichbar zu machen, da diese aufgrund länderspezifischer Gegebenheiten ansonsten nicht möglich wäre.

Die zunehmende Verbreitung der IFRS wurde auch von den politischen Institutionen erkannt. Im Juni 2002 hat das Europäische Parlament eine bereits vorher viel beachtete Regelung verabschiedet, die von der Europäischen Kommission entwickelt wurde. Nach dieser sogenannten „IAS-Verordnung" müssen alle Unternehmen mit Sitz in der EU, deren Wertpapiere zum Handel auf einem regulierten Markt eines EU-Mitgliedstaates zugelassen sind, seit 2005 Konzernabschlüsse nach IFRS erstellen. Den einzelnen EU-Mitgliedstaaten bleibt es überlassen, diese Anforderung auch auf nicht-börsennotierte Unternehmen auszudehnen (z.B. in bestimmten Branchen wie bei Kreditinstituten oder Versicherungsunternehmen). Ebenso obliegt es den einzelnen EU-Ländern, ob sie auch die Erstellung von Einzelabschlüssen nach IFRS erlauben oder verlangen. *Ziel* der EU-Initiative ist die Stärkung der Effizienz und Liquidität der europäischen Kapitalmärkte.

1.2.1. Das Regelwerk der IFRS

Die IFRS werden vom International Accounting Standards Board (IASB), einer privaten Organisation mit dem Sitz in London erlassen. Die Vorgängerorganisation hatte die Bezeichnung International Accounting Standards Committee (IASC). Trägerverein des IASB ist die International Accounting Standards Committee Foundation, der von 22 Trustees geleitet wird. Neben anderen Aufgaben wählen die Trustees die 16 Mitglieder des IASB. Die Auswahl der Mitglieder erfolgt nach fachlicher Qualifikation, wobei jedoch auf eine geografische Verteilung der Mitglieder geachtet werden soll.

Die Mitglieder des IASB werden bei ihrer Arbeit durch Fachmitarbeiter unterstützt: Neue Standards entstehen in einem sogenannten „due process", der möglichst

1 Im Jahr 2001 erfolgte eine Umstrukturierung des International Accounting Standards Committee (IASC) und die Umbenennung in International Accounting Standards Board (IASB). Sämtliche bis dato vom IASC verabschiedeten International Accounting Standards (IAS) behielten zunächst ihre Gültigkeit und werden nach und nach modifiziert oder vom IASB durch neue Standards ersetzt. Die neuen, vom IASB entwickelten Rechnungslegungsstandards werden seither International Financial Reporting Standards (IFRS) bezeichnet und fortlaufend durchnummeriert. Der erste neue Standard wurde im Juni 2003 vom IASB veröffentlicht. Weitere Standards werden laufend vom IASB verabschiedet.

transparent und ausgewogen die einzelnen Stadien bis zur Veröffentlichung eines neuen Standards darstellen soll. Ausgangspunkt jeden Standards ist ein Punkt auf der Agenda des IASB. Den nächsten Schritt stellt die Veröffentlichung eines Diskussionspapiers (discussion paper) dar. Innerhalb einer bestimmten Frist können alle Interessierten Kommentare an das IASB schicken. Auf Basis der Kommentare wird in der Folge der Entwurf eines Standards (exposure draft) veröffentlicht, der wieder kommentiert werden kann. Sämtliche Kommentare sind auf der Homepage des IASB (www.ifrs.org) zu finden. Nach einer weiteren Einarbeitungsphase stimmen die Mitglieder über die Veröffentlichung des finalen Standards ab, wobei mindestens neun Mitgliedern dafür stimmen müssen.

Neben den Standards (IAS bzw. IFRS) sind auch die Interpretationen des International Financial Reporting Interpretations Committee (IFRIC) verbindliche Bestandteile des Regelwerkes. Das aus 14 Mitgliedern bestehende Expertenteam erarbeitet Interpretationen zu den einzelnen Standards. Der Standardsetter unterstützt bei der Implementierung des Standards, überprüft einige Jahre nach der Einführung, ob der Standard seine Ziele erreicht hat oder ob Anpassungsmaßnahmen durchgeführt werden sollten.

Vorteile der Anwendung der IFRS. Die europaweite Anwendung der IFRS durch börsennotierte Unternehmen verbessert die *Analysemöglichkeiten* von Konzernabschlüssen börsennotierter EU-Unternehmen. Erhöhte *Vergleichbarkeit* und *Transparenz* lassen hoffen, dass die Kapitalkosten in Europa sinken und die Konkurrenzfähigkeit gegenüber anderen Kapitalmärkten, insbesondere gegenüber dem US-Markt, steigt.

Zielsetzungen der IFRS. Die Zielsetzungen der IFRS bestehen darin,

- die Vergleichbarkeit der Abschlüsse von Unternehmen weltweit zu erleichtern und Investoren und sonstige Marktteilnehmer bestmöglich bei wirtschaftlichen Entscheidungen zu unterstützen,
- die Rechenschaftspflicht durch Reduktion der Informationsunterschiede zwischen Kapitalgebern und jenen, denen es anvertraut wird, zu stärken,
- die wirtschaftliche Effizienz durch die Unterstützung von Investoren bei der Identifizierung von Chancen und Risiken weltweit zu steigern,
- die Kapitalbereitstellung zu verbessern,
- durch ein zuverlässiges Rechnungslegungssystem die Kapitalkosten und Kosten der internationalen Berichterstattung zu senken.

Aufbau der IFRS. Das *Regelwerk* des IASB hat einen dreistufigen Aufbau:

- Stufe 1: die Einzelstandards (IFRS/IAS),
- Stufe 2: Interpretationen des International Financial Reporting Interpretations Committee zu den IAS/IFRS (IFRIC, früher SIC),
- Stufe 3: ein Framework, in dem Ziele und Anforderungen der Rechnungslegung beschrieben sind sowie die Elemente der Rechnungslegung (insbesondere Vermögenswerte, Schulden, Erträge und Aufwendungen) definiert werden.

In den *Einzelstandards* sind spezielle Sachverhalte der Bilanzierung geregelt. Die *Interpretationen* leisten unter Berücksichtigung des Frameworks Hilfestellung in Fragen der Anwendung der IFRS-Standards, die nicht ausdrücklich in den Standards selbst angesprochen sind. Diese sind ebenso wie die Standards verpflichtend anzuwenden. Im *Framework* sind Ziele und Anforderungen der Rechnungslegung beschrieben sowie die Elemente der Rechnungslegung (insbesondere Aktiva, Passiva, Erträge und Aufwendungen) definiert.

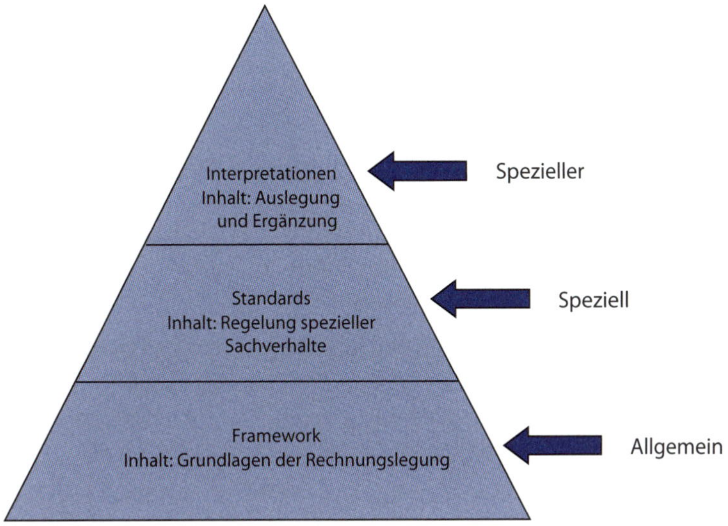

Abbildung 1: Aufbau des IFRS-Regelwerkes

Aufbau der Standards und Schreibweise: Die Standards sind in Paragrafen unterteilt, gelegentlich weitergehend auch in Buchstaben und Absätze. Beispielsweise bedeutet „IAS 16.60(b)viii": IAS 16 Paragraf 60, Buchstabe b, Absatz 8.

Zu beachten ist weiters, dass die mit „IFRS" bezeichneten Standards parallel zu den alten „IAS" beginnend mit eins durchnummeriert sind. Es existiert daher sowohl ein Standards IAS 1 (Darstellung des Abschlusses) und IFRS 1 (Erstmalige Anwendung der International Financial Reporting Standards). Dieselbe Regelung gilt für die IFRIC und parallel dazu die alten SIC.

1.2.2. Übernahme der IFRS-Regeln in EU-Recht

In der erwähnten IAS-Verordnung ist ein Anerkennungsmechanismus („endorsement process") für die einzelnen Standards (IFRS) und Interpretationen (IFRIC) vorgesehen. Erst nach Abschluss dieses formellen Verfahrens werden die neuen Regelungen in Europarecht übernommen. Dies geschieht jeweils in der Form von Kommissionsverordnungen im Amtsblatt der Europäischen Union. Diese Verordnungen (übersetzt in sämtliche Sprachen der Mitgliedsstaaten) sind dann unmittelbar umzusetzendes Gemeinschaftsrecht und sind maßgeblich für den Zeitpunkt der erstmaligen Anwendung der Regelungen in den Einzelstaaten der Europäischen Union.

Wesentliche Unterschiede zwischen UGB und IFRS. Nachfolgende Tabelle gibt einen ersten Überblick über die wesentlichsten Unterschiede zwischen dem österreichischen Unternehmensgesetz und den internationalen Rechnungslegungsvorschriften. Eine detailliertere Erläuterung der Unterschiede findet sich bei den einzelnen Kapiteln.

Grundlagen	UGB	IFRS
Normsetzende Instanz	Nationaler Gesetzgeber	Internationale privatrechtliche Rechnungslegungsinstitution (IASB)
	Oberste Gerichte	Innerhalb EU – Inkrafttreten durch Verordnungen
Rechnungslegungsziele	Kapitalerhaltung/Gläubigerschutz, Steuerbemessungsgrundlage (Maßgeblichkeit), nachgelagert auch Information der Stakeholder	Vermittlung entscheidungsnützlicher Informationen für Investoren
Dominierender Rechnungslegungsgrundsatz	Vorsichtsprinzip	fair presentation
Bilanzpolitik	Zahlreiche Bilanzierungs- und Bewertungswahlrechte	Weitestgehend Verzicht auf Wahlrechte

Bestandteile des Abschlusses	UGB	IFRS
Einzelabschluss	Bilanz	Bilanz
	GuV	Gesamtergebnisrechnung (erweiterte GuV)
	Anhang	Anhang
		Segmentbericht (für börsennotierte Unternehmen verpflichtend)
	–	Kapitalflussrechnung
	–	Eigenkapitalspiegel (Eigenkapitalveränderungsrechnung)
	Lagebericht	–
Konzernabschluss zusätzlich	Kapitalflussrechnung	–
	Eigenkapitalspiegel	–
	Segmentbericht (Wahlrecht)	
Angabepflichten	Begrenzt	Sehr umfangreich
Verbindung von Unternehmens- und Steuerbilanz	Maßgeblichkeit	Keine Verbindung

Behandlung einzelner Bilanzposten	UGB	IFRS
Selbsterstellte immaterielle Vermögenswerte (z.B. Entwicklungskosten)	Aktivierungsverbot	Aktivierungspflicht (unter bestimmten Voraussetzungen)
Abschreibung Sachanlagen	In vielen Fällen nach steuerlich zulässiger Nutzungsdauer	Nach wirtschaftlicher Nutzungsdauer, im Regelfall länger als nach UGB; Komponentenansatz
Neubewertung von immateriellen Vermögenswerten und Sachanlagen	Verbot	Wahlrecht unter bestimmten Voraussetzungen
Fertigungsaufträge	Ertragsrealisierung bei Abschluss (completed-contract-method)	Ertragsrealisierung nach Leistungsfortschritt (percentage-of-completion-method)
Ertragsteuern	Aktive latente Steuern – Verpflichtung, Verlustvorträge (Wahlrecht); Passive latente Steuern Passivierungspflicht; größenabhängige Einschränkungen der Aktivierung	Verpflichtung zur Aktivierung und Passivierung von latenten Steuern (einschließlich Verlustvorträgen)
Wertpapiere	Anschaffungskosten oder niedriger beizulegender Zeitwert	Tageswert (fair value), auch wenn über Anschaffungskosten
Fremdwährungsforderungen/-verbindlichkeiten	Beachtung Niederstwert-/Höchstwertprinzip	Umrechnung mit Stichtagskurs
Rückstellungen	Ansatz mit bestmöglicher Schätzung zum Erfüllungsbetrag; Abzinsung	Ansatz nur bei Wahrscheinlichkeit > 50 %; wahrscheinlichster Wert der Inanspruchnahme
Leasingbilanzierung (Leasingnehmer)	Im Regelfall keine Aktivierung des Leasinggegenstandes	Grundsätzliche Aktivierungspflicht des Leasinggegenstandes (des Nutzungsrechtes) und Passivierung der Verbindlichkeit an Leasinggeber
Umsatzrealisierung	Nach GoB	Detaillierte Regelungen für die Realisierung insbesondere bei mehreren Leistungen in einem Vertrag

Tabelle 1: Überblick über die wesentlichsten Unterschiede zwischen UGB und IFRS

1.3. Grundsätze ordnungsmäßiger Buchführung

Im § 190 Abs. 1 UGB wird auf die *Grundsätze ordnungsmäßiger Buchführung (GoB)* verwiesen. Eine Buchführung ist grundsätzlich dann als ordnungsgemäß anzusehen, wenn alle gesetzlichen und sonstigen Vorschriften beachtet worden sind und alle Geschäftsvorfälle

- vollständig
- klar
- ordentlich und
- leicht nachprüfbar

erfasst sind. Daneben sind formelle Ordnungskriterien einzuhalten: Die Buchführung muss so beschaffen sein, dass sie einem

- sachverständigen Dritten innerhalb angemessener Zeit einen Überblick über die Geschäftsvorfälle und über die Lage des Unternehmens vermitteln kann.
- Die Aufzeichnungen müssen in einer lebenden Sprache erfolgen.
- Die Bedeutung von Abkürzungen und Symbolen muss im Einzelfall eindeutig festliegen.
- Die Eintragungen müssen vollständig, richtig, zeitgerecht und geordnet vorgenommen werden.
- Änderungen müssen so vorgenommen werden, dass der ursprüngliche Inhalt ersichtlich ist. Ferner muss erkennbar sein, wann die Änderung vorgenommen wurde.
- Der Unternehmer hat Abschriften der versandten Geschäftsbriefe (Rechnungen, Zahlungsbelege etc.) sowie die erhaltenen Geschäftsbriefe geordnet aufzubewahren.
- Es gilt eine Aufbewahrungsfrist von sieben Jahren ab Ende des Geschäftsjahres. Die Frist startet mit Schluss des Kalenderjahres, für das die Verbuchung vorgenommen wurde bzw. auf das sich der Beleg bezieht.
- Werden elektronische Datenträger verwendet, muss die vollständige, geordnete und inhaltsgleiche Wiedergabe bis zum Ablauf der Aufbewahrungsfrist gewährleistet sein.

1.4. Funktionen der externen Rechnungslegung

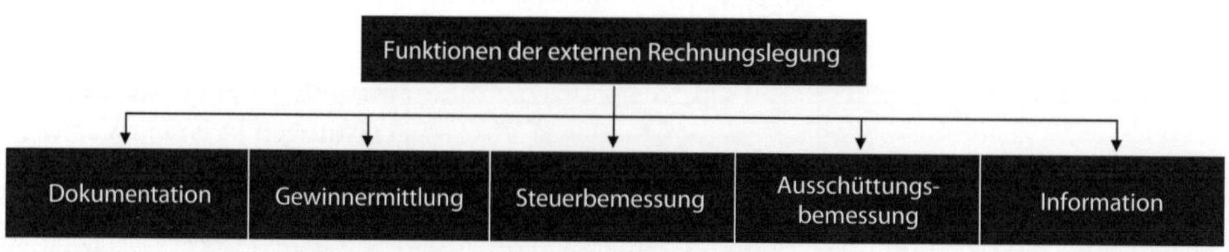

Abbildung 2: Funktionen der externen Rechnungslegung

Dokumentation. Zu den zentralen Aufgaben der externen Rechnungslegung zählt die *Dokumentation* aller im Unternehmen vorkommenden Geschäftsfälle. Am Ende der Betrachtungsperiode (meist ein Geschäftsjahr, kann jedoch auch unterjährig erfolgen) wird dokumentiert,

- wie sich Vermögen und Schulden zusammensetzen;
- wie sich das Eigenkapital während der Betrachtungsperiode verändert hat.

Dokumentiert werden Daten der Vergangenheit, diese stellen für künftige Planungen Informationen bereit.

Gewinnermittlung – Steuerbemessung – Ausschüttungsbemessung. Zu den wichtigsten Aufgaben gehört die *Gewinnermittlung*. Am Ende der Rechnungsperiode wird das Zahlenmaterial zusammengefasst und zur Bilanz und Gewinn- und Verlustrechnung aufbereitet. Die Höhe des im Jahresabschluss ausgewiesenen Ergebnisses (Gewinn oder Verlust) bildet die Grundlage für die Höhe der von einem Unternehmen zu zahlenden Steuern *(Steuerbemessungsfunktion)*. Handelt es sich beim betrachteten Unternehmen um eine Aktiengesellschaft, bildet der Gewinn der Aktiengesellschaft auch die Basis für die an die Aktionäre zu zahlende Dividende *(Ausschüttungsbemessungsfunktion)*.

Der in der Unternehmensbilanz ermittelte Gewinn weicht vom Steuerbilanzgewinn ab, da bestimmte Bilanzansätze in der Unternehmensbilanz steuerlich nicht anerkannt werden. Das Steuerrecht hat z.T. eigene Bilanzierungsvorschriften (diese finden sich in den §§ 4 bis 14 Einkommensteuergesetz – EStG). Diese Korrekturen erfolgen im Rahmen einer sogenannten „Mehr-Weniger-Rechnung".

Informationsfunktion. Neben den Eigentümern eines Unternehmens haben auch externe Gruppen (Investoren, Banken, Lieferanten, Behörden usw.) Interesse an Informationen über ein Unternehmen *(Informationsfunktion)*. Für manche dieser Interessenten stellt der Jahresabschluss die einzige Informationsquelle dar. Für alle gilt ein gemeinsames Interesse an der Vermögenslage des Unternehmens, dessen Zahlungsfähigkeit und der Rentabilität des Unternehmens.

1.5. Inhalte des Jahresabschlusses nach UGB

Die gesetzlichen Vertreter einer Kapitalgesellschaft haben in den ersten fünf Monaten des Geschäftsjahrs für das vorangegangene Geschäftsjahr den um den Anhang erweiterten Jahresabschluss, einen Lagebericht sowie gegebenenfalls einen Corporate-Governance-Bericht und einen Bericht über Zahlungen an staatliche Stellen aufzustellen und den Mitgliedern des Aufsichtsrats vorzulegen. Der Jahresabschluss, der Lagebericht, der Corporate-Governance-Bericht und der Bericht über Zahlungen an staatliche Stellen sind von den gesetzlichen Vertretern zu unterzeichnen. Der Jahresabschluss hat die Aufgabe, ein wahrheitsgetreues Bild über die Vermögens-, Finanz- und Ertragslage eines Unternehmens zu vermitteln („true and fair view“). Das UGB (§ 221) enthält dazu größenabhängige Vorschriften, wobei als Kriterien die Bilanzsumme, die Umsatzerlöse und die Zahl der Arbeitnehmer dienen. Diese Größenkriterien können sich auf verschiedene Bereiche auswirken, so z.B. auf die mindestens vorzunehmende Gliederungstiefe von Bilanz und Gewinn- und Verlustrechnung, auf die Angabe- und Erläuterungsverpflichtungen im Anhang sowie auf Prüfungs- und Offenlegungspflichten.

Die folgende Abbildung zeigt die Pflichtbestandteile eines Jahresabschlusses abhängig von in der Folge dargestellten Größenmerkmalen.

Bilanz	**Gewinn- und Verlust-rechung**	**Anhang**	**Lagebericht**	**Corporate Governance-Bericht**
Börsennotierte Unternehmen				
Mittelgroße und große Kapitalgesellschaften				
Kleine Kapitalgesellschaften				
Kleinstkapitalgesellschaften, Einzelunternehmen und Personengesellschaften				

Abbildung 3: Bestandteile des Jahresabschlusses

Bestimmte Kapitalgesellschaften haben darüber hinaus einen *nichtfinanziellen Bericht bzw. eine nichtfinanzielle Erklärung* sowie einen *Bericht über Zahlungen an staatliche Stellen* aufzustellen.

Eine *Kapitalflussrechnung* sowie eine *Darstellung der Komponenten des Eigenkapitals und deren Entwicklung* sind ergänzend bei Erstellung eines Konzernabschusses verpflichtend.

Größenmerkmale. Die Einstufung von Kapitalgesellschaften in Kleinstkapitalgesellschaften kleine, mittlere und große Kapitalgesellschaften richtet sich nach

- der Bilanzsumme
- den Umsatzerlösen und
- der Anzahl der Arbeitnehmer.

Bilanz. Über die Vermögenslage und die Finanzierungsstruktur eines Unternehmens gibt die Bilanz Aufschluss. Die *Bilanz* stellt Vermögen (Anlage- und Umlaufvermögen) und Kapital (Eigen- und Fremdkapital) des Unternehmens zu einem bestimmten Stichtag *(Bilanzstichtag)* dar. Es handelt sich um eine Zeitpunktrechnung, da der Wert des Vermögens und des Kapitals zu einem bestimmten Stichtag festgestellt werden.

	Bilanzsumme	Umsatzerlöse[1]	Anzahl Mitarbeiter[2]
Kleinstkapitalgesellschaften[3]	≤ € 0,35 Mio.	≤ € 0,70 Mio.	≤ 10
Kleine Kapitalgesellschaft[4]	< € 5,00 Mio.	< € 10,00 Mio.	< 50
Mittelgroße Kapitalgesellschaft[5]	< € 20,00 Mio.	< € 40,00 Mio.	< 250
Große Kapitalgesellschaft[6]	> € 20,00 Mio.	> € 40,00 Mio.	> 250

1 betrifft den Umsatz in den zwölf Monaten vor dem Bilanzstichtag.
2 im Jahresdurchschnitt.
3 wenn mindestens zwei der drei Kriterien nicht überschritten werden.
4 wenn mindestens zwei der drei Kriterien von Kleinstkapitalgesellschaften überschritten und mindestens zwei der drei Kriterien von mittelgroßen Kapitalgesellschaften nicht überschritten werden.
5 wenn mindestens zwei der drei Kriterien von kleinen Kapitalgesellschaften überschritten und mindestens zwei der drei Kriterien von großen Kapitalgesellschaften nicht überschritten werden.
6 wenn mindestens zwei der drei Größenmerkmerkmale überschritten werden.

Die Aktivseite der Bilanz gibt eine Übersicht über die Art und die Werte der zum Bilanzstichtag vorhandenen Vermögensgegenstände (dazu zählen beispielsweise Grundstücke, Fahrzeuge, Maschinen, aber auch Vorräte oder Forderungen gegenüber Kunden). Die Aktivseite der Bilanz wird auch als Mittelverwendungsseite bezeichnet.

Demgegenüber gibt die Passivseite der Bilanz Auskunft über die Herkunft der Mittel (Mittelherkunftsseite). Es ist ersichtlich, welche finanziellen Mittel dem Unternehmen zur Verfügung gestellt wurden und in welcher rechtlichen Form dies geschehen ist. Sämtliche vom Unternehmer bzw. den Gesellschaftern im Rahmen der Unternehmensgründung oder aus nachfolgenden Kapitaleinzahlungen bzw. Kapitalerhöhungen eingebrachten Mittel als auch die vom Unternehmen selbst erwirtschafteten und im Unternehmen belassenen (d.h. nicht ausgeschütteten, somit thesaurierten) Gewinne stellen für das Unternehmen *Eigenkapital* dar.

Werden die Mittel von rechtlich nicht am Unternehmen beteiligten Personen oder Gesellschaften zeitlich beschränkt zur Verfügung gestellt, handelt es sich um *Fremdkapital* (wie z.B. Bankdarlehen, Lieferantenverbindlichkeiten).

Bilanz. Im § 224 UGB finden sich spezielle *Gliederungsvorschriften* für die Bilanz, die allerdings nur für Kapitalgesellschaften verpflichtend sind. Die Praxis zeigt jedoch, dass auch viele Personengesellschaften ihren Jahresabschluss nach den Vorschriften von § 224 UGB darstellen.

Das verkürzte Bilanzschema nach § 224 UGB zeigt folgendes Bild:

Aktiva		**Passiva**	
A.	**Anlagevermögen**	**A.**	**Eigenkapital**
I.	Immaterielle Vermögensgegenstände	I.	Nennkapital (Grund-, Stammkapital)
II.	Sachanlagen	II.	Kapitalrücklagen
III.	Finanzanlagen	III.	Gewinnrücklagen
		IV.	Bilanzgewinn (Bilanzverlust),
B.	**Umlaufvermögen**		*davon Gewinnvortrag/ Verlustvortrag*
I.	Vorräte		
II.	Forderungen und sonstige Vermögensgegenstände		
III.	Wertpapiere und Anteile	**B.**	**Rückstellungen**
IV.	Kassenbestand, Schecks, Guthaben bei Kreditinstituten		
C.	**Rechnungsabgrenzungsposten**	**C.**	**Verbindlichkeiten**
D.	**Aktive latente Steuern**	**D.**	**Rechnungsabgrenzungsposten**
Σ	**Aktiva**	**Σ**	**Passiva**

Abbildung 4: Bilanzschema nach § 224 UGB

Gewinn- und Verlustrechnung. Um einen Überblick über die Ertragslage des Unternehmens zu erhalten, benötigen wir eine *Gewinn- und Verlustrechnung (GuV)*. Die Gewinn- und Verlustrechnung stellt die zeitraumbezogene Gegenüberstellung von den im Geschäftsjahr angefallenen Erträgen (z.B. Umsatzerlöse) und Aufwendungen (wie z.B. Personalaufwendungen, Materialaufwendungen) dar. Bezüglich der formalen Ausgestaltung finden sich in § 231 UGB Vorschriften, die von Kapitalgesellschaften zwingend einzuhalten sind.

Gesamtkosten- und Umsatzkostenverfahren. Kapitalgesellschaften wird im UGB ein Wahlrecht zwischen der Anwendung des Gesamtkosten- und des Umsatzkostenverfahrens eingeräumt. Für beide Verfahren sind detaillierte Mindestgliederungsschemata einzuhalten. Beide Verfahren werden im Kapitel 2 Erstellung von Bilanz und Gewinn- und Verlustrechnung im Detail behandelt, an dieser Stelle wird zunächst nur die Gewinn- und Verlustrechnung nach dem Gesamtkostenverfahren dargestellt.

	Umsatzerlöse
+/–	Veränderung des Bestandes an fertigen und unfertigen Erzeugnissen
+	Andere aktivierte Eigenleistungen
+	Sonstige betriebliche Erträge
–	Aufwendungen für Material und sonstige bezogene Herstellungsleistungen
–	Personalaufwand
–	Abschreibungen
–	Sonstige betriebliche Aufwendungen
=	**Betriebsergebnis**
+	Erträge aus Beteiligungen
+	Erträge aus anderen Wertpapieren und Ausleihungen des Finanzanlagevermögens
+	sonstige Zinsen und ähnliche Erträge
+	Erträge aus dem Abgang von und der Zuschreibung zu Finanzanlagen und Wertpapieren des Umlaufvermögens
–	Aufwendungen aus Finanzanlagen und aus Wertpapieren des Umlaufvermögens
–	Zinsen und ähnliche Aufwendungen, davon betreffend verbundene Unternehmen
=	**Finanzergebnis**
=	**Ergebnis vor Steuern (= Betriebsergebnis + Finanzergebnis)**
–	Steuern vom Einkommen und vom Ertrag
=	**Ergebnis nach Steuern**
–	Sonstige Steuern
=	**Jahresüberschuss/Jahresfehlbetrag**
+	Auflösung von Kapital-/Gewinnrücklagen
–	Zuweisung zu Gewinnrücklagen
+/–	Gewinnvortrag/Verlustvortrag aus dem Vorjahr
=	**Bilanzgewinn (Bilanzverlust)**

Abbildung 5: Gewinn- und Verlustrechnung nach dem Gesamtkostenverfahren

Das Gesetz (UGB) bietet die Möglichkeit, die Auflösung und Zuweisung von Rücklagen im Anhang darzustellen. In diesem Fall endet die GuV mit dem Jahresüberschuss/Jahresfehlbetrag.

Bei dieser Darstellungsform der GuV werden Zwischensummen mit dem Ziel einer Erfolgsdarstellung nach den Bereichen „Betriebsbereich" (= Betriebsergebnis) und „Finanzbereich" (= Finanzergebnis) gebildet.

Kapitalflussrechnung. Die Darstellung der *Finanzlage* eines Unternehmens erfolgt neben der Bilanz in der *Kapitalflussrechnung*, dem Cashflow-Statement. Sämtliche Ein- und Auszahlungen, die sich in einer bestimmten Rechnungslegungsperiode ereignet haben, werden einander gegenübergestellt. Als Ergebnis erhält man die Veränderung der Finanzlage des Unternehmens. Die Kapitalflussrechnung bzw. das Cashflow-Statement beschreibt die Art und Weise der Ressourcenverwendung, ohne sie zu bewerten. Bilanzierungs- und Bewertungsfragen wirken sich nicht aus. Sie bildet somit die Brücke vom bilanzpolitisch beeinflussten Jahresüberschuss zur tatsächlichen Liquiditätsveränderung. Sie zeigt die Werteveränderung in Geld und nicht in Buchwerten.

Die Kapitalflussrechnung ist für alle österreichischen Unternehmen ein Pflichtbestandteil des Konzernabschlusses (mehr dazu erfahren Sie im Band III Investition und Finanzierung).

Anhang. Bei Kapitalgesellschaften umfasst der Jahresabschluss neben der Bilanz und Gewinn- und Verlustrechnung noch den Anhang und den Lagebericht. Die Aufgabe des Anhangs besteht darin, über die für Bilanz und Gewinn- und Verlustrechnung geforderten Angaben hinaus weitere Informationen zu geben, um ein möglichst wahrheitsgetreues Bild der Vermögens-, Finanz- und Ertragslage des Unternehmens zu erhalten. Inhaltlich umfasst der Anhang Erläuterungen zu den angewandten Bewertungs- und Bilanzierungsmethoden, erläuternde Ausführungen zu einzelnen Posten der Bilanz, der Gewinn- und Verlustrechnung und sonstige wesentliche Informationen. Das Ziel besteht darin, durch Vermittlung zusätzlicher Informationen die Bilanz und die Gewinn- und Verlustrechnung übersichtlicher zu gestalten.

Lagebericht. Mittelgroße und große Kapitalgesellschaften haben zur Darstellung des Geschäftsverlaufs und der Lage des Unternehmens ihren Jahresabschluss um den *Lagebericht* zu ergänzen. Kleinstkapitalgesellschaften und kleine Kapitalgesellschaften sind von der Pflicht zur Erstellung des Lageberichts befreit. Aus dem Lagebericht sind jene Informationen ersichtlich, die aus dem Jahresabschluss und dem Anhang nicht unmittelbar abgeleitet werden können. Es handelt sich dabei um Informationen über

- die voraussichtliche Entwicklung des Unternehmens,
- den Bereich Forschung und Entwicklung,
- bestehende Zweigniederlassungen,
- Vergleich zu Mitbewerbern usw.

Corporate-Governance-Bericht. Börsennotierte Unternehmen haben verpflichtend einen Corporate-Governance-Bericht zu erstellen. Durch diesen Bericht sollen Aktionäre Schlüsselinformationen über die tatsächlich angewendeten Unternehmensführungspraktiken erhalten. Form und Inhalt des Berichtes richten sich nach dem am jeweiligen Börseplatz anerkannten Corporate-Governance-Kodex.

Bericht über Zahlungen an staatliche Stellen. Große Unternehmen der Mineralölwirtschaft und der Holzwirtschaft haben dem Jahresabschluss einen Bericht über Zahlungen an staatliche Stellen beizufügen, in dem Geld- und Sachleistungen auszuweisen sind, die für die Tätigkeit in der mineralgewinnenden Industrie oder auf dem Gebiet des Holzeinschlags in Primärwäldern an eine staatliche Stelle pro Geschäftsjahr geleistet werden.

1.6. Inhalte des Jahresabschlusses nach IFRS

Der Jahresabschluss nach IFRS hat die Aufgabe, den Abschlussadressaten entscheidungsrelevante Informationen über die Vermögens-, Finanz, und Ertragslage des Unternehmens zu vermitteln. Adressaten des Jahresabschlusses sind primär Investoren, aber auch Arbeitnehmer, Kreditgeber, Lieferanten, Regierungen, Steuer- und Aufsichtsbehörden sowie die gesamte Öffentlichkeit.

Im Regelfall wird davon ausgegangen, dass die Anwendung sämtlicher Standards und Interpretationen die Vermögens- und Ertragslage sowie die Cashflows den tatsächlichen Verhältnissen entsprechend darstellt.

Ein vollständiger Jahresabschluss *(financial statements)* nach IFRS besteht aus folgenden Bestandteilen:

- Bilanz (*statement of financial position*),
- Gesamtergebnisrechnung (*statement of comprehensive income*),
- Eigenkapitalveränderungsrechnung (*statement of changes in equity*),
- Kapitalflussrechnung (*statement of cashflows*),
- Anhang (*notes*).

Ein Lagebericht *(management commentary)* ist im Regelwerk von IFRS nicht verpflichtend vorgesehen.

Ein Jahresabschluss nach IFRS enthält – mit geringfügigen Ausnahmen – sämtliche oben angeführten Bestandteile für die laufende Periode und zumindest eine Vergleichsperiode.

Die Reihenfolge der Jahresabschlussposten ist abweichend zum UGB nicht vorgeschrieben, es existiert auch kein Gliederungsschema. Die Standards schreiben jedoch eine Mindestgliederung für die Bilanz und Gesamtergebnisrechnung vor.

Die Bilanz ist im Regelfall in lang- und kurzfristige Vermögenswerte und Schulden zu unterteilen. Für die Gesamtergebnisrechnung ist sowohl das Umsatzkostenverfahren als auch das Gesamtkostenverfahren zulässig.

1.7. Organisation der Buchhaltung

Kontenrahmen, Kontenplan. Zur Rationalisierung und Vereinfachung der Buchhaltung werden

- die Konten in eine bestimmte Ordnung gebracht und
- den Konten bestimmte Nummern zugeordnet.

Damit die Kontenbezeichnung und Kontennummerierung in den einzelnen Unternehmen nicht zu unterschiedlich ist, wurden *Kontenrahmen* geschaffen.

Ein Kontenrahmen ist eine Rahmenempfehlung für Kontenpläne der einzelnen Unternehmen (Bsp. *Österreichischer Einheitskontenrahmen*, Deutscher Gemeinschaftskontenrahmen für die Industrie).

Ein *Kontenplan* ist die Kontenorganisation eines bestimmten Unternehmens.

Bestands- und Erfolgskonten. Die Konten auf der Aktivseite der Bilanz werden als *aktive Bestandskonten* oder Vermögenskonten bezeichnet, die Konten auf der Passivseite als *passive Bestandskonten* oder Kapitalkonten. Die Salden der Bestandskonten gehen in die Bilanz ein. Neben den Bestandskonten gibt es noch die Erfolgskonten, in denen die Aufwände und Erträge verbucht werden (Ertragskonten und Aufwandskonten). Die Salden dieser Konten fließen in die Gewinn- und Verlustrechnung. Im Gegensatz zu den Bestandskonten, die zum Beginn des Geschäftsjahres eröffnet werden, werden diese Konten nicht eröffnet, sie werden während des Jahres bebucht, wenn ein entsprechender Geschäftsfall eintritt.

Klasse			
0	Anlagevermögen	Aktive Bestandskonten	**Bestandskonten** (Abschluss gegen SBK)
1	Vorräte		
2	Sonstiges Umlaufvermögen, aktive Rechnungsabgrenzungsposten (RAP) und latente Steuern		
3	Rückstellungen, Verbindlichkeiten und passive RAP	Passive Bestandskonten	
4	Betriebliche Erträge	betriebliche Ertragskonten	**Erfolgskonten** (Abschluss gegen GuV)
5	Materialaufwand und bezogene Leistungen	betriebliche Aufwandskonten	
6	Personalaufwand		
7	Abschreibungen und sonstige betriebliche Aufwendungen		
8	Finanzerträge und Finanzaufwendungen	Finanzerfolg	
9	Kapitalkonten, Rücklagen, Abschlusskonten		**Kapitalkonten,** Abschlusskonten

Abbildung 6: Der österreichische Einheitskontenrahmen

Belege. Grundlage jeder Buchung ist der Beleg. Bei einem Beleg handelt es sich um eine schriftliche Aufzeichnung über betriebliche Vorgänge, die im Rechnungswesen erfasst werden müssen.

Man unterscheidet folgende Belegarten:

- Externe Belege, welche sich aufgrund von Außenbeziehungen des Unternehmens ergeben, wie z.B. Eingangsrechnungen, Durchschriften von Ausgangsrechnungen, Kontoauszüge, Erlagscheinabschnitt, Quittungen.
- Interne Belege, die aufgrund innerbetrieblicher Vorgänge ausgestellt werden, wie beispielsweise Materialentnahmescheine, Belege über Privatentnahmen, Buchungsanweisungen, Inventuraufzeichnungen.

Muster einer Ausgangsrechnung

SOMMERHUBER
Keramik Manufaktur Steyr 1491

Sommerhuber GmbH
Resthofstraße 69
4400 Steyr

Herrn
Roland Mattes

Freistädterstraße 198
A-4040 Linz

Rechnungsnummer:	00110
Datum:	10.02.2020
Kunden-Nr.:	D 0012
Auftrag vom:	18.10.2019

Kunden UID:
eigene UID: ATU20955212

Versandart: LKW
Bearbeiter: HuB

Pos.	Nummer	Bezeichnung	Menge	ME	Einzelpreis	Gesamtpreis	SC
1	1	Kachelkamin in Glasur Graphit Typ 2010, S 218	1,00	Stk.	6 218,00	6 218,00	1

Gesamtsumme		EUR	6 218,00
zuzüglich 20,00 % MwSt. mit (SC) 1 von	6 218,00		1 243,60
Gesamtsumme Brutto		EUR	7 461,60

Bei Bezahlung innerhalb 7 Tagen 2 % Skonto, 30 Tage netto Kassa.

Beilage:
1 Zahlschein

SOMMERHUBER
Keramik Manufaktur Steyr 1491

Muster eines Zahlscheines

BAWAG PSK

KONTOAUSZUG 16		Blatt 1 von 1	vom 09.02.2020
IBAN	Währung	Letzter Auszug	Alter Kontostand
AT761700000180077773	EUR	05.02.2020	5 305,61

Viktoria Sandmeier

Buch.-Tag	Buchungstext	Wert	
09.02.	Abbuchung Überweisung OÖ GKK, 4020 Linz Saldo 01/20 BAWAATXX AT081400086210003566	09.02.	2 873,20 –
10.02.	Auszahlung Maestro AUTOMAT 04492404 K1 09.02. um 11.41	10.02.	250,00
11.02.	BFKKAT2KXXX AT761700000180024801 Jan Breuer Rechnung 124/2020	11.02.	257,00

BAWAG P.S.K., Bereich: SGK2, A-1018 Wien

Beilagen: 0

Summe Ein: 507,00
Summe Aus: 2 873,20 –
Neuer Kontostand zu Ihren Gunsten EUR 2 939,41

Viktoria Sandmeier
Kreutererstraße 14
4820 Bad Ischl

Bei Rückfragen erreichen Sie uns unter: **05 99 05-990**
Sofern Sie nicht binnen zwei Monaten dem Kontoauszug schriftlich widersprechen, anerkennen Sie diesen.

BIC: **OPSKATWW**

DVR 1075217 D04MMK040201PV72716P02/P1-2 00187060-00001/000003

BAWAG P.S.K. Bank für Arbeit und Wirtschaft und Österreichische Postsparkasse Aktiengesellschaft

MUSTERBELEG

Quelle: www.raiffeisen.at

Muster eines Bankauszuges

BAWAG PSK

Sonntag, 9. Februar 2020 08:00

Auftragsdetails

Auftragstyp	Inlandsüberweisung
AuftraggeberIn	AT76 1700 0001 8007 7773 Viktoria Sandmeier
Betrag	EUR 2 873,20
EmpfängerIn	OÖ GKK, 4020 Linz
IBAN	AT08 1400 0862 1000 3566
Zahlungsreferenz	DG-Kto.Nr. 874084-4
Verwendungszweck	Saldo 01/20
Durchführungsdatum	09.02.2020
Beleg	kein Beleg als Beilage zum Kontoauszug
Status	gebucht

MUSTERBELEG

Abbildung 7: Beispiele für Belege

Organisation des Belegwesens. Da in einem Unternehmen keine Buchung ohne Beleg erfolgen darf, kommt der Organisation des Belegwesens große Bedeutung zu. Grundsätzlich gilt:

- Keine Buchung ohne Beleg.
- Belege sind wie Urkunden zu behandeln, d.h. sie dürfen im Nachhinein nicht verändert oder unleserlich gemacht werden.
- Auf den Belegen erfolgt nach der Prüfung der formellen und materiellen Ordnungsmäßigkeit die Vorkontierung, d.h. auf dem Beleg werden die Konten angegeben, die bebucht werden sollen.
- Belege sind geordnet und übersichtlich sieben Jahre lang aufzubewahren.

Die Belege werden zu Gruppen zusammengefasst und innerhalb jeder Beleggruppe erfolgt eine fortlaufende Nummerierung der Belege.

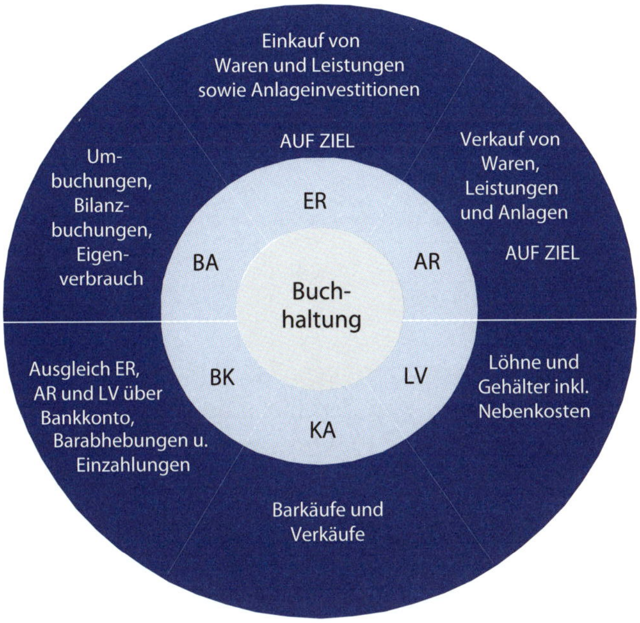

ER	Eingangsrechnung (Kreditoren)
AR	Ausgangsrechnung (Debitoren)
LV	Lohnverrechnung
KA	Kassa
BK	Bank
BA	Buchungsanweisung

Abbildung 8: Belegorganisation und Belegarten

Technik der Verbuchung. Bevor wir uns mit den laufenden Buchungen, d.h. mit regelmäßig wiederkehrenden Geschäftsfällen eines Unternehmens befassen, ist es notwendig, die Technik der Verbuchung von Geschäftsfällen zu beherrschen.

Um die Belege in den Konten der Buchhaltung erfassen zu können, müssen sie zunächst *vorkontiert* werden. Dies geschieht in Form eines Buchungssatzes. Bei einem Buchungssatz wird das Konto, auf dem die Sollbuchung erfolgt, an erster Stelle geschrieben. Das Konto, auf dem die Habenbuchung erfolgt, steht an zweiter Stelle. Zwischen die beiden Konten wird entweder das Wort „an" oder das Zeichen „/" gesetzt. Am Ende des Buchungssatzes steht der zu verbuchende Betrag. Bei einem Buchungssatz, bei dem mehr als zwei Konten angesprochen werden, wird der jeweilige Betrag direkt neben das betroffene Konto geschrieben.

Wichtig ist, dass die Summe der Soll-Seite mit der Summe der Haben-Seite übereinstimmt und dass keine Buchung ohne Gegenbuchung erfolgt.

Eine Buchung im Soll eines Kontos bedeutet immer eine *Mittelverwendung*, während eine Habenbuchung auf eine *Mittelherkunft* hinweist.

Beispiel

Kauf von Rohstoffen im Wert von € 1.000 netto, die Bezahlung erfolgt sofort in bar.
Der Buchungssatz für diesen Geschäftsfall lautet:

	1100	Rohstoffvorrat	1.000	2700	Kassa	1.200
	2500	Vorsteuer	200			

oder:

	1100	Rohstoffvorrat	1.000	
	2500	Vorsteuer	200	
an	2700	Kassa		1.200

Kaufen wir Rohstoffe, erhöht sich unser Vorratsvermögen (stellt somit eine Mittelverwendung dar). Gleichzeitig können wir die an den Lieferanten bezahlte Umsatzsteuer vom Finanzamt als Vorsteuer wieder rückfordern, wenn die Voraussetzungen für den Vorsteuerabzug vorliegen (zum Thema Umsatzsteuer siehe Kapitel 1.9 Grundlagen der Umsatzsteuer). Das Konto 2500 Vorsteuer ist daher im Soll zu bebuchen, da es eine Forderung gegenüber dem Finanzamt darstellt und sich diese Forderung zum Zeitpunkt des Kaufs der Rohstoffe vergrößert. Im Haben dieses Buchungssatzes steht das Konto 2700 Kassa mit einem Betrag in Höhe von € 1.200. Auch wenn der Wert der eingekauften Rohstoffe lediglich € 1.000 beträgt, müssen wir dem Lieferanten den gesamten Rechnungsbetrag – den Bruttobetrag, also den Betrag inklusive Umsatzsteuer – bezahlen. Wir sehen, dass die Mittel, die wir dafür aufwenden müssen, um die von uns benötigten Rohstoffe einzukaufen, aus der Kassa stammen (Mittelherkunft).

Es handelt sich bei diesem Buchungssatz bei den verwendeten Konten um drei „aktive Bestandskonten“. Dies ersehen wir aus den Kontonummern. Bei zwei der angeführten Konten erhöht sich der Wert (Rohstoffvorrat und Vorsteuer), das Kassavermögen nimmt dagegen ab.

Buchungsregeln. Daraus lassen sich folgende Buchungsregeln ableiten:

Wird ein Aktives Bestandskonto (Kontenklassen 0, 1 und 2) mehr (Mittelverwendung), erfolgt die Buchung im Soll eines Kontos. Verringert sich ein Aktives Bestandskonto, muss die Buchung im Haben erfolgen.

Bei den Passiven Bestandskonten (Klasse 3) ist es genau umgekehrt. Erhöht sich der Wert eines Passiven Bestandskontos (z.B. Lieferverbindlichkeiten steigen infolge späterer Bezahlung einer Eingangsrechnung), erfolgt die Buchung im Haben. Verringert sich dagegen ein Passives Bestandskonto, buchen wir im Soll.

Bei Aufwandskonten (Kontenklassen 5, 6, 7 und teilweise 8) wird immer im Soll gebucht, während bei den Ertragskonten (Kontenklasse 4 und teilweise 8) immer im Haben gebucht wird.

Dies bedeutet für uns: Der Zauber der Buchhaltung besteht in sechs Buchungsregeln! Nachfolgend sind diese nochmals kurz dargestellt:

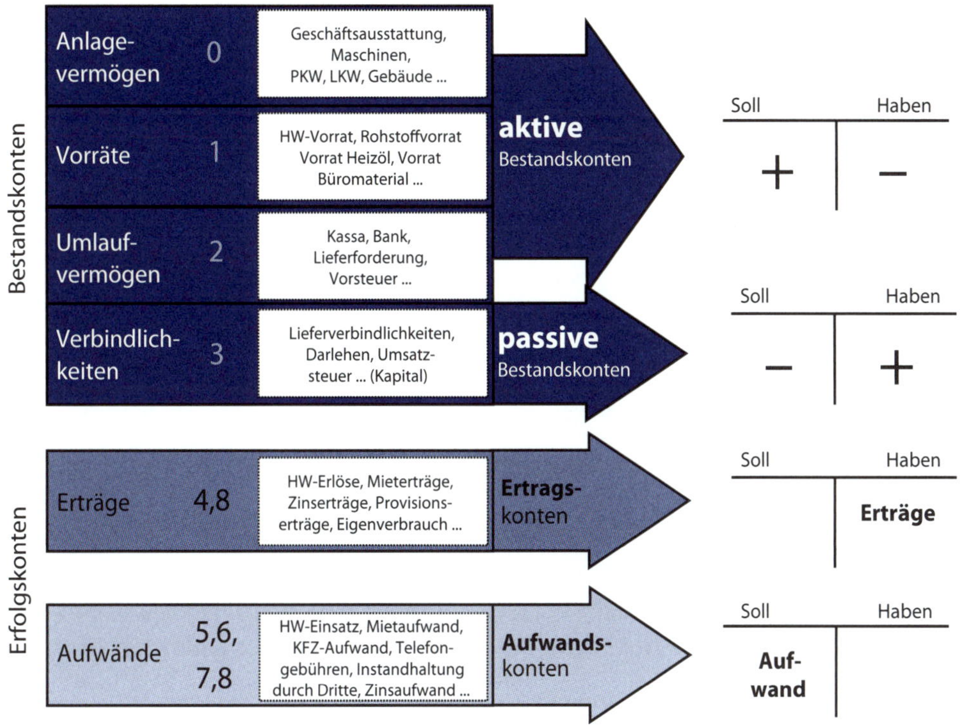

Abbildung 9: Buchungsregeln

Grundsätzlich lassen sich zwei Gruppen von Konten unterscheiden:

- Bestandskonten und
- Erfolgskonten

Bestandskonten. Bei den Bestandskonten lassen sich aktive und passive Bestandskonten unterscheiden, bei den Erfolgskonten Ertrags- und Aufwandskonten. Bestandskonten sind jene Konten, die in der Bilanz Aufnahme finden und auf denen die Verrechnung der Bestände erfolgt. Aktive Bestandskonten geben Aufschluss über das vorhandene Vermögen (entspricht somit der Mittelverwendung), passive Bestandskonten geben Aufschluss über das im Unternehmen vorhandene Kapital (Mittelherkunft).

Bei *aktiven Bestandskonten* steht der Anfangsbestand zu Beginn eines Geschäftsjahres immer im SOLL. Zugänge (z.B. Kauf von Rohstoffen, Kauf von Anlagevermögen) stellen eine Mittelverwendung dar, sie führen zu einer Erhöhung des Vermögens und sind demnach ebenfalls im SOLL des betreffenden Kontos zu verbuchen. Abgänge (z.B. Kunde bezahlt eine offene Forderung) stellen eine Mittelherkunft dar und sind im HABEN zu verbuchen.

Bei *passiven Bestandskonten* findet sich der Anfangsbestand im HABEN des betreffenden Kontos. Jede Erhöhung der Schulden (z.B. durch Aufnahme eines Darlehens) ist als Mittelherkunft auf der Habenseite auszuweisen. Demgegenüber stellt eine Verringerung der Schulden (z.B. Rückzahlung von Lieferantenschulden) eine Mittelverwendung dar und ist im SOLL zu verbuchen.

Aktives Bestandskonto		Passives Bestandskonto	
Beispiele: Kassa, Bank, Gebäude, Geschäftsausstattung		**Beispiele:** Lieferverbindlichkeiten, Darlehen, Kapital	
Regeln:		**Regeln:**	
SOLL	**HABEN**	**SOLL**	**HABEN**
Anfangsbestand	Verminderung	Verminderung	Anfangsbestand
Vermehrung	Endbestand	Endbestand	Vermehrung

Abbildung 10: Aktive und passive Bestandskonten

Die Buchung auf Bestandskonten führt zu einer Veränderung von Vermögen oder Kapital und hat somit unmittelbar Auswirkungen auf die Bilanz eines Unternehmens. Reine Bestandsbuchungen (erfolgsneutrale Buchungen) haben jedoch keine Auswirkungen auf den Erfolg – Gewinn bzw. Verlust – eines Unternehmens.

Sehen wir uns diese Überlegungen anhand eines einfachen Beispiels an.

Beispiel

Wir gründen ein Unternehmen und haben € 70.000 zur Verfügung. Davon legen wir € 60.000 auf unser Bankkonto, der Rest befindet sich in der Kassa (Barvermögen).
Die Eröffnungsbilanz hat folgendes Aussehen:

Aktiva		**Passiva**	
Bankguthaben	60.000	Eigenkapital	70.000
Kassa	10.000		
∑ Aktiva	**70.000**	**∑ Passiva**	**70.000**

Abbildung 11: Eröffnungsbilanz

Das Unternehmen kauft Rohstoffe im Wert von € 10.000, diese werden mittels Banküberweisung bezahlt. Der Buchungssatz für diesen Geschäftsfall lautet:

	1100	Rohstoffvorrat
an	2800	Bank

Bei den Konten „Rohstoffvorrat" und „Bank" handelt es sich um Bestandskonten. Indem wir Rohstoffe einkaufen, erhöhen wir unser Vermögen, gleichzeitig reduziert sich unser Guthaben auf der Bank und das Vermögen sinkt wieder. Die Bilanz hat nun folgendes Aussehen:

Aktiva		Passiva	
Rohstoffvorrat	10.000	Eigenkapital	70.000
Bankguthaben	50.000		
Kassa	10.000		
∑ Aktiva	**70.000**	**∑ Passiva**	**70.000**

Abbildung 12: Bilanz

Wenn wir Rohstoffe einkaufen, erhöht sich unser Vermögen, eine Auswirkung auf den Erfolg unseres Unternehmens und somit auch auf das Eigenkapital ergibt sich erst dann, wenn wir diese Rohstoffe auch verbrauchen!

Ausprägungsformen erfolgsneutraler Buchungen. Bei den *erfolgsneutralen* Buchungen lassen sich vier Ausprägungsformen unterscheiden:

- *Bilanzverlängerung* (Aktiv- und Passivvermehrung, dadurch erhöht sich die Bilanzsumme)
- *Bilanzverkürzung* (Aktiv- und Passivverminderung, dadurch verkürzt sich die Bilanzsumme)
- *Aktivtausch* (betroffen ist lediglich die Aktivseite der Bilanz, es ändert sich die Zusammensetzung des Vermögens, keine Auswirkungen auf die Bilanzsumme)
- *Passivtausch* (es wird nur auf der Passivseite der Bilanz gebucht, wodurch sich die Kapitalstruktur des Unternehmens verändert; auch beim Passivtausch bleibt die Bilanzsumme unverändert)

Beispiel

Anhand eines Beispiels sollen die vier Ausprägungsformen erfolgsneutraler Buchungen dargestellt werden (steuerliche Auswirkungen werden vernachlässigt). Ausgangspunkt für jede der vier dargestellten Möglichkeiten ist nachfolgende Bilanz:

Bilanz per 1.1.

Aktiva		Passiva	
Gebäude	300.000	Eigenkapital	150.000
Maschinen	200.000	Bankverbindlichkeiten	550.000
LKW	240.000	Lieferverbindlichkeiten	200.000
Rohstoffvorrat	70.000		
Lieferforderungen	80.000		
Kassa	10.000		
∑ Aktiva	**900.000**	**∑ Passiva**	**900.000**

Abbildung 13: Bilanz – Ausgangssituation

Bilanzverlängerung

Kauf einer Maschine im Wert von € 15.000; die Finanzierung erfolgt über ein Bankdarlehen.

Der Buchungssatz lautet:

	0400	Maschinen	15.000	
an	3250	Darlehen		15.000

Bilanz per 31.12.

Aktiva		Passiva	
Gebäude	300.000	Eigenkapital	150.000
Maschinen	215.000	Bankverbindlichkeiten	550.000
LKW	240.000	Darlehen	15.000
Rohstoffvorrat	70.000	Lieferverbindlichkeiten	200.000
Lieferforderungen	80.000		
Kassa	10.000		
∑ Aktiva	**915.000**	**∑ Passiva**	**915.000**

Abbildung 14: Bilanz – Verlängerung der Bilanzsumme

Bilanzverkürzung

Mangelhafte Rohstoffe im Wert von € 10.000 werden retourniert und vom Lieferanten unserem Konto gutgeschrieben.

Der Buchungssatz lautet:

	3300	Lieferverbindlichkeiten	10.000	
an	1100	Rohstoffvorrat		10.000

Bilanz per 31.12.

Aktiva		Passiva	
Gebäude	300.000	Eigenkapital	150.000
Maschinen	200.000	Bankverbindlichkeiten	550.000
LKW	240.000	Lieferverbindlichkeiten	190.000
Rohstoffvorrat	60.000		
Lieferforderungen	80.000		
Kassa	10.000		
∑ Aktiva	**890.000**	**∑ Passiva**	**890.000**

Abbildung 15: Bilanz – Verkürzung der Bilanzsumme

Aktivtausch

Kauf von Rohstoffen im Wert von € 5.000; Barzahlung

Der Buchungssatz lautet:

	1100	Rohstoffvorrat	5.000	
an	2700	Kassa		5.000

Bilanz per 31.12.

Aktiva		**Passiva**	
Gebäude	300.000	Eigenkapital	150.000
Maschinen	200.000	Bankverbindlichkeiten	550.000
LKW	240.000	Lieferverbindlichkeiten	200.000
Rohstoffvorrat	75.000		
Lieferforderungen	80.000		
Kassa	5.000		
∑ Aktiva	**900.000**	**∑ Passiva**	**900.000**

Abbildung 16: Bilanz – Aktivtausch

Passivtausch

€ 100.000 unseres Kontokorrentkredites werden in ein langfristiges Darlehen umgeschuldet.

Der Buchungssatz lautet:

	3110	Bankverbindlichkeiten	100.000	
an	3150	Darlehen		100.000

Bilanz per 31.12.

Aktiva		**Passiva**	
Gebäude	300.000	Eigenkapital	150.000
Maschinen	200.000	Bankverbindlichkeiten	450.000
LKW	240.000	Darlehen	100.000
Rohstoffvorrat	70.000	Lieferverbindlichkeiten	200.000
Lieferforderungen	80.000		
Kassa	10.000		
∑ Aktiva	**900.000**	**∑ Passiva**	**900.000**

Abbildung 17: Bilanz – Passivtausch

Dem aufmerksamen Leser dürfte nicht entgangen sein, dass uns, um zu einem vollständigen Bilanzbild zu kommen, noch etwas fehlt. Wir kennen nun aktive Bestandskonten, die uns über das Vermögen Aufschluss geben. Wir haben die passiven Bestandskonten kennen gelernt, die uns über die Höhe des im Unternehmen vorhandenen Fremdkapitals informieren. Sehen wir uns nun folgende Bilanzgleichung an:

AKTIVA = PASSIVA

Diese Gleichung können wir weiter untergliedern:

$$\underbrace{\text{ANLAGEVERMÖGEN + UMLAUFVERMÖGEN}}_{\text{AKTIVA}} = \underbrace{\text{EIGENKAPITAL + FREMDKAPITAL}}_{\text{PASSIVA}}$$

Eigenkapital. Was uns noch fehlt, um zu einem vollständigen Bilanzbild zu gelangen, ist der Posten *Eigenkapital.*

Bilanz zum 31.12.

Anlagevermögen	**Eigenkapital**
Umlaufvermögen	Fremdkapital

Abbildung 18: Musterbilanz

Das Eigenkapital wird auch als *Reinvermögen* (Nettovermögen) eines Unternehmens bezeichnet. Aus dem Eigenkapitalkonto ist ersichtlich, welche Mittel vom Unternehmer (bzw. von den Gesellschaftern eines Unternehmens) dem Unternehmen zur Verfügung gestellt wurden. Diese Mittel können zum einen aus der Privatsphäre des Unternehmers bzw. der Gesellschafter stammen, zum anderen führen auch nicht entnommene Gewinne zu einer Erhöhung des Eigenkapitals (Thesaurierung nicht entnommener Gewinne). Man könnte auch sagen, das Eigenkapital stellt die Schulden des Unternehmens an den/die Unternehmer dar.

Stellen Sie sich aber bitte nicht vor, dass das eingebrachte Eigenkapital auf einem dafür vorgesehenen Konto liegt. Das Eigenkapital arbeitet im Unternehmen. Sehen wir uns dies an einem einfachen Beispiel an.

Sie beabsichtigen, sich Mitte des Jahres selbstständig zu machen, da Sie über die notwendigen Barmittel verfügen und eine gute Geschäftsidee haben. Sie erstellen eine Liste jener Vermögensgegenstände, die Sie zu Beginn Ihrer Geschäftstätigkeit benötigen:

Büroeinrichtung	5.000
PKW	25.000
Datenverarbeitungsprogramme	3.000
EDV-Ausstattung	3.000
Sonstige Investitionen	6.000
∑ Investitionskosten	**42.000**

Da Ihre Eigenmittel € 30.000 betragen, benötigen Sie Fremdmittel in Höhe von € 12.000. Wie sieht nun Ihre Eröffnungsbilanz aus?
Eröffnungsbilanz per 1. Juli

Aktiva		**Passiva**	
Datenverarbeitungsprogramme	3.000	Eigenkapital	30.000
EDV-Ausstattung	3.000	Fremdkapital	12.000
PKW und Kombis	25.000		
Betriebs- und Geschäftsausstattung	5.000		
Sonstige Investitionen	6.000		
∑ Aktiva	**42.000**	**∑ Passiva**	**42.000**

Abbildung 19: Eröffnungsbilanz

Das von Ihnen eingebrachte Kapital in Höhe von € 30.000 verwenden Sie zur Anschaffung des PKW und der Büroeinrichtung. Mit dem Fremdkapital finanzieren Sie alle weiteren Investitionen.

Das Eigenkapital ist somit nicht auf einem Bankkonto verfügbar, es dient zur Finanzierung des Vermögens eines Unternehmens. Es stellt in der Bilanz nur eine rechnerische Größe dar.

Hinsichtlich des *Ausweises* und der *Gliederung* des Eigenkapitals in der Bilanz gibt es – abhängig von der Rechtsform des Unternehmens – unterschiedliche gesetzliche Bestimmungen, die im Kapitel 2 behandelt werden.

Rechnerisch gesehen lässt sich das Eigenkapital folgendermaßen ermitteln:

ANLAGEVERMÖGEN + UMLAUFVERMÖGEN – FREMDKAPITAL = EIGENKAPITAL

Das Eigenkapitalkonto gehört nicht zu den Bestandskonten, die Buchungen erfolgen jedoch wie bei einem passiven Bestandskonto.

Erfolgskonten. Wenden wir uns nun auch den Erfolgskonten zu. Die Leistungserstellung im Unternehmen ist mit dem Einsatz von Ressourcen verbunden. Es kann sich dabei um den Verbrauch bzw. die Verwendung von Vermögensgegenständen handeln, die ihren Niederschlag in der Bilanz finden, oder er kann nicht in der Bilanz ausgewiesene Werte umfassen, wie z.B. den Energieverbrauch, der sich durch den Einsatz von Maschinen im Unternehmen ergibt.

Diesem Ressourceneinsatz stehen Erträge aus der Verwertung der betrieblichen Leistung gegenüber.

Auf den Erfolgskonten (Klassen 4 bis 8) werden alle Aufwände und Erträge ausgewiesen. Erinnern wir uns nochmals an die Buchungsregeln, dann gilt Folgendes:

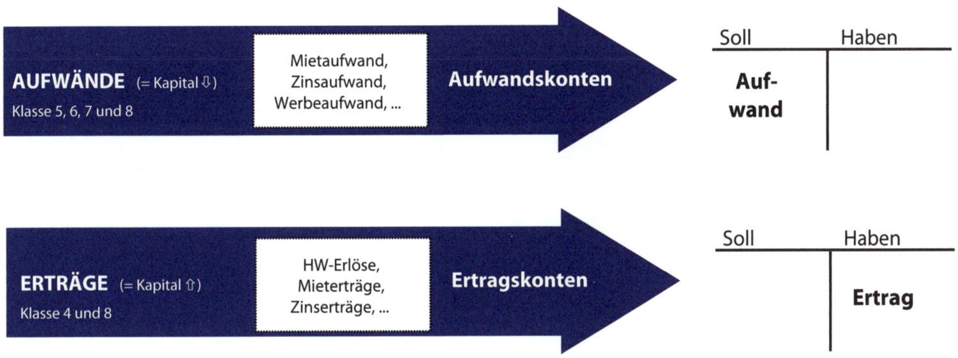

Abbildung 20: Buchungsregeln Erfolgskonten

Bei *Ertrags- und Aufwandsbuchungen* handelt es sich um erfolgswirksame Buchungen, d.h. jede Buchung, die auf einem Konto der Klassen 4 bis 8 durchgeführt wird, beeinflusst den Erfolg des Unternehmens. Dieser Erfolg schlägt sich in einem Gewinn bzw. Verlust nieder.

Ertrags- und Aufwandskonten sind demnach *Unterkonten* des Kontos „Gewinn- und Verlustrechnung", d.h. die beim Abschluss der Konten ermittelten Salden kommen in die GuV. Dieses GuV-Konto stellt seinerseits wiederum ein Unterkonto des Kontos Eigenkapital dar.

Was bedeutet dies für die Verbuchung?

Kreislauf der Buchhaltung. Während des Jahres werden die sogenannten „laufenden" Geschäftsfälle erfasst, am Ende des Geschäftsjahres werden die Abschlussbuchungen sowie erforderliche Um- und Nachbuchungen durchgeführt, die Konten abgeschlossen und die Salden ermittelt. Die Salden der Bestandskonten gehen direkt in die Bilanz ein. Die Salden der Erfolgskonten werden in die Gewinn- und Verlustrechnung übertragen. Schließlich wird in der Gewinn- und Verlustrechnung der Saldo – also der Erfolg des Unternehmens – ermittelt. Handelt es sich um einen Gewinn, scheint dieser Saldo auf der Sollseite auf, liegt ein Verlust vor, finden wir diesen auf der Habenseite der GuV. Der in der Gewinn- und Verlustrechnung ermittelte Gewinn bzw. Verlust des Unternehmens wird auf das Konto Eigenkapital übertragen. Das bedeutet, Gewinne erhöhen das Eigenkapital des Unternehmens (sie scheinen auf der Habenseite des Kontos Eigenkapital auf), Verluste schmälern das Eigenkapital (werden im Soll des Kontos Eigenkapital verbucht). Letztendlich ist das Konto Eigenkapital das letzte abzuschließende Konto. Erst nach dem Übertrag des Saldos aus dem Konto Eigenkapital in die Bilanz ist diese vollständig. In der Bilanz muss sich nun Summengleichheit ergeben.

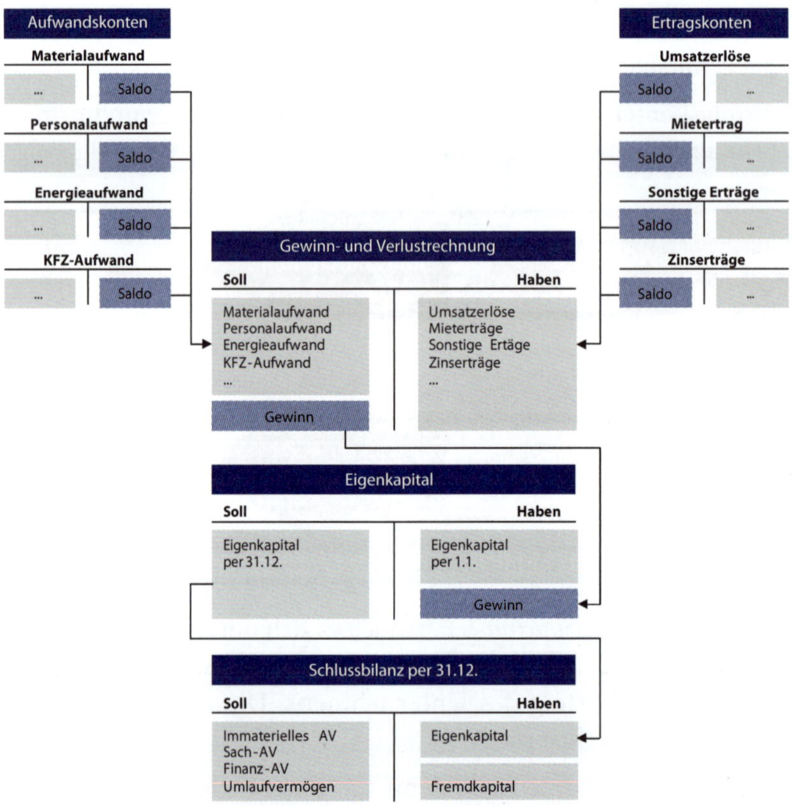

Abbildung 21: Abschluss der Erfolgskonten (Darstellung bei Ausweis eines Gewinns)

Buchungen im operativen Bereich. Buchungen, die sich regelmäßig oder doch zumindest mit einer gewissen Häufigkeit ergeben (sogenannte „laufende" Geschäftsfälle), finden sich

- im Beschaffungsbereich durch den Einkauf von Roh-, Hilfs- und Betriebsstoffen sowie Handelswaren
- im Absatzbereich durch den Verkauf von Waren oder die Erbringung von Dienstleistungen
- durch Aufwendungen, wie z.B. Materialaufwand, Personalaufwand, Steuern oder sonstige betriebliche Aufwendungen
- im Rahmen des Rechnungsausgleichs, z.B. Barzahlung, Banküberweisung, Nachnahmesendungen, Zahlung mit Kreditkarte
- im Investitions- und Desinvestitionsbereich z.B. durch den Erwerb oder das Ausscheiden von Anlagen
- im Bereich der Finanzierung z.B. durch die Aufnahme oder Rückzahlung von Darlehen, damit verbundene Geldbeschaffungskosten, Spesen des Geldverkehrs und Zinsen
- im Privatbereich des/der Unternehmer/s durch die Entnahme von Waren, Geld oder Arbeitsleistung aus dem Unternehmen.

Nachfolgend ist jeweils ein Beispiel zu den oben angeführten Bereichen dargestellt (Umsatzsteuer und Vorsteuer werden nicht berücksichtigt):

Geschäftsfall	betroffene Konten	Arten der Konten	Veränderung	Verbuchung im
Einkauf von Handelswaren auf Ziel*	1600 Handelswarenvorrat 3300 Lieferverbindlichkeiten	Aktives Bestandskonto Passives Bestandskonto	Zunahme/Mittelverwendung Zunahme/Mittelherkunft	Soll Haben
EDV-Händler verkauft einen PC gegen Barzahlung	2700 Kassa 4000 Erlöse	Aktives Bestandskonto Ertragskonto	Zunahme/Mittelverwendung Zunahme/Mittelherkunft	Soll Haben
Banküberweisung der Honorarnote des Steuerberaters	7750 Beratungsaufwand 2800 Bank**	Aufwandskonto Aktives Bestandskonto	Zunahme/Mittelverwendung Abnahme/Mittelherkunft	Soll Haben
Kunde bezahlt mittels Banküberweisung eine offene Forderung	2800 Bank 2000 Lieferforderungen	Aktives Bestandskonto Aktives Bestandskonto	Zunahme/Mittelverwendung Abnahme/Mittelherkunft	Soll Haben
Kauf einer Maschine auf Ziel	0400 Maschinen 3300 Lieferverbindlichkeiten	Aktives Bestandskonto Passives Bestandskonto	Zunahme/Mittelverwendung Zunahme/Mittelherkunft	Soll Haben

Geschäftsfall	betroffene Konten	Arten der Konten	Veränderung	Verbuchung im
Aufnahme eines Darlehens, der Betrag wird unserem Bankkonto gutgeschrieben	2800 Bank 3150 Darlehen	Aktives Bestandskonto Passives Bestandskonto	Zunahme/Mittelverwendung Zunahme/Mittelherkunft	Soll Haben
Der Unternehmer entnimmt für seine private Lebensführung Geld aus der Kassa	9600 Privat 2700 Kassa	Passives Bestandskonto*** Aktives Bestandskonto	Zunahme/Mittelverwendung Abnahme/Mittelherkunft	Soll Haben

* auf Ziel bedeutet, dass die Zahlung erst zu einem späteren Zeitpunkt erfolgt

** beim Bankkonto könnte es sich auch um ein passives Bestandskonto handeln (Klasse 3) und zwar dann, wenn ein Soll-Saldo auf dem Bankkonto ausgewiesen ist; die Buchung würde ebenfalls im Haben erfolgen, da die Schulden durch Bezahlung der Honorarnote höher werden; es handelt sich dann um eine Zunahme/Mittelherkunft und die Buchung erfolgt im Haben

*** Das Konto 9600 Privat zählt nicht zu den Bestandskonten, wird jedoch behandelt wie ein passives Bestandskonto

Tabelle 2: Geschäftsfälle im operativen Bereich

1.8. Das System der doppelten Buchhaltung

Merkmale der doppelten Buchhaltung. Im Rahmen der doppelten Buchhaltung

- wird jeder Betrag zweifach erfasst – einmal im Soll und einmal im Haben eines Kontos
- wird jeder Geschäftsfall zweifach erfasst – einmal im Journal und einmal im Hauptbuch
- kann der Erfolg des Unternehmens zweifach ermittelt werden – indirekt durch Vermögensvergleich und direkt in der Gewinn- und Verlustrechnung.

Nehmen wir als Beispiel folgenden Geschäftsfall:

Wir überweisen am 17. Jänner die Feuerversicherung für unser Geschäftslokal für das erste Halbjahr in Höhe von € 1.500,00 (Belegnummer BK 54).

Der Buchungssatz für diesen Geschäftsfall lautet:

	7700	Versicherungsaufwand	1.500	
an	2800	Bank		1.500

Dieser Buchungssatz wird nun auf zwei verschiedenen Konten eingetragen: auf dem Konto Versicherungsaufwand im Soll und auf dem Konto Bank im Haben.

Konto 7700 Versicherungsaufwand

Datum	Beleg	Text	Soll	Haben	Konto-Nr.
17.01.	BK 54	Feuerversicherung 1–6	1.500		2800

Konto 2800 Bank

Datum	Beleg	Text	Soll	Haben	Konto-Nr.
17.01.	BK 54	Feuerversicherung 1–6		1.500	7700

Abbildung 22: Darstellung der Konten 7700 Versicherungsaufwand und 2800 Bank

Journal. Im Journal werden alle Geschäftsvorfälle chronologisch (zeitlich) mit fortlaufender Nummer, Buchungsdatum, Betrag, Verweis auf den Beleg, Erläuterung und Kontierung (Soll-/Habenkonto) erfasst. Die Funktion des Journals geht von folgendem Prinzip aus: Alle Geschäftsfälle müssen sich sowohl chronologisch verfolgen lassen als auch den einzelnen Bilanzposten zugeordnet werden können. Die chronologische Ordnung wird dadurch gewährleistet, dass alle Buchungssätze dem Datum nach im Journal aufgezeichnet werden. Gleichzeitig stellt das Journal die Buchungsanweisung für die Übertragung der Buchungen ins Hauptbuch dar.

Hauptbuch. Im Hauptbuch (= Kontenblätter) werden die Geschäftsfälle nach dem sachlichen Inhalt ausgewiesen. In der EDV erfolgt die Erfassung zunächst im Hauptbuch, das Journal erhält man als Auswertung des Hauptbuchs.

Erfolgsermittlung. Auch die Erfolgsermittlung (Gewinn bzw. Verlust) einer Betrachtungsperiode kann auf unterschiedliche Weise erfolgen:

Erfolgsermittlung

Vermögensvergleich (indirekte Ermittlung)	Erfolgsermittlung durch die GuV (direkte Ermittlung)
Vergleich des Eigenkapitals von zwei aufeinanderfolgenden Bilanzstichtagen	Gegenüberstellung der Erträge und Aufwendungen
Gewinn: Eigenkapital hat sich erhöht Verlust: Eigenkapital hat sich vermindert	Gewinn: Erträge sind höher als die Aufwendungen Verlust: Erträge sind geringer als Aufwendungen

Abbildung 23: Methoden der Erfolgsermittlung

Betriebsvermögensvergleich. Die indirekte Erfolgsermittlung sei anhand eines vereinfachten Beispiels dargestellt:

Gegeben sind die Bilanzen per 31.12.20X1 und 31.12.20X2.

Bilanz per 1.1.

Aktiva		Passiva	
Maschinen	50.000	Eigenkapital	135.000
PKW und Kombis	50.000	Darlehen	40.000
Betriebs- und Geschäftsausstattung	40.000	Lieferverbindlichkeiten	30.000
Rohstoffvorrat	60.000		
Kassa, Bankguthaben	5.000		
∑ Aktiva	**205.000**	**∑ Passiva**	**205.000**

Bilanz per 31.12.

Aktiva		**Passiva**	
Maschinen	45.000	Eigenkapital	126.000
PKW und Kombis	40.000	Darlehen	45.000
Betriebs- und Geschäftsausstattung	50.000	Lieferverbindlichkeiten	35.000
Rohstoffvorrat	65.000		
Kassa, Bankguthaben	6.000		
∑ Aktiva	**206.000**	**∑ Passiva**	**206.000**

Abbildung 24: Bilanzen per 31.12.20X1 und 31.12.20X2

Wurden während des Geschäftsjahres 20X2 keine Kapitalein- bzw. -auszahlungen vorgenommen, berechnet sich das Ergebnis des Geschäftsjahres 20X2 wie folgt:

	Eigenkapital 31.12.20X2	126.000
–	Eigenkapital 31.12.20X1	–135.000
=	Zwischensumme	–9.000
+	Kapitalentnahmen	0
–	Kapitaleinlagen	0
=	Gewinn/**Verlust**	**–9.000**

Abbildung 25: Betriebsvermögensvergleich

Betragen die Kapitalentnahmen während des Jahres € 45.000, berechnet sich der Erfolg des Unternehmens, indem die Differenz zwischen dem Eigenkapital zum Ende des Geschäftsjahres und dem Eigenkapital zum Beginn des Geschäftsjahres um die Kapitalentnahmen erhöht wird, da diese aus eigener Kraft des Unternehmens erwirtschaftet wurden, während des Jahres dem Unternehmen jedoch für private Zwecke entzogen wurden.

	Eigenkapital 31.12.20X2	126.000
–	Eigenkapital 31.12.20X1	–135.000
=	Zwischensumme	–9.000
+	Kapitalentnahmen	45.000
–	Kapitaleinlagen	0
=	**Gewinn**/Verlust	**36.000**

Abbildung 26: Betriebsvermögensvergleich

Nehmen wir an, dass im Betrachtungszeitraum € 20.000 Kapitaleinzahlungen erfolgten; daraus resultiert dann folgendes Ergebnis:

	Eigenkapital 31.12.20X2	126.000
–	Eigenkapital 31.12.20X1	–135.000
=	Zwischensumme	–9.000
+	Kapitalentnahmen	0
–	Kapitaleinlagen	–20.000
=	Gewinn/**Verlust**	**–29.000**

Abbildung 27: Betriebsvermögensvergleich

Kapitaleinzahlungen sind von der Differenz zwischen den beiden Eigenkapitalposten in Abzug zu bringen. Einzahlungen, die von außen (Gesellschafterbereich, Privateinlagen) dem Unternehmen zugeführt werden, verfälschen das Ergebnis, da das Unternehmen diese nicht aus eigener Kraft erwirtschaftet hat.

Der durch Vermögensvergleich ermittelte Erfolg des Unternehmens muss ident sein mit dem Ergebnis der Gewinn- und Verlustrechnung!

1.9. Grundlagen der Umsatzsteuer

Der Begriff der „*Umsatzsteuer*“ wurde bereits mehrfach erwähnt und aus diesem Grund werden wir uns diese Steuer einmal näher ansehen.

Anwendungsbereich. Man kann davon ausgehen, dass auf Leistungen, die Kunden gegenüber erbracht werden, das Umsatzsteuergesetz 1994 (UStG) anzuwenden ist. Dabei macht es keinen Unterschied, ob es sich um Warenlieferungen oder Dienstleistungen handelt.

Der Umsatzsteuer (USt) unterliegen:

- Lieferungen und sonstigen Leistungen (z.B. Lieferungen von Produktions- und Handelsbetrieben, Dienstleistungen der Freiberufler, Handwerkerleistungen, aber auch die Vermietung, Verpachtung und Lizenzüberlassung),
- die ein Unternehmer
- im Inland
- gegen Entgelt
- im Rahmen seines Unternehmens

ausführt (§ 1 Abs. 1 Z 1 UStG), sowie

- der Eigenverbrauch,
- die Einfuhr von Gegenständen aus einem Drittland ins Inland und
- der innergemeinschaftliche Erwerb.

Nicht steuerbare Umsätze. Ist eines dieser Merkmale für steuerbare Umsätze nicht gegeben, dann ist der Umsatz nicht steuerbar, wie z.B.:

- Eine Privatperson verkauft ihren PC.
- Ein Unternehmer (Fleischhauer) schenkt dem SOS-Kinderdorf 100 Paar Würstel.

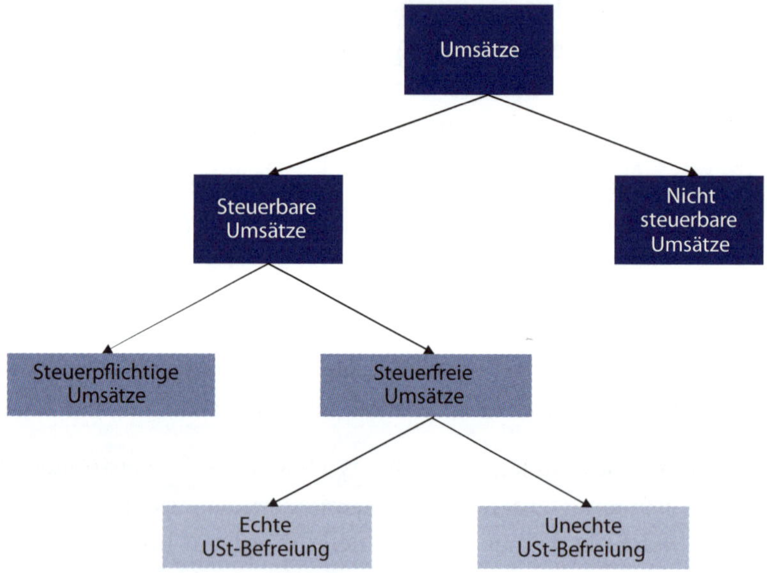

Abbildung 28: Übersicht über die Umsatzsteuer

Dass Umsätze dem UStG 1994 unterliegen, bedeutet noch nicht, dass diese auch steuerpflichtig sind. Das UStG 1994 enthält eine Reihe von Steuerbefreiungen (§ 6 UStG).

Steuerbefreiungen. Das UStG unterscheidet zwischen echten und unechten Steuerbefreiungen. Bei der echten Steuerbefreiung bleibt das Recht auf Vorsteuerabzug unberührt, wie z.B. bei:

- Ausfuhrlieferungen (Exporte und Beförderung in Drittländer)
- Be- und Verarbeitung („Lohnveredelung“) an Gegenständen der Ausfuhr (betrifft Drittstaaten).

Bei der unechten Steuerbefreiung verliert man den Anspruch auf Vorsteuerabzug, wie z.B. bei:

- Geld- und Bankumsätzen (z.B. Kreditgewährung),
- Grundstücksverkäufen,
- Leistungen von Versicherungsvertretern,
- ärztlichen Leistungen,
- Umsätzen von Psychotherapeuten, Hebammen und anderen Gesundheitsberufen,
- Umsätzen der Kleinunternehmer.

Kleinunternehmer. Kleinunternehmer ist jemand, dessen Gesamtumsatz als Unternehmer in einem Jahr nicht mehr als € 30.000 netto beträgt. Diese Unternehmer sind von der Umsatzsteuer befreit (§ 6 Abs. 1 Z 27 UStG). Ein einmaliges Überschreiten dieser Grenze um nicht mehr als 15 % innerhalb von fünf Kalenderjahren ist erlaubt. Der Kleinunternehmer braucht demnach keine USt abzuführen, darf für seine Leistungen auch keine Umsatzsteuer in einer Rechnung ausweisen, hat jedoch kein Recht auf Vorsteuerabzug.

Weist ein Kleinunternehmer dennoch die Umsatzsteuer in einer Rechnung gesondert aus, schuldet er diesen Steuerbetrag dem Finanzamt.

Die Umsatzsteuer trifft im Prinzip nur den *Letztverbraucher*, also den Konsumenten. Der liefernde oder leistende Unternehmer übt bloß die Funktion eines Treuhänders aus – er kassiert von seinen Kunden die USt und muss sie in weiterer Folge an das Finanzamt abführen. Dennoch ist der Unternehmer der Umsatzsteuerschuldner.

Die Umsatzsteuer (= Mehrwertsteuer) ist eine *Allphasensteuer mit Vorsteuerabzug*.

Das bedeutet, dass auf jeder Stufe des Warenprozesses (beim Produzenten, beim Groß- und Einzelhändler bzw. Dienstleister) Umsatzsteuer eingehoben wird, wobei sich grundsätzlich jeder umsatzsteuerpflichtige Unternehmer die ihm vom Vorlieferanten in Rechnung gestellte Umsatzsteuer als Vorsteuer vom Finanzamt zurückholen kann.

Somit stellt die Umsatzsteuer für Unternehmer bloß einen *Durchlaufposten* dar, da vorsteuerabzugsberechtigte Unternehmer letztendlich nicht belastet werden.

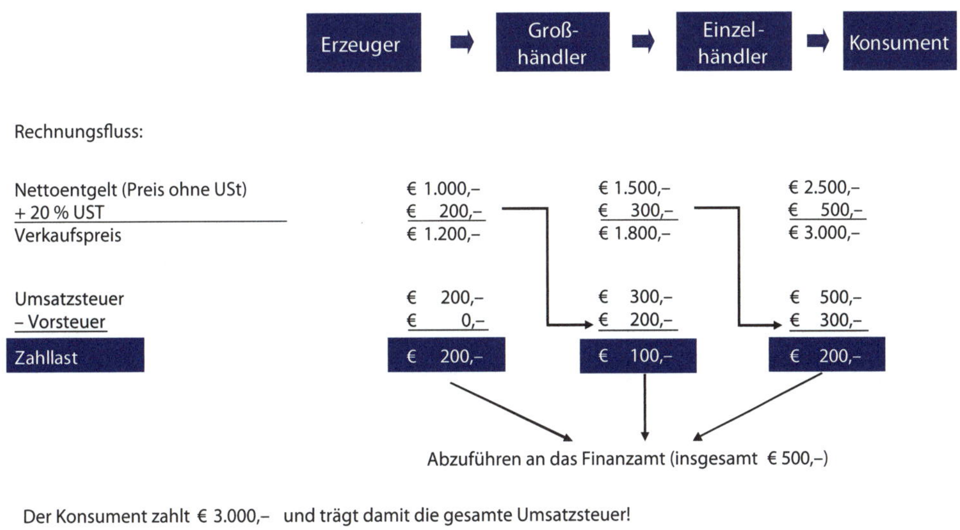

Abbildung 29: Allphasensteuer mit Vorsteuerabzug

Bemessungsgrundlage. Die Bemessungsgrundlage für die Berechnung der Umsatzsteuer ist das Entgelt ohne Umsatzsteuer für Lieferungen und sonstige Leistungen. Entgelt ist alles, was der Kunde aufzuwenden hat (auch freiwillige Zahlungen), um die jeweilige Lieferung oder erbrachte sonstige Leistung zu erhalten (§ 4 Abs. 1 UStG). Dazu zählen auch weiterverrechnete Nebenkosten, wie z.B. Verpackungs-, Beförderungs- und Portokosten, Bedienungszuschlag, Steuern (z.B. Verbrauchsteuern, Normverbrauchsabgabe).

Umsatzsteuer bei Eigenverbrauch. Im Falle der Entnahme bzw. Verwendung eines Gegenstandes

- für Zwecke, die außerhalb des Unternehmens liegen (Privatbereich des Unternehmers), oder
- für den Bedarf des Personals

wird die USt nach dem Einkaufspreis bzw. den Selbstkosten zum Zeitpunkt der Entnahme bzw. Verwendung eines Gegenstandes bemessen. Bei Dienstleistungen für den privaten Bedarf wird die USt nach den darauf entfallenden Kosten bemessen (§ 4 Abs. 8 UStG).

Änderungen in der Bemessungsgrundlage. Wird das Entgelt *nachträglich* geändert, z.B. durch Gewährung eines Skontos oder Rabattes, so ist

- sowohl durch den Verkäufer die dafür berechnete Umsatzsteuer als auch
- durch den Käufer der dafür in Anspruch genommene Vorsteuerabzug

entsprechend zu berichtigen.

1.9.1. Steuersätze

Die wichtigsten *Steuersätze* sind

- der allgemeine Steuersatz von 20 % (so genannter „Normalsteuersatz“) und
- die ermäßigten Steuersätze von 10 % und 13 %.

Der 20%ige Satz ist der Regelfall! Umsätze, bei denen der Steuersatz von 10 % und 13 % zur Anwendung gelangen, stellen die Ausnahme dar. Eine vollständige Auflistung findet sich im § 10 Abs. 2 UStG. Dem ermäßigten Steuersatz von 10 % unterliegen z.B.:

- die Vermietung von Wohnungen oder Grundstücken an Privatpersonen zu Wohnzwecken,
- die Personenbeförderung im Inland (außer mit Luftfahrzeugen),
- die Müllabfuhr,
- Buchhandelswaren, Zeitungen, Zeitschriften,
- Lebensmittel,
- Umsätze aus Arzneimitteln.

wenn man ins Ausland fährt, dann UST-frei

Dem ermäßigten Steuersatz von 13 % (eingeführt durch das Steuerreformgesetz 2015/16) unterliegen u.a.:

- die Lieferung von lebenden Tieren, lebenden Pflanzen, Brennholz etc.
- Filmvorführungen
- Umsätze aus der Tätigkeit als Künstler
- Umsätze von Schwimmbädern und Thermalbehandlungen
- Umsätze im Kulturbereich (Theater- und Musikaufführungen, Leistungen von Museen).

1.9.2. Vorsteuerabzug

Jeder Unternehmer hat aber auch „Vorlieferanten", also andere liefernde Unternehmer. Für diese Lieferungen steht dem Unternehmer das Recht auf Vorsteuerabzug zu. Bei der Vorsteuer handelt es sich um jene Umsatzsteuer, die von anderen Unternehmern in Rechnung gestellt wird.

Voraussetzung für den Vorsteuerabzug. Ein Unternehmer ist zum *Vorsteuerabzug* berechtigt, wenn

- eine Lieferung oder sonstige Leistung,
- für die eine ordnungsgemäße Rechnung vorliegt,
- im Inland
- für sein Unternehmen ausgeführt wurde (§ 12 Abs. 1 UStG).

Vorsteuerabzugsverbot für betrieblich genutzte PKWs. Bei *Personen-, Kombinationskraftwagen und Motorrädern* kann – bis auf wenige Ausnahmen (es liegt eine gewerbliche Nutzung vor, wie z.B. Kraftfahrzeuge der Fahrschulen und des Taxigewerbes) – *keine Vorsteuer* geltend gemacht werden. Dies gilt sowohl für die Anschaffungs- als auch für die laufenden Betriebs- bzw. Haltungskosten (z.B. Treibstoff, Wartung, Reparatur, Maut, Autobahnvignette, Bahnverladung, Garagierung). Diese Leistungen gelten kraft Gesetzes als nicht für das Unternehmen ausgeführt (§ 12 Abs. 2 Z 2 lit. b UStG). Selbst wenn der Abgabenpflichtige ein Auto zu 100 % für betriebliche Zwecke nutzt (z.B. als Handelsvertreter), gilt das Vorsteuerabzugsverbot.

Zu beachten ist jedoch, dass die gesamten Brutto-Ausgaben für PKWs, Kombi und Motorräder Betriebsausgaben darstellen. Eine in Rechnung gestellte Umsatzsteuer wird somit zum Kostenfaktor.

Dieses *Vorsteuerabzugsverbot* für PKWs, Kombis und Motorräder gilt jedoch nicht für vom Finanzministerium ausdrücklich als Kleinlastkraft-, Kasten- und Pritschenwagen oder Klein-Autobus eingestufte Fahrzeuge.

Eine aktuelle Liste der steuerlich anerkannten Kleinlastkraft-, Kasten-, Pritschenwagen und Klein-Autobusse finden Sie unter www.bmf.gv.at.

Folgende PKWs und Kombis sind vom Vorsteuerabzugsverbot nicht betroffen:

- Fahrschulkraftfahrzeuge,
- Vorführkraftfahrzeuge,
- Transport-Begleitfahrzeuge,
- Kraftfahrzeuge, die ausschließlich zur gewerblichen Weiterveräußerung bestimmt sind,
- Kraftfahrzeuge, die zu 80 % der gewerblichen Personenbeförderung oder gewerblichen Vermietung dienen,
- Kleinlastkraftwagen und Kleinbusse,
- PKWs und Kombis mit 0 Gramm CO_2-Ausstoß (neu seit 1.1.2016). – Darunter fallen z.B. reine Elektrofahrzeuge. Hybridfahrzeuge, die sowohl mit Elektro-

motor als auch mit Verbrennungsmotor angetrieben werden, sind dagegen nicht begünstigt.

Keinen Vorsteuerabzug gibt es auch bei der unechten Steuerbefreiung und für Kleinunternehmer.

Ein Vorsteuerabzug steht jedoch für geleistete Anzahlungen (also vor Leistungsbezug) zu, wenn die Anzahlung entrichtet und darüber eine ordnungsgemäße Rechnung ausgestellt wurde.

Für die Vornahme des Vorsteuerabzuges ist es notwendig, dass die erhaltene Rechnung genau den Anforderungen des § 11 UStG entspricht. Andernfalls kann das Finanzamt den Vorsteuerabzug streichen. (Auf die Ausstellung einer ordnungsgemäßen Rechnung besteht ein zivilrechtlicher Anspruch!)

Eine elektronische Rechnungslegung ist nur erlaubt, wenn der Empfänger der Rechnung zustimmt und die Echtheit der Herkunft sowie die Unversehrtheit des Inhaltes der Daten gewährleistet sind (u.a. wenn die Rechnung mit einer Signatur versehen ist).

Stellt ein Unternehmer eine Rechnung über eine steuerpflichtige Leistung aus, so hat er eine Kopie bzw. Durchschrift anzufertigen und sieben Jahre aufzubewahren.

Bestandteile einer ordnungsgemäßen Rechnung. Eine ordnungsgemäße Rechnung mit einem Gesamtbetrag über € 400 (inklusive USt) muss gem. § 11 Abs. 1 UStG folgende Angaben enthalten:

1. Den Namen und die Adresse des liefernden oder leistenden Unternehmers (Leistungserbringer)
2. Den Namen und die Adresse des Abnehmers der Lieferung bzw. des Empfängers der Leistung (Leistungsempfänger)
3. Bei Rechnungen, deren Gesamtbetrag € 10.000 übersteigt, ist die Umsatzsteuer-Identifikationsnummer (UID-Nummer) des Leistungsempfängers anzugeben, wenn der leistende Unternehmer im Inland einen Wohnsitz (Sitz), seinen gewöhnlichen Aufenthalt oder eine Betriebsstätte hat und der Umsatz an einen anderen Unternehmer für dessen Unternehmen ausgeführt wird
4. Die Menge und die handelsübliche Bezeichnung der gelieferten Waren bzw. die Art und der Umfang der erbrachten Leistung (Leistungsumfang)
5. Das Datum der Lieferung bzw. erbrachten Leistung oder den Zeitraum, über den sich die Leistung erstreckt (Leistungszeitpunkt, -zeitraum)
6. Das Entgelt für die Lieferung bzw. die Leistung (Nettobetrag) und den anzuwendenden Steuersatz
7. Den auf das Entgelt entfallenden Steuerbetrag mit Bezeichnung Umsatz- bzw. Mehrwertsteuer (nur den Steuersatz anzugeben wäre unzureichend!)
8. Das Ausstellungsdatum der Rechnung

9. Die fortlaufende Rechnungsnummer
10. Die Umsatzsteuer-Identifikationsnummer (UID-Nummer) des leistenden Unternehmers

Sportartikel Import GmbH — **1. Name und Anschrift des Lieferanten**
Hauptstraße 35 — **8. Ausstellungsdatum**
4820 Bad Ischl — Bad Ischl, 31. Juli 2020

Hermann Berger Handels GmbH — **2. Name und Anschrift des Kunden**
Marktplatz 35
5360 St. Wolfgang

RECHNUNG Nr. 145 — **9. Fortlaufende Rechnungsnummer**

Für unsere Lieferung vom 25. Juli 2020 über — **5. Tag der Lieferung/Leistung**

→ 20 Tennisschläger „Prime“ zu je 100 €		2.000 €	
→ 50 3er-Packungen Tennisbälle „Ace2002“ zu je 5 €		250 €	
4. Menge und handelsübliche Bezeichnung der Ware/Leistung	Nettobetrag	2.250 €	**6. Entgelt (Nettobetrag)**
	+ 20 % USt	450 €	
	Gesamtbetrag	2.700 €	**7. Steuersatz, Steuerbetrag**

Zahlbar netto Kassa innerhalb von 30 Tagen.
Konto Nr. 1234567, IBAN AT551968500021234567
BIC COBAATAR
UID: ATU 99999999 — **10. UID-Nummer**

Abbildung 30: Muster einer umsatzsteuergerechten Rechnung

Wenn eine Rechnung nicht alle Merkmale enthält, genügt es meist in der Rechnung darauf hinzuweisen, dass die notwendigen Angaben in anderen Belegen (z.B. Auftragsbestätigungen, Lieferscheine, Frachtbriefe, Verträge) enthalten sind.

Sind in einer Rechnung Entgelte enthalten, die verschiedenen Steuersätzen unterliegen, sind in der Rechnung die Entgelte und Steuerbeträge nach Steuersätzen (10 %, 13 % und 20 %) zu trennen.

Kleinbetragsrechnung. Übersteigt eine Rechnung nicht den Gesamtbetrag (d.h. Bruttobetrag, also inkl. USt) von € 400, können

- Name und Adresse des Leistungsempfängers sowie
- die laufende Rechnungsnummer und
- die UID-Nummer

entfallen. Man spricht von einer so genannten *Kleinbetragsrechnung* (§ 11 Abs. 6 UStG). Ebenso kann der getrennte Ausweis des Steuerbetrages unterbleiben. Es genügt die Angabe des Bruttobetrages (Entgelt plus Steuerbetrag) und des USt-Satzes.

Die häufigsten Probleme bereitet in der *Praxis die Angabe des Leistungsumfanges.* Die Verwendung von Sammelbegriffen oder Gattungsbezeichnungen wie Speisen und Getränke, Lebensmittel, Textilien, Büromaterial, Fachliteratur, Werkzeug usw. stellt keine ausreichende Angabe der Menge und handelsüblichen Bezeichnung der eingekauften Waren dar und berechtigt daher nicht zum Vorsteuerabzug.

1.9.3. Entstehung der Steuerschuld

Es stellt sich nun auch die Frage nach dem Zeitpunkt des Entstehens der Steuerschuld.

Soll- und Istbesteuerung. Das Umsatzsteuergesetz sieht dafür zwei Möglichkeiten vor. Die *Sollbesteuerung* (so genannte „Besteuerung nach vereinbarten Entgelten“, § 19 Abs. 2 Z 1 lit. a UStG) und die *Istbesteuerung* (so genannte „Besteuerung nach vereinnahmten Entgelten“, § 17 Abs. 1 und 2 UStG).

Versteuerung nach vereinbarten Entgelten. Die Sollbesteuerung ist der Regelfall. Die Grundlage bilden die in einem Monat ausgestellten Rechnungen. Die Steuerschuld entsteht am Ende des Monats, in dem die Lieferung oder sonstige Leistung ausgeführt wurde. Bei Rechnungslegung in einem späteren Monat verschiebt sich der Zeitpunkt des Entstehens der Steuerschuld um einen Monat. Daher kann es durchaus der Fall sein, dass der Unternehmer die USt an das Finanzamt bereits zahlen muss, auch wenn sein Geschäftspartner den Rechnungsbetrag noch schuldet.

Versteuerung nach vereinnahmten Entgelten. Die Istbesteuerung stellt die Ausnahme dar. Hier entsteht die Steuerschuld mit Ablauf des Monats, in welchem das Entgelt vereinnahmt wird (also die Zahlung geleistet wird), unabhängig vom Zeitpunkt der Erbringung der Lieferung oder sonstigen Leistung. Die Istbesteuerung gilt auch für Anzahlungen und Vorauszahlungen.

Anwendungsbereich der Istbesteuerung. Die Istbesteuerung ist vorgesehen für:

- nicht buchführungspflichtige Land- und Forstwirte und Gewerbetreibende sowie
- Freiberufler (unabhängig von der Höhe ihres Umsatzes),
- Unternehmer der Energieerzeugung und Abfallbeseitigung und
- alle übrigen Unternehmer (z.B. Vermieter), deren Gesamtumsatz in einem der beiden vorangegangenen Jahre nicht mehr als € 110.000 beträgt.

Auf Antrag kann an Stelle der Istbesteuerung auch die Sollbesteuerung gewählt werden.

Selbstberechnungsabgabe. Bei der Umsatzsteuer handelt es sich um eine *selbst zu berechnende Abgabe.* In der im Normalfall monatlich zu erstellenden Umsatzsteuervoranmeldung (UVA) werden der Umsatzsteuer die Vorsteuerbeträge gegenübergestellt. Überwiegt die Umsatzsteuer, ergibt sich eine Zahllast bzw. Vorauszahlung. Bei einem Vorsteuerüberhang resultiert eine Gutschrift bzw. ein Überschuss:

	Umsatzsteuer (Entgelt × Steuersatz)
–	abziehbare Vorsteuer
=	**Zahllast/Gutschrift**

Die *Zahllast* für den Voranmeldungszeitraum ist an das Finanzamt abzuführen. Ein sich ergebender Vorsteuerüberhang ist zu melden und wird dem Abgabenkonto gutgeschrieben.

Fälligkeit der Umsatzsteuer. Die Zahllast ist spätestens am *15. des zweitfolgenden Kalendermonats* an das Betriebsfinanzamt zu überweisen.

Beispiel

Ermittlung der Umsatzsteuer-Zahllast für Jänner:

- Ausgangsrechnungen € 100.000 + 20 % Umsatzsteuer (€ 20.000) = € 120.000
- Eingangsrechnungen € 80.000 + 20 % Vorsteuer (€ 16.000) = € 96.000

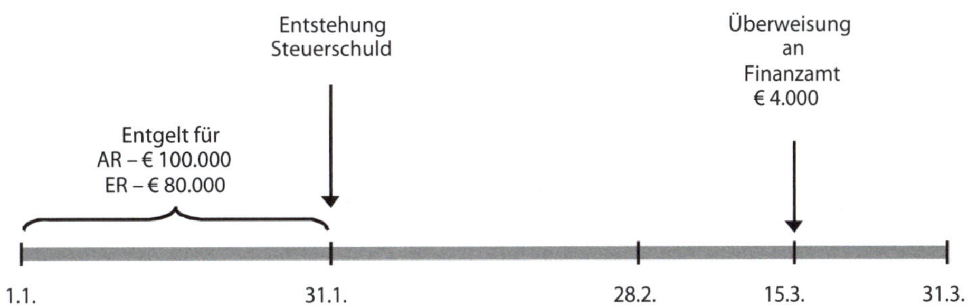

Abbildung 31: Entstehung der Steuerschuld

Umsatzsteuererklärung, Umsatzsteuerbescheid. Nach Ablauf des Geschäftsjahres hat jeder Unternehmer für das abgelaufene Kalenderjahr eine Steuererklärung abzugeben. Die Umsatzsteuererklärung ist bis 30. April des Folgejahres bzw. bei elektronischer Übermittlung über FinanzOnline bis 30. Juni des Folgejahres einzureichen (§ 134 Abs. 1 BAO). Im Einzelfall kann auf begründeten Antrag die Frist zur Abgabe der Steuererklärung verlängert werden (§ 134 Abs. 2 BAO). Die Jahressteuererklärung fasst alle monatlichen bzw. vierteljährlichen Umsatzsteuervoranmeldungen zusammen, wobei noch etwaige Berichtigungen, die sich beispielsweise durch nachträglich gewährte Rabatte ergeben, durchgeführt werden können.

Nach Ablauf des Kalenderjahres *veranlagt* das Finanzamt den Unternehmer (§ 21 Abs. 4 UStG). Dabei wird die Summe aller bereits erfolgten Zahlungen bzw. Gutschriften dem in der Umsatzsteuererklärung ausgewiesenen Betrag gegenübergestellt. Im Idealfall sollten sich die Werte decken, d.h. die Jahreserklärung stellt lediglich eine Zusammenfassung der monatlichen oder vierteljährlichen Voranmeldungen dar. Ergibt sich jedoch auf Grund der Veranlagung eine Nachforderung, so bedeutet dies, dass während des Jahres die Vorauszahlungen in zu geringer Höhe geleistet wurden. Das Finanzamt erlässt einen schriftlichen *Umsatzsteuerbescheid.* Eine festgesetzte Umsatzsteuerschuld ist innerhalb eines Monats – gerechnet ab Bescheidzustellung – zu zahlen (§ 210 Abs. 4 BAO).

1.9.4. Berechnung der Umsatzsteuer

Die Umsatzsteuer kann extra ausgewiesen oder im Rechnungsbetrag inkludiert sein. Im ersten Fall spricht man vom Nettobetrag zuzüglich Umsatzsteuer, im zweiten Fall handelt es sich um den Bruttobetrag.

Liegt der Nettobetrag vor und der Bruttobetrag ist zu errechnen, multipliziert man den Nettobetrag mit 1,2 (bei 20 % Umsatzsteuer) bzw. mit 1,1 (bei 10 % Umsatzsteuer), bzw. mit 1,13 bei 13 % Umsatzsteuer.

Soll vom Bruttobetrag auf den Nettobetrag rückgerechnet bzw. der Umsatzsteuerbetrag ermittelt werden, geht man folgendermaßen vor:

- Um den Nettobetrag zu erhalten, dividiert man den Bruttobetrag durch 1,2 (bzw. 1,1; 1,13).
- Um den Umsatzsteuerbetrag zu erhalten, dividiert man den Bruttobetrag durch 6, 11 bzw. 8,69.

	20 % USt	10 % USt	13 % USt
Nettobetrag	1.000	1.000	1.000
mal	1,20	1,10	1,13
= Bruttobetrag	1.200	1.100	1.130
Bruttobetrag	1.000	1.000	1.000
dividiert durch	1,20	1,10	1,13
= Nettobetrag	833	909	885
Bruttobetrag	1.000	1.000	1.000
dividiert durch	6	11	8,69
= Umsatzsteuer	167	91	115

Tabelle 3: Berechnung der Umsatzsteuer

1.9.5. Verbuchung von Umsatzsteuer und Vorsteuer

Für die *Verbuchung* der Umsatzsteuer bzw. Vorsteuer werden eigene Bestandskonten eingerichtet.

Der jeweilige Steuerbetrag wird auf den Konten

- „Vorsteuer" (2500 = Forderung gegenüber dem Finanzamt) und
- „Umsatzsteuer" (3500 = Verbindlichkeit gegenüber dem Finanzamt) gebucht.

Schließlich benötigen wir für die Verrechnung gegenüber dem Finanzamt noch das Konto

- Finanzamt-Zahllast (3250); Vorsteuer und Umsatzsteuer werden monatlich saldiert und die Salden auf das Konto Zahllast übertragen. Dieses Konto zeigt dann die jeweilige Schuld bzw. Forderung gegenüber dem Finanzamt an.

1.9.6. Regelungen betreffend den EU-Binnenmarkt

Im Zusammenhang mit den Formvorschriften, die eine ordnungsgemäße Rechnung aufzuweisen hat, ist uns der Begriff der *Umsatzsteuer-Identifikationsnummer* (UID-Nummer) begegnet. Das Rechtsgebiet der Umsatzsteuer hat nach dem Beitritt Österreichs zur EU eine Reihe von Änderungen erfahren. Bei *innergemeinschaftlichen Geschäftsfällen* ist nun auch der Anhang zum UStG – die Binnenmarktregelung – zu beachten. Diese ist bei Umsätzen mit anderen Mitgliedstaaten anzuwenden (das Gemeinschaftsgebiet umfasst alle EU-Staaten, während zum Drittlandsgebiet alle Staaten mit Ausnahme der EU-Staaten zählen).

Innergemeinschaftliche Lieferung bzw. innergemeinschaftlicher Erwerb. Als innergemeinschaftliche Lieferung bezeichnet man Lieferungen zwischen Unternehmern in verschiedenen EU-Mitgliedstaaten. Das Pendant zur innergemeinschaftlichen Lieferung stellt der *innergemeinschaftliche Erwerb* dar. Ein innergemeinschaftlicher Erwerb liegt dann vor, wenn Gegenstände aus einem EU-Mitgliedstaat für unternehmerische Zwecke in das Inland gelangen.

Umsatzsteuer-Identifikationsnummer. Im Warenverkehr innerhalb der EU gibt es weder Grenzkontrollen noch Verzollung. Wenn Unternehmer in Geschäftsbeziehung mit anderen EU-Ländern treten, ist es erforderlich, die so genannte „Umsatzsteuer-Identifikationsnummer" (UID) zu benützen.

Diese wird vom zuständigen Finanzamt neben der normalen Steuer-Nummer vergeben. Die UID gilt nur für den unternehmerischen Bereich. Sie ist u.a. dann notwendig, wenn Unternehmer Waren in ein anderes Land der EU liefern oder Waren aus einem anderen Mitgliedstaat erwerben.

Die UID-Nummer setzt sich in Österreich aus dem Länderkennzeichen AT, einem U (steht für Umsatzsteuer) und acht Ziffern zusammen – ATU12345678. (im vorliegenden Beispiel 1 bis 7, die letzte Zahl ist die Prüfziffer).

Mit der Angabe der UID gegenüber dem Lieferanten gibt der Unternehmer dem Lieferanten zu erkennen, dass er als Abnehmer (Erwerber) steuerfrei einkaufen will und der Erwerb in Österreich der Besteuerung unterliegt.

Privatpersonen, welche Waren in einem anderen Mitgliedstaat erwerben, benötigen keine UID. In diesem Fall bleiben die Waren, die für private Zwecke angeschafft werden, mit der ausländischen Umsatzsteuer belastet („Ursprungslandprinzip").

Tätigt ein Unternehmer Lieferungen in andere Mitgliedstaaten, so hat ihm der Kunde seine UID verbunden mit seinen Firmendaten (Name und Adresse) mitzuteilen. Damit wird dokumentiert, dass der Kunde die Waren für sein Unternehmen anschafft. In diesem Fall wird die Lieferung in Österreich steuerfrei belassen.

Weist der ausländische Kunde keine UID vor, so ist der Verkauf – wie ein Verkauf an eine Privatperson – mit österreichischer Umsatzsteuer zu belasten.

Binnenmarktregelung. Bei Lieferungen und Leistungen innerhalb des Gemeinschaftsgebietes sind die Bestimmungen der sogenannten Binnenmarktregelung zu beachten:

- Der innergemeinschaftliche Erwerb im Inland gegen Entgelt unterliegt der Umsatzsteuer.
- Handelt es sich um eine Lieferung oder Leistung zwischen Unternehmern und liegen die im UStG genannten Voraussetzungen vor, ist die Lieferung von der Umsatzsteuer befreit.
- Die Binnenmarktregelung orientiert sich am Bestimmungslandprinzip, nach welchem die Besteuerung der Lieferungen im Normalfall im Einfuhrstaat erfolgt.
- Bei Lieferungen an Privatpersonen wird im Falle einer Abhollieferung die Umsatzsteuer in jenem EU-Staat entrichtet, in welchem die Ware eingekauft wird (Ursprungslandprinzip). Bei einer Versendung bzw. Beförderung ist die Umsatzsteuer im Bestimmungsland abzuführen.

Ort der Lieferung oder Leistung	**Einkauf**
Inland	Vorsteuer (10 %, 13 % bzw. 20 %)
EU-Staat → Inland (ig. Erwerb)	Erwerbsteuer (10 %, 13 % bzw. 20 %)
Drittland → Inland (Import)	Einfuhrumsatzsteuer (10 %, 13 % bzw. 20 %)
	Verkauf
Inland	Umsatzsteuer (10 %, 13 % bzw. 20 %)
Inland → EU-Staat (ig. Lieferung)	steuerfrei (UID-Nr. + Hinweis „ig. Lieferung")
Inland → Drittland (Export)	steuerfrei

Tabelle 4: Übersicht Umsatzsteuer bei Auslandsgeschäften

1.10. Verbuchung von Geschäftsfällen im operativen Bereich

Zu den regelmäßig in einem Unternehmen wiederkehrenden Geschäftsfällen gehören die Anschaffung von Vorräten (Handelswaren, unfertige Erzeugnisse, Roh-, Hilfs- und Betriebsstoffe), der Warenverkauf, die Verbuchung der Löhne und Gehälter und der damit zusammenhängenden Nebenkosten, Steuern usw.

1.10.1. Verbuchung von Geschäftsfällen im Beschaffungsbereich

Wenden wir uns zunächst den Buchungen im Beschaffungsbereich des Unternehmens zu.

Wir unterscheiden zunächst, ob es sich um Handelswaren, unfertige Erzeugnisse oder Fertigerzeugnisse, Roh-, Hilfs- oder Betriebsstoffe handelt. Handelswaren werden keiner weiteren Be- oder Verarbeitung mehr unterzogen (z.B. fertige Stühle in einem Möbelhaus). Unfertige Erzeugnisse werden im Unternehmen einer weiteren Bearbeitung unterzogen (wenn beispielsweise der Stuhl im Unternehmen produziert wird, die aus Metall bestehenden Stuhllehnen zugekauft werden und die Endmontage im Unternehmen erfolgt). Rohstoffe stellen im Produktionsprozess den Hauptbestandteil eines Erzeugnisses dar, Hilfsstoffe gehen ebenfalls in das Erzeugnis ein, sind jedoch nur von untergeordneter Bedeutung (so stellt Holz den Rohstoff bei der Produktion von Stühlen dar, während die Schrauben zum Montieren der Stuhllehne ein Hilfsstoff sind). Betriebsstoffe unterstützen nur mittelbar den Produktionsprozess, ohne dass sie direkt in das Produkt eingehen (Schmiermittel für die Produktionsanlagen).

Anschaffungskosten. Die *Anschaffungskosten* für die bezogenen Handelswaren, Rohstoffe, Fertigerzeugnisse etc. berechnen sich wie folgt:

	Anschaffungspreis
+	Anschaffungsnebenkosten
–	Anschaffungspreisminderungen
=	Anschaffungskosten

Tabelle 5: Ermittlung der Anschaffungskosten

Als aktivierungspflichtiger Betrag gilt der *Anschaffungspreis* der Handelsware (bzw. der Roh-, Hilfs- und Betriebsstoffe). Dabei handelt es sich um den Rechnungsbetrag ohne Umsatzsteuer. Der Buchungssatz lautet daher beim Käufer:

	1600	Handelswarenvorrat (bzw. 1100 Rohstoffvorrat)
	2500	Vorsteuer
an	3300	Lieferverbindlichkeiten bzw. Zahlungsmittelkonto

Häufig wird in der Praxis die Anschaffung von Vorräten nicht auf einem Bestandskonto in der Klasse 1 verbucht, sondern auf einem Aufwandskonto der Klasse 5. Der Buchungssatz lautet dann:

	5010	Handelswarenverbrauch
	2500	Vorsteuer
an	3300	Lieferverbindlichkeiten bzw. Zahlungsmittelkonto

Je nach Beschaffenheit der zugekauften Vorräte ist auf die Konten 5100 Verbrauch Rohstoffe, 5200 Verbrauch von bezogenen Teilen, 5300 Verbrauch von Hilfsstoffen oder 5400 Verbrauch von Betriebsstoffen zu buchen.

Vorräte sind mit den Anschaffungs- oder Herstellungskosten zu verbuchen. Die **Anschaffungskosten** umfassen den Einkaufspreis der Vorräte sowie deren Bezugskosten (als Beispiele dafür lassen sich Frachtaufwendungen, Zölle, sonstige Grenzabgaben, Provisionen, Transportversicherung anführen). Diese Bezugskosten stellen Anschaffungsnebenkosten dar. Sie beinhalten alle im Zusammenhang mit dem Erwerb und der Inbetriebnahme von Vermögensgegenständen anfallenden Aufwendungen, soweit sie dem angeschafften Vermögensgegenstand einzeln zugerechnet werden können und sofern sie vom Käufer zu bezahlen sind. Die Anschaffungsnebenkosten sind zusammen mit dem Anschaffungspreis zu aktivieren. Besteht zwischen Käufer und Verkäufer keine Vereinbarung bezüglich der Übernahme der Bezugskosten, sind diese grundsätzlich vom Käufer zu tragen. Vielfach regelt jedoch der Kaufvertrag die Frage der Übergabe und der damit im Zusammenhang stehenden Kosten. Diesbezügliche Regelungen finden sich in den *INCOTERMS*, die vor allem im Exportgeschäft Anwendung finden. **Herstellungskosten** sind alle jene Aufwendungen, die durch den Verbrauch von Gütern und die Inanspruchnahme von Diensten für die Herstellung oder Erweiterung eines Vermögensgegenstandes entstehen (Herstellungskosten werden im Detail im Band II Kosten- und Leistungsrechnung behandelt).

Incoterms. Incoterms werden von der International Chamber of Commerce (ICC, Sitz in Paris) erarbeitet und herausgegeben und finden sich in fast jedem grenzüberschreitenden Liefervertrag weltweit.

Incoterms regeln Zeit und Ort des Übergangs der Risiken und Kosten einer Lieferung vom Verkäufer auf den Käufer. Weiters regeln sie die Pflichten von Käufer und Verkäufer betreffend Be- und Entladung, Transport, Versicherung, Zollabwicklung etc. Sie sind standardisierte Klauseln, die eine unkomplizierte und weltweit einheitliche Kauf- und Transportabwicklung garantieren sollen. Die Akzeptanz der INCOTERMS ist weltweit deshalb so hoch, weil durch Bezug auf eine der INCOTERMS-Klauseln auf sehr einfache Art und Weise die Bedingungen und Regeln für die technische Durchführung des Transportes geregelt werden. Dabei wird eine eindeutige Regelung des Übergangs der Kosten und Transportgefahren vom Verkäufer auf den Käufer getroffen, ohne dass hierüber umfangreiche Bestimmungen in den Liefervertrag aufzunehmen sind (nähere Informationen dazu finden Sie auf der Homepage der ICC Austria unter www.icc-austria.org).

Sind die Bezugskosten vom Käufer zu tragen, lautet der Buchungssatz dafür:

	1600	Handelswarenvorrat (bzw. 5010 Handelswaren-Einsatz)
	2500	Vorsteuer
an	3300	Lieferverbindlichkeiten bzw. Zahlungsmittelkonto

Anschaffungspreisminderungen. Vom Anschaffungspreis der Vorräte sind so genannte „*Anschaffungspreisminderungen*" in Abzug zu bringen. Darunter sind alle in Anspruch genommenen Nachlässe, wie Rabatte, Boni oder Skonti, zu verstehen. Gefordert ist auch hier der unmittelbare Zusammenhang zur Anschaffung des Vermögensgegenstandes.

Sofort und nachträglich gewährte Rabatte. Rabatte sind Preisnachlässe, die dem Kunden vom Lieferanten aus verschiedenen Gründen gewährt werden. Als Beispiele für Rabatte können der Wiederverkäuferrabatt, Schlussrabatt, Mengenrabatt, Treuerabatt oder der Mängelrabatt angeführt werden. Hinsichtlich der Verbuchung von Rabatten ist zwischen *sofort* gewährten Rabatten und *nachträglich* gewährten Rabatten zu unterscheiden.

Bei einem sofort gewährten Rabatt wird dieser bereits in der Rechnung berücksichtigt und es ist der um den Rabatt verminderte Betrag zu verbuchen. Anders sieht es dagegen bei einem nachträglich gewährten Rabatt aus. Durch den gewährten Rabatt vermindert sich der Anschaffungspreis und es ist eine Korrektur der ursprünglichen Buchung durchzuführen. Jeder Preisnachlass führt automatisch auch zu einer nachträglichen Änderung der *Bemessungsgrundlage der Umsatzsteuer*, sodass auch eine entsprechende Umsatz- bzw. Vorsteuerkorrektur zu erfolgen hat.

Die Thematik soll anhand eines Beispiels dargestellt werden.

Beispiel

Das Unternehmen A kauft im Februar vom Unternehmen B Rohstoffe im Wert von € 100.000 netto, 20 % USt. Die Waren werden Ende Februar geliefert, Rechnungsdatum ist der 27. Februar. Die Zahlung erfolgt am 14. März mittels Banküberweisung (alle Geschäftsfälle finden im selben Geschäftsjahr statt).

Buchung beim Käufer (Unternehmen A)

Einkauf der Handelswaren, Buchung mit Rechnungsdatum 27. Februar:

	1100	Rohstoffvorrat	100.000	
	2500	Vorsteuer	20.000	
an	3300	Lieferverbindlichkeiten		120.000

Zahlung des Rechnungsbetrages am 14. März:

	3300	Lieferverbindlichkeiten	120.000	
an	3110	Bank		120.000

Buchung beim Verkäufer (Unternehmen B)

	2000	Lieferforderungen	120.000	
an	4000	Umsatzerlöse		100.000
an	3500	Umsatzsteuer		20.000

Zahlungseingang im März:

	3110	Bank	120.000	
an	2000	Lieferforderungen		120.000

Annahme 1: Da zwischen den beiden Unternehmen seit vielen Jahren eine regelmäßige Geschäftsbeziehung besteht, gewährt der Verkäufer dem Unternehmen A einen Treuerabatt in Höhe von 3 %. Dieser Rabatt wird sofort vom Rechnungsbetrag in Abzug gebracht.

Preis	100.000
abzüglich 3 % Rabatt	3.000
Nettopreis	97.000
zuzüglich 20 % USt	19.400
Bruttobetrag	116.400

Buchung beim Käufer (Unternehmen A)

Einkauf der Handelswaren, Buchung mit Rechnungsdatum 27. Februar:

	1100	Rohstoffvorrat	97.000	
	2500	Vorsteuer	19.400	
an	3300	Lieferverbindlichkeiten		116.400

Zahlung des Rechnungsbetrages am 14. März:

	3300	Lieferverbindlichkeiten	116.400	
an	3110	Bank		116.400

Buchung beim Verkäufer (Unternehmen B)

Verkauf der Handelswaren:

	2000	Lieferforderungen	116.400	
an	4000	Umsatzerlöse		97.000
an	3500	Umsatzsteuer		19.400

Zahlungseingang:

	3110	Bank	116.400	
an	2000	Lieferforderungen		116.400

Annahme 2: Die Handelswaren werden Ende Februar geliefert. Bei Durchsicht werden Mängel festgestellt und diese unverzüglich beim Verkäufer schriftlich reklamiert. Da die festgestellten Mängel nur geringfügig sind und der Käufer die Waren behält, gewährt der Verkäufer einen Mängelrabatt in Höhe von 5 % auf den Einkaufspreis der Ware.

Die Buchungen bei Rechnungserhalt bzw. Rechnungsstellung ändern sich nicht, jedoch führt der nachträglich gewährte Rabatt zu einer Korrektur des Verbindlichkeitenkontos beim Käufer bzw. des Forderungskontos beim Verkäufer und einer entsprechenden Korrektur der Vorsteuer bzw. Umsatzsteuer.

Preis	100.000
abzüglich 5 % Rabatt	5.000
Nettopreis	95.000
zuzüglich 20 % USt	19.000
Bruttobetrag	114.000

Buchung beim Käufer (Unternehmer A)

Wird der Rabatt gewährt, so muss zusätzlich gebucht werden:

	3300	Lieferverbindlichkeiten	6.000	
an	1100	Rohstoffvorrat		5.000
an	2500	VSt		1.000

Bei der Bezahlung wird der um den Rabatt verminderte Betrag an den Lieferanten überwiesen:

	3300	Lieferverbindlichkeiten	114.000	
an	3110	Bank		114.000

Buchung beim Verkäufer (Unternehmer B)

	4400	Erlösberichtigungen 20 %	5.000	
	3500	USt	1.000	
an	2000	Lieferforderungen		6.000

Beim Zahlungseingang wird gebucht:

	3110	Bank	114.000	
an	2000	Lieferforderungen		114.000

Skonto. Unter *Skonto* versteht man einen prozentualen Preisnachlass des Verkäufers auf den Rechnungsbetrag bei Zahlung innerhalb einer bestimmten Frist. Wird der Skonto sofort bei Kauf gewährt, ist nur mehr der um den Skonto verringerte Rechnungsbetrag zu verbuchen.

Durch die Möglichkeit eines Skontoabzugs wollen die Lieferanten ihre Kunden zu einer rascheren Zahlung veranlassen. Der Skonto beträgt üblicherweise 2–3 % des Rechnungsbetrages.

Wenn auf einer Rechnung unter den Zahlungsbedingungen steht „innerhalb von 8 Tagen abzüglich 2 % Skonto, innerhalb 30 Tagen netto", so bedeutet dies, dass bei Begleichung der Rechnung innerhalb der Skontofrist von 8 Tagen 2 % des Rechnungsbetrages abgezogen und einbehalten werden dürfen – sozusagen als Belohnung für schnelles Bezahlen.

Rücksendung von Waren. Natürlich kann es im Beschaffungsbereich auch dazu kommen, dass die gelieferten Waren Mängel aufweisen, dass die falsche Ware oder auch eine zu große Menge geliefert oder bestellt wurde. Dies führt zu einer *Retoursendung* der Waren an den Lieferanten.

Eine Warenrücksendung bedeutet für die Buchhaltung die vollständige oder teilweise Rückgängigmachung der bereits vorgenommenen Buchung.

Ist die eingekaufte Ware noch nicht bezahlt, führt die Rücksendung zu einer Verringerung des Warenbestandes und damit verbunden verringert sich die Verbindlichkeit gegenüber dem Lieferanten. Entsprechend ist auch die Vorsteuer zu korrigieren. Der Buchungssatz stellt sich folgendermaßen dar (das Beispiel ist anhand der Rücksendung von Rohstoffen dargestellt, Gleiches gilt natürlich auch für Handelswaren, Hilfsstoffe usw.):

	3300	Lieferverbindlichkeiten
an	1100	Rohstoffvorrat
an	2500	Vorsteuer

Wurde der Einkauf in der Klasse 5 verbucht, ist bei Rückgabe ebenfalls in der Klasse 5 zu buchen.

Ist die eingekaufte Ware bereits bezahlt, erhält der Käufer entweder eine Gutschrift in Höhe des Wertes der zurückgesandten Ware oder der Lieferant erstattet den Kaufpreis zurück. Vom Standpunkt der Buchhaltung aus betrachtet ändert sich lediglich das im Soll zu bebuchende Konto. Zu beachten ist jedoch, dass eine Gutschrift eine Forderung gegenüber dem Lieferanten darstellt.

1.10.2. Verbuchung von Geschäftsfällen im Absatzbereich

Wenden wir uns nun dem Absatzbereich zu. Es handelt sich um die Verbuchung der Umsätze des Unternehmens. Unabhängig davon, ob eine Dienstleistung erbracht wird, Handelswaren oder Rohstoffe verkauft werden, hat der Buchungssatz folgendes Aussehen, wobei zu unterscheiden ist, ob die verkaufte Ware vom Kunden sofort bezahlt wird oder ein Zielverkauf (Zahlung erfolgt zu einem vereinbarten späteren Termin) vorliegt.

Zahlt der Kunde sofort bei Erhalt der Handelsware, der Fertigerzeugnisse oder der Erbringung der Dienstleistung, ist zu buchen:

	2700	Kassa
an	4000	Umsatzerlöse
an	3500	Umsatzsteuer

Liegt ein Zielverkauf vor, hat der Buchungssatz folgendes Aussehen:

	2000	Lieferforderung
an	4000	Umsatzerlöse
an	3500	Umsatzsteuer

In der Praxis finden sich verschiedene *Untergliederungen* des Kontos „Erlöse". So können diese nach verschiedenen Erlösgruppen, in- und ausländischen Erlösen oder nach Erlösen mit verschiedenen Umsatzsteuersätzen (wie z.B. im Lebensmittelhandel) gegliedert werden.

Kosten des Transportes. Werden die verkauften Waren vom Kunden nicht selbst abgeholt, sondern wird für deren Versendung ein externes Unternehmen dazwischengeschaltet (Bahn, Post, Spediteur, Frachtführer, sonstiger privater Zustelldienst), stellt sich die Frage, wer die Kosten für die *Güterbeförderung* (Transportkosten, Versicherungsprämien, Zölle usw.) zu übernehmen hat. Hier gilt dasselbe wie im Beschaffungsbereich: Finden sich im Kaufvertrag keine entsprechenden Regelungen, hat der Käufer die Kosten zu tragen. Übernimmt jedoch der Verkäufer die anfallenden Aufwendungen, handelt es sich nicht um Erlösschmälerungen, sondern um einen selbstständigen Aufwand, der folgendermaßen zu buchen ist:

	7300	Transporte durch Dritte
	2500	Vorsteuer
an	3300	Lieferverbindlichkeit (bzw. Zahlungsmittelkonto)

Die Beförderung von Gütern stellt grundsätzlich einen umsatzsteuerpflichtigen Sachverhalt dar. Lediglich die Paketbeförderung durch die Post unterliegt nicht der Umsatzsteuer (bis 10 kg – unechte Steuerbefreiung).

Retoursendungen durch den Kunden. Wenn Kunden die verkaufte Ware an den Verkäufer *retournieren*, sind die vom Verkäufer gemachten Buchungen ganz oder teilweise rückgängig zu machen. Wurden die Waren vom Kunden noch nicht bezahlt, lautet der Buchungssatz:

	4000	Umsatzerlöse
	3500	Umsatzsteuer
an	2000	Lieferforderung

Hat der Kunde die gelieferten Waren bereits bezahlt, erhält er entweder eine Gutschrift in Höhe des Warenwertes der retournierten Waren oder der Betrag wird dem Kunden in bar rückerstattet. Eine Gutschrift bewirkt eine Verbindlichkeit in Höhe der Gutschrift beim Verkäufer.

1.10.3. Buchung auf Personenkonten

Bei den Buchungen im Beschaffungs- und Absatzbereich wurde, sofern ein Kauf bzw. Verkauf auf Ziel vorliegt, auf den Konten 3300 Lieferverbindlichkeiten bzw. 2000 Lieferforderungen gebucht.

Diese Hauptbuchkonten „2000 Lieferforderungen" und „3300 Lieferverbindlichkeiten" stellen so genannte *Sammelkonten* dar, auf denen die Summe aller Kundenforderungen bzw. aller Lieferantenverbindlichkeiten aufscheint. Der Unternehmer muss jedoch wissen,

- von wem er wann welchen Betrag zu bekommen hat, und
- an wen er wann welchen Betrag zu zahlen hat.

Daher wird in der Praxis für jeden Kunden und jeden Lieferanten ein *Personenkonto* geführt. Auf diesen Konten sind die einzelnen Forderungen bzw. Verbindlichkeiten, deren Fälligkeit sowie deren Bezahlung ersichtlich.

Man spricht in diesem Zusammenhang auch von „Kunden- und Lieferantenkartei" bzw. von „Debitoren- und Kreditorenbuchhaltung".

Die laufenden Geschäftsfälle werden zunächst auf einem Personenkonto gebucht. Zumindest monatlich werden die Bewegungen auf den Personenkonten auf die beiden Sammelkonten (2000, 3300) übertragen. Es handelt sich hier um *KEINE Umbuchung*, sondern lediglich um einen Übertrag!

20001 Kunde A

15. Jan	AR 45	2.000			
18. Jan	AR 78	14.000			
29. Jan	AR 278	300			

20002 Kunde B

7. Jan	AR 16	500	18. Jan	BK 144	8.700
10. Jan	AR 27	8.700			

Abbildung 32: Debitorenkonten mit Übertrag auf das Sammelkonto

Alle Verkäufe während eines Monats werden auf den einzelnen Kundenkonten verbucht. Am Monatsende werden die Bewegungen auf das Sammelkonto 2000 Lieferforderungen übertragen.

2000 Lieferforderungen

31. Jan	Übertrag	25.500	31. Jan	Übertrag	8.700
			31. Jan	SBK	16.800
Σ		**25.500**	Σ		**25.500**

Abbildung 33: Darstellung auf dem Sammelkonto Lieferforderungen

In die Bilanz wird nur der Saldo des Sammelkontos 2000 Lieferforderungen umgebucht.

Bilanz per 31. Jänner

Kundenforderungen	16.800	

Abbildung 34: Darstellung des Übertrags des Sammelkontos Lieferforderungen in die Bilanz

Die Salden auf den Debitorenkonten bleiben bis zur Zahlung durch den Kunden bestehen.

1.10.4. Verbuchung von Löhnen und Gehältern

Zu den regelmäßig wiederkehrenden Geschäftsfällen in einem Unternehmen gehört auch die *Abrechnung der Löhne und Gehälter* und der damit verbundenen Lohn- und Gehaltsabgaben.

Löhne und Gehälter richten sich nach der Gruppe von Dienstnehmern, an die sie ausbezahlt werden. Wer dienstrechtlich als Arbeiter einzustufen ist (Kennzeichen dafür ist die Verrichtung überwiegend manueller Tätigkeiten), erhält einen Lohn ausbezahlt. Bezüge der Angestellten bezeichnet man als Gehalt. Auch die an Lehrlinge zu bezahlende Lehrlingsentschädigung zählt zu den Löhnen und Gehältern. Im Folgenden wird die Bezeichnung „Bezug" verwendet.

Bruttobezug. Unter dem Begriff „*Bruttobezug*" versteht man jenen Betrag, den der Arbeitnehmer vom Arbeitgeber erhält. Dieser Betrag entspricht jedoch nicht dem tatsächlichen Auszahlungsbetrag. Vom Bruttobezug werden der Sozialversicherungsanteil des Dienstnehmers und die Lohnsteuer in Abzug gebracht, damit verbleibt der „Nettobezug", den der Arbeitnehmer tatsächlich ausbezahlt bekommt.

Lohn- und gehaltsabhängige Abgaben. Der Arbeitgeber hat neben dem Bruttobezug noch lohn- und gehaltsabhängige Abgaben zu tragen:

- Dienstgeberanteil zur Sozialversicherung (SV-DGA)
- Abgabe betreffend die betriebliche Mitarbeitervorsorge
- Dienstgeberbeitrag zum Familienbeihilfen-Ausgleichsfonds (DB)
- Zuschlag zum Dienstgeberbeitrag (DZ)
- Dienstgeberabgabe (DGA)
- Kommunalsteuer (KommSt)
- eventuell Landesabgaben.

Sozialversicherung. Der *Beitrag zur gesetzlichen Sozialversicherung* ist zum Teil vom Dienstgeber (SV-DGA), zum Teil vom Dienstnehmer (SV-DNA) zu tragen und bis zum 15. des Folgemonats an die zuständige Krankenkasse abzuführen. Bei der Sozialversicherung gibt es einen Höchstbeitrag, bis zu dem Sozialversicherung eingehoben wird. Wie sich die Sozialversicherung für Arbeiter und Angestellte zusammensetzt, ist nachfolgender Tabelle zu entnehmen.

	DN	DG	Σ
Arbeitslosenversicherung*	3,00	3,00	6,00
Krankenversicherung	3,87	3,78	7,65
Unfallversicherung	0,00	1,20	1,20
Pensionsversicherung	10,25	12,55	22,80
SV im engeren Sinn	**17,12**	**20,53**	**37,65**
Arbeiterkammerumlage	0,50	0,00	0,50
Wohnbauförderungsbeitrag	0,50	0,50	1,00
IESG-Zuschlag	0,00	0,35	0,35
SV im weiteren Sinn	**18,12**	**21,38**	**39,50**

* Ab 2019 beträgt der vom Pflichtversicherten zu tragende Anteil des Arbeitslosenversicherungsbeitrages bei einer monatlichen Beitragsgrundlage (Entgelt) bis € 1.681,00 0 %, über € 1.681,00 bis € 1.834,00 1 %, über € 1.834,00 bis € 1.987,00 2 % und über € 1.987,00 3 %.

Tabelle 6: Zusammensetzung der Sozialversicherung für Arbeiter und Angestellte in Prozent

Betriebliche Mitarbeitervorsorge. Das *Betriebliche Mitarbeitervorsorgegesetz* (BMVG) brachte mit der „Abfertigung Neu" (Inkrafttreten 1.1.2003) anstelle des leistungsorientierten Abfertigungssystems ein beitragsorientiertes System. Die Finanzierung der Abfertigung erfolgt dabei durch regelmäßige Beitragsleistungen der Arbeitgeber. Die Abfertigungsansprüche werden auf die neu errichteten Mitarbeitervorsorgekassen (MV-Kassen) ausgelagert. Der Anspruch des Arbeitnehmers auf Abfertigung richtet sich im neuen System nicht mehr gegen seinen Arbeitgeber, sondern gegen die jeweilige MV-Kasse. Ein Anspruch auf Abfertigung soll grundsätzlich bei allen Beendigungsarten von Arbeitsverhältnissen zustehen. Der monatlich vom Arbeitgeber zu entrichtende Beitrag beträgt 1,53 % des monatlichen Entgelts inklusive allfälliger Sonderzahlungen und ist vom Arbeitgeber an den zuständigen Krankenversicherungsträger zur Weiterleitung an die BV-Kassen bis zum 15. des Folgemonats zu überweisen.

Dienstgeberbeitrag zum Familienbeihilfen-Ausgleichsfonds. Der *Dienstgeberbeitrag zum Familienbeihilfen-Ausgleichsfonds (DB)* dient zur Finanzierung der Familienbeihilfen. Bemessungsgrundlage ist die monatliche Bruttolohnsumme (davon 3,9 %). Der Beitrag ist bis zum 15. des Folgemonats an das zuständige Betriebsstättenfinanzamt abzuführen.

Zuschlag zum Dienstgeberbeitrag. Der *Zuschlag zum Dienstgeberbeitrag (DZ)* wird auch als *Kammerumlage II* bezeichnet, er dient zur Finanzierung der Kammern der gewerblichen Wirtschaft und wird demnach auch nur von deren Mitgliedern, die Dienstnehmer beschäftigen, eingehoben. Wie alle vorher angeführten Abgaben handelt es sich um eine Selbstberechnungsabgabe, d.h., dass der monatlich an das Betriebsstättenfinanzamt abzuführende Beitrag nicht vorgeschrieben wird, sondern vom Unternehmen selbst zu berechnen ist. Die Berechnungsbasis ist ident mit der des DB, die Höhe des DZ ist in den einzelnen Bundesländern unterschiedlich (für das Jahr 2019: zwischen 0,34 % in Oberösterreich und 0,42 % im Burgenland).

Dienstgeberabgabe. Werden für einen Dienstgeber mehrere geringfügig Beschäftigte tätig, so ist die Summe der monatlichen allgemeinen Beitragsgrundlagen (ohne Sonderzahlungen) dieser Dienstnehmer und freien Dienstnehmer im Kalendermonat zu ermitteln.

Übersteigt diese Summe das Eineinhalbfache der monatlichen Geringfügigkeitsgrenze, hat der Dienstgeber – zusätzlich zum Unfallversicherungsbeitrag in der Höhe von 1,2 % – eine pauschalierte Abgabe in Höhe von 16,4 % zu entrichten. Beitragsgrundlage ist die Lohnsumme aller geringfügigen Entgelte (einschließlich Sonderzahlungen).

Dienstgeberabgabe der Gemeinde Wien (U-Bahn-Steuer). Diese Steuer wird seit dem Jahr 1970 von Dienstgebern in Wien, die mindestens einen Dienstnehmer beschäftigen, eingehoben. Sie dient zur Finanzierung der U-Bahn. Die Höhe dieser Abgabe beträgt pro Dienstnehmer und pro angefangener Kalenderwoche € 2,00.

Kommunalsteuer. Die *Kommunalsteuer (KommSt)* stellt eine Gemeindeabgabe dar. Das Unternehmen unterliegt der Kommunalsteuer in jener Gemeinde, in der sich die Betriebsstätte des Unternehmens befindet. Es handelt sich um eine Selbstberechnungsabgabe, die vom Unternehmen bis zum 15. des Folgemonats abzuführen ist. Basis für die Berechnung der Kommunalsteuer in Höhe von 3 % bilden die monatliche Bruttolohnsumme einer im Inland gelegenen Betriebsstätte sowie die monatlichen Bezüge bzw. Vergünstigungen der Geschäftsführer des Unternehmens.

Beispiel

Ein Dienstnehmer, beschäftigt in einem Unternehmen mit Sitz in Oberösterreich, erhält einen monatlichen Bruttobezug in Höhe von € 2.180,00. Wie hoch ist der Nettobezug des Dienstnehmers und welche Lohnabgaben fallen dafür im Unternehmen an?

Position	Betrag in €	in % vom Brutto-gehalt	Empfänger
Personalaufwand	1.522,73	130,15 %	
Kommunalsteuer	–65,40	3,00 %	Gemeinde
Betriebliche Mitarbeitervorsorge	–33,35	1,53 %	MV-Kasse
Zuschlag zum Dienstgeberbeitrag	–7,41	0,34 %	Finanzamt für Wirtschaftskammer
Dienstgeberbeitrag zum Familienlastenausgleichsfonds	–85,02	3,90 %	Finanzamt
SV-Dienstgeberanteil	–466,08	21,38 %	Sozialversicherung
Bruttogehalt	2.180,00	100,00 %	
SV-Dienstnehmeranteil	–395,02	18,12 %	Sozialversicherung
Lohnsteuerbemessungsgrundlage	1.784,98		
Einbehaltene Lohnsteuer	–206,64	Progression	Finanzamt
Nettobezug (= Auszahlungsbetrag)	1.578,34		Mitarbeiter

* für die Berechnung der Lohnsteuer wurden kein Alleinverdiener- bzw. Alleinerzieherabsetzbetrag, kein Freibetrag, kein Pendlerpauschale, kein Gewerkschaftsbeitrag angenommen

Tabelle 7: Gehaltsabrechnung

Verbuchung von Löhnen, Gehältern, lohn- und gehaltsabhängigen Abgaben. Folgende Buchungen ergeben sich im Zusammenhang mit der Abrechnung der Gehälter und der lohnabhängigen Abgaben:

Gehälter:

	6200	Gehälter	2.180,00	
an	3600	Verbindlichkeit Krankenkasse		393,93
an	3540	Verbindlichkeit Finanzamt		282,74
an	3850	Verbindlichkeiten Mitarbeiter		1.503,33

Auszahlung der Gehälter an die Mitarbeiter:

	3850	Verbindlichkeiten Mitarbeiter	1.503,33	
an	2800	Bank		1.503,33

Dienstgeberanteil zur Sozialversicherung (SV-DGA) und Beitrag zur betrieblichen Mitarbeitervorsorge (BMV):

	6560	Gesetzlicher Sozialaufwand	471,53	
	6440	Betriebliche Mitarbeitervorsorge	33,35	
an	3600	Verbindlichkeit Krankenkasse		504,88

Zahlung an die Krankenkasse (inkl. DN-Anteil):

	3600	Verbindlichkeit Krankenkasse	898,81	
an	2800	Bank		898,81

Dienstgeberbeitrag zum Familienbeihilfen-Ausgleichsfonds (DB) und Zuschlag zum Dienstgeberbeitrag (DZ):

	6660	Dienstgeberbeitrag Angestellte	98,10	
	6670	Zuschlag zum DB	7,85	
an	3540	Verbindlichkeit Finanzamt		105,95

Zahlung an das Finanzamt (inkl. Lohnsteuer):

	3540	Verbindlichkeit Finanzamt	388,69	
an	2800	Bank		388,69

Kommunalsteuer:

	6680	Kommunalsteuer	65,40	
an	3610	Verbindlichkeit Gemeinde		65,40

Zahlung der Kommunalsteuer:

	3610	Verbindlichkeit Gemeinde	65,40	
an	2800	Bank		65,40

1.10.5. Verbuchung von Steuern

Zu den sonstigen Aufwendungen in einem Unternehmen zählen auch die *Steuern*. Steuern können nach verschiedenen Gesichtspunkten eingeteilt werden, wie z.B. nach dem Steuergegenstand, danach, ob Steuern selbst vom Unternehmen zu berechnen sind oder deren Höhe vom Finanzamt vorgeschrieben wird. Hinsichtlich der Verbuchung und der Berücksichtigung für die Gewinnermittlung ist folgende Einteilung wesentlich:

Arten von Steuern hinsichtlich der Verbuchung

Betriebs-steuern	Privat-steuern	Betriebliche Durchlaufsteuern	Aktivierungs-pflichtige Steuern	Latente Steuern

Abbildung 35: Einteilung der Steuern

Betriebs- oder Aufwandssteuern. Betriebs- oder Aufwandssteuern stellen einen Aufwand im Unternehmen dar. Sie mindern den Gewinn. Als Beispiele können die Körperschaftsteuer, Kommunalsteuer, der Dienstgeberbeitrag zum Familienbeihilfen-Ausgleichsfonds, der Zuschlag zum Dienstgeberbeitrag, die Kraftfahrzeugsteuer oder die Grundsteuer angeführt werden.

Privatsteuern. Privatsteuern betreffen die Privatsphäre des Unternehmers. Als Beispiel dafür kann die Einkommensteuer angeführt werden. Bei Einzelunternehmen oder Personengesellschaften werden die Einkommensteuer bzw. die vierteljährlich zu leistenden Vorauszahlungen häufig vom Firmenkonto bezahlt. Da sie jedoch die Privatsphäre des Unternehmers betreffen, sind sie als Privatentnahme zu buchen.

Betriebliche Durchlaufsteuern. Zu den betrieblichen Durchlaufsteuern zählen die Umsatzsteuer und die einbehaltene Lohnsteuer der Dienstnehmer. Sie werden lediglich vom Unternehmen eingehoben und an das Finanzamt abgeführt.

Aktivierungspflichtige Steuern. Zu den aktivierungspflichtigen Steuern zählt beispielsweise die Grunderwerbsteuer. Die Grunderwerbsteuer fällt beim Kauf von Grundstücken an und gilt als Anschaffungsnebenkosten. Sie ist aktivierungspflichtig und in der Klasse 0 zu verbuchen. Aktivierungspflichtige Steuern erhöhen die Anschaffungskosten des erworbenen Vermögensgegenstandes.

Latente Steuern. Latente Steuern stellen Abgrenzungsposten für in der Zukunft voraussichtlich eintretende Be- oder Entlastungen von Betriebssteuern in Form der Körperschaftsteuer dar. Berechnungsgrundlage sind die Unterschiede zwischen dem steuerlichen und dem unternehmensrechtlichen Wert eines Vermögensgegenstandes oder einer Schuld. Die ermittelte Differenz wird mit dem Steuersatz im Zeitpunkt der Umkehr der Differenz multipliziert. Eine Abzinsung der Beträge ist nicht zulässig. Der so ermittelte Betrag ist ergebniswirksam einerseits unter dem Posten „Aufwendungen für Steuern vom Einkommen und Ertrag" und andererseits in der Bilanz als „aktive latente Steuern" oder gesondert unter den „Steuerrückstellungen" zu erfassen. Für steuerliche Verlustvorträge können aktive latente Steuern gebildet werden.

1.10.6. Verbuchung des Rechnungsausgleichs

Welche Möglichkeiten bestehen für den *Rechnungsausgleich*? Folgende Zahlungsformen sind in der Praxis üblich:

- Barzahlung
- Bareinzahlung auf ein Konto des Lieferanten mittels Zahl- oder Erlagschein
- Banküberweisung
  - Überweisung mittels Zahl- oder Erlagschein
  - Internetbanking
  - Dauerauftrag
  - Bankeinzug
- Nachnahmesendung
- Zahlung mittels Kredit- und Bankomatkarte
- Zahlung mittels Scheck

Barzahlung. Bei einer *Barzahlung* wird etwas sofort in bar bezahlt. Ob es sich nun um eine erhaltene Zahlung (von einem Kunden) oder um eine geleistete Zahlung handelt, betroffen ist immer das Konto 2700 Kassa.

Beispiel

Einkauf von Büromaterial € 100 + 20 % USt = € 120 bar

Aus Sicht des Käufers stellt sich der Buchungssatz folgendermaßen dar:

	7600	Büromaterial	100	
	2500	Vorsteuer	20	
an	2700	Kassa		120

Der Verkäufer bucht folgendermaßen:

	2700	Kassa	120	
an	4000	Umsatzerlöse		100
an	3500	Umsatzsteuer		20

Kauf auf Ziel. Wird das Büromaterial nicht sofort, sondern zu einem späteren Zeitpunkt bezahlt, lautet die Buchung:

Aus der Sicht des Käufers:

	7600	Büromaterial	100	
	2500	Vorsteuer	20	
an	33...	Lieferant		120

Aus der Sicht des Verkäufers:

	2...	Kunde	120	
an	4000	Umsatzerlöse		100
an	3500	Umsatzsteuer		20

Banküberweisung. Der Rechnungsausgleich wird folgendermaßen gebucht (z.B. Banküberweisung):
Aus der Sicht des Käufers:

	33...	Lieferant	120	
an	2800	Bank		120

Aus der Sicht des Verkäufers:

	2800	Bank	120	
an	2...	Kunde		120

Zahlung per Nachnahme. Bei einer *Nachnahmesendung* erfolgt die Abgabe nur gegen Einziehung des angegebenen Nachnahmebetrages.

Zahlung mittels Kreditkarte. Erfolgt die Begleichung einer Rechnung mittels Kredit- oder Bankomatkarte, ist zu beachten, dass zwischen Bezahlung und Eingang des Geldbetrages beim verkaufenden Unternehmen eine bestimmte Frist liegt. Verkäufe, die mittels Kredit- oder Bankomatkarte beglichen werden, sind zunächst über ein Konto „Forderung gegen Kreditkarten-/Bankomatkarten-organisation" zu buchen. Kreditkartenunternehmen verrechnen zudem eine umsatzabhängige Provision in Höhe von 3 bis 4 %.

Wird das Büromaterial nun mittels Kreditkarte bezahlt, ergeben sich folgende Buchungssätze:
Aus der Sicht des Käufers:

	7600	Büromaterial	100	
	2500	Vorsteuer	20	
an	3180	Verrechnungskonto Kreditkartenunternehmen		120

Aus der Sicht des Verkäufers:

	2790	Forderung Kreditkartenunternehmen	120	
an	4000	Umsatzerlöse		100
an	3500	Umsatzsteuer		20

Erfolgt nun die Abbuchung vom Konto des Käufers und die Gutschrift auf das Konto des Verkäufers, wird wie nachfolgend gebucht:

Aus der Sicht des Käufers:

	3180	Verrechnungskonto Kreditkartenunternehmen	120	
an	2800	Bank		120

Aus der Sicht des Verkäufers:

	2800	Bank	115,68	
	7540	Provisionen an Dritte	3,60	
	2500	Vorsteuer	0,72	
an	2790	Forderung Kreditkartenunternehmen		120,00

Zu beachten ist, dass der Verkäufer nur den um die Provision der Kreditkartenorganisation verminderten Betrag auf seinem Konto gutgeschrieben erhält. Diese Provision ist umsatzsteuerpflichtig (z.B. 3 % Provision + 20 % USt = 3,6 % Provision inkl. USt).

Zahlung mittels Scheck. Wird eine Ausgangsrechnung mittels Scheck beglichen, liegen zwischen dem Erhalt des Schecks und der Gutschrift auf dem Bankkonto des Verkäufers ebenfalls einige Tage. Erhaltene Schecks werden zunächst über ein Konto „Erhaltene Schecks" gebucht.

Buchung aus der Sicht des Käufers:

	7600	Büromaterial	100	
	2500	Vorsteuer	20	
an	3780	Gegebene Schecks		120

Buchung aus der Sicht des Verkäufers:

	2780	Erhaltene Schecks	120	
an	4000	Umsatzerlöse		100
an	3500	Umsatzsteuer		20

Wird der Scheck anschließend durch die Bank eingelöst, ist zu buchen:

Aus der Sicht des Käufers:

	3780	Gegebene Schecks	120	
an	2800	Bank		120

Aus der Sicht des Verkäufers:

	2800	Bank	120	
an	2780	Erhaltene Schecks		120

1.10.7. Verbuchung von sonstigen Aufwendungen

Regelmäßig wiederkehrend fallen in Unternehmen verschiedene *sonstige Aufwendungen* an.

Beispiele mit Vorsteuerabzug	Beispiele ohne Vorsteuerabzug
Instandhaltungen (Reparaturen)	Paket- (bis 10 kg) und Portogebühren der Post
Reinigung durch Dritte	Bankzinsen und -spesen
Transporte durch Dritte	Versicherungsprämien
Reisespesen	Gebühren
Telefongebühren	Mitgliedsbeiträge
Mietaufwand	Steuern
Provisionen an Dritte	
Büromaterial	
Fachliteratur	
Werbeaufwand	
Rechts- und Beratungskosten	
u.v.m.	

Tabelle 8: Beispiele für die Verbuchung von sonstigen Aufwendungen mit und ohne Vorsteuerabzug

Verbuchung von sonstigen Aufwendungen mit Vorsteuerabzug:

	7...	Aufwandskonto
	2500	Vorsteuer
an	33../2...	Lieferant oder Zahlungsmittel

Verbuchung von sonstigen Aufwendungen ohne Vorsteuerabzug:

	7...	Aufwandskonto
an	33../2...	Lieferant oder Zahlungsmittel

1.10.8. Verbuchung des Eigenverbrauchs bzw. der Privatentnahmen

Unter Eigenverbrauch bzw. Privatentnahmen versteht man die

- Entnahme von *Waren* (Handelswaren, Rohstoffe, Fertigerzeugnisse) aus dem betrieblichen Bereich
- Entnahme von *Leistungen* (z.B. Installationsarbeiten eines Installationsbetriebes im Privathaus des Unternehmers)
- Entnahme von Gegenständen des *Anlagevermögens* (z.B. Entnahme von EDV-Anlagen)
- *Nutzung* von Gütern des Anlagevermögens (z.B. private Nutzung des Betriebs-LKW oder -PKW).

Privatentnahmen können grundsätzlich nur bei Unternehmen, bei denen eine Privatsphäre möglich ist, vorkommen. Bei Kapitalgesellschaften gibt es demnach keine Privatentnahmen und kein Privatkonto. Um dem Unternehmen zugerechnete Werte für private Zwecke zu verwenden, muss eine Berechtigung bestehen (Einzelunternehmer, Gesellschafter einer OG und Komplementäre einer KG).

Für den Unternehmer bzw. für die Gesellschafter einer OG und den/die Komplementär/e einer KG wird ein eigenes „Privatkonto" geführt, in dem alle finanziellen Vorkommnisse erfasst werden, die nicht die betriebliche Sphäre betreffen. Am Ende des Wirtschaftsjahres wird der Saldo des Privatkontos auf das Eigenkapital übertragen (Privatentnahmen verringern das Eigenkapital, Privateinlagen führen zu einer Erhöhung).

Der Eigenverbrauch stellt für das Unternehmen einen Erlös dar (in diesem Fall ist der Unternehmer der Letztverbraucher) und unterliegt der Umsatzsteuer. Es kommt zu einer Verminderung des Eigenkapitals, wobei die Verbuchung während des Jahres über das Konto „9600 Privat" erfolgt.

Der Buchungssatz, der sich bei privater Nutzung bzw. der Entnahme von betrieblichen Vermögensgegenständen ergibt, lautet folgendermaßen:

	9600	Privat
an	490.	Eigenverbrauch
an	3500	USt

Wird Bargeld aus dem Unternehmen für private Zwecke entnommen, wird gebucht:

	9600	Privat
an	2...	Zahlungsmittelkonto

1.11. Verbuchung von Geschäftsfällen im Investitions- und Finanzierungsbereich

Werfen wir nochmals einen Blick auf die Bilanz:

Bilanz per 31.1.

Aktiva	**Passiva**
Anlagevermögen	Eigenkapital
Umlaufvermögen	Fremdkapital
Mittelverwendung	**Mittelherkunft**

... und im Detail auf das Anlagevermögen des Unternehmens:

Bilanz per 31.1.

Aktiva	**Passiva**
Anlagevermögen	**Eigenkapital**
Immaterielles AV	
Konzessionen, Patente, EDV-Programme, Firmenwert Sachanlagevermögen Grundstücke, Gebäude, Maschinen, Werkzeuge, Büroeinrichtung, LKW, PKW Finanzanlagevermögen Beteiligungen, Wertpapiere des Anlagevermögens	
Umlaufvermögen	**Passiva**
Mittelverwendung	**Eigenkapital**

Abbildung 36: Zusammensetzung der Bilanz

Investitionen. Investitionen betreffen das Anlagevermögen des Unternehmens. Es kommt zu einer Mittelverwendung. Aus freiem Kapital (Eigenkapital und/oder Fremdkapital) wird gebundenes Kapital. Demnach bedeutet eine Desinvestition, dass aus gebundenem Kapital freies Kapital (Umkehrung von Investition) wird. Auf Grund von Vermögensveräußerungen oder einer Liquidation fließt das Kapital in das Unternehmen zurück.

Welche Gründe ein Unternehmen veranlassen zu investieren bzw. welche Arten von Investitionen unterschieden werden oder wie Investitionsentscheidungen in Unternehmen beurteilt werden, erfahren Sie im Band III.

Investitionen sind zu aktivieren. *Aktivierung* bezeichnet die Aufnahme (= Bilanzierung) eines Postens auf die Aktivseite der Bilanz. Die Buchung erfolgt auf einem Bestandskonto. Aus der Überlegung heraus, dass Investitionen zu einer Erhöhung des Anlagevermögens führen, muss es sich um ein aktives Bestandskonto in der Klasse 0 handeln. Der Buchungssatz dafür lautet:

	0...	Anlagevermögen
	2500	Vorsteuer
an	2800	Bank (bzw. 3300 Lieferverbindlichkeit)

Mit der Aktivierung eines Bilanzpostens erfolgt keine sofortige Gewinnminderung. Bei abnutzbaren Vermögensgegenständen wird erst über die Abschreibung eine Gewinnminderung erreicht.

Was sich hinter dem Begriff der Abschreibung verbirgt, erfahren Sie in Kapitel 2 Erstellung von Bilanz und Gewinn- und Verlustrechnung.

Zugang von Investitionen. In welcher Weise der Zugang von Investitionen im Unternehmen erfolgen kann, zeigt folgende Abbildung.

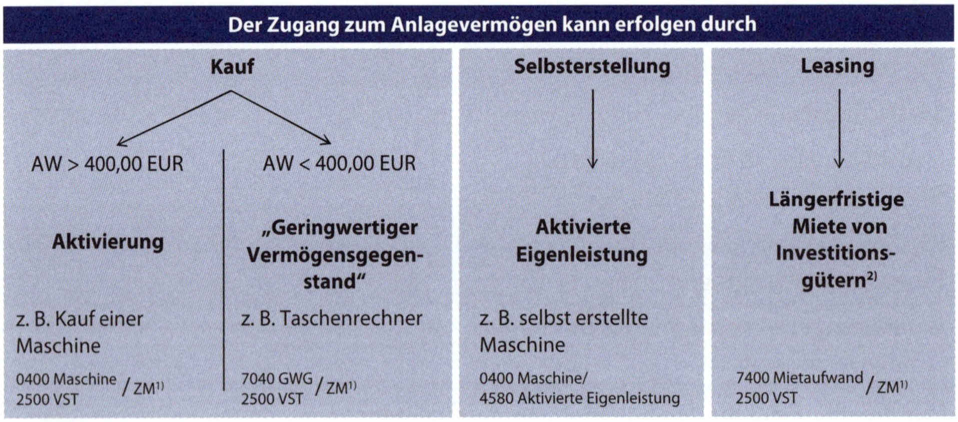

[1] Zahlungsmittel

[2] Bedingungen für die Verbuchung der Leasingraten im Aufwand:
- Vertragsdauer darf maximal 90 % der üblichen Nutzungsdauer betragen
- Das Objekt darf nicht so speziell auf die Bedürfnisse des Leasingnehmers gestaltet sein, dass es für andere Nutzer wertlos wäre
- Ist ein Ankauf zu Ende der Nutzungsperiode vorgesehen, darf der Kaufpreis nicht wesentlich unter dem Marktpreis liegen

Abbildung 37: Zugang von Investitionen im Anlagevermögen

Geringwertige Vermögensgegenstände (der steuerliche Begriff lautet „Geringwertige Wirtschaftsgüter"). Der Zugang von Anlagevermögen kann durch Kauf, Selbsterstellung oder Leasing erfolgen. Eine Besonderheit beim Kauf von Anlagevermögen stellen jene Vermögensgegenstände dar, deren Anschaffungs- oder Herstellungskosten € 400 netto nicht übersteigen. Die Anschaffungs- oder Herstellungskosten dieser abnutzbaren Anlagegüter können sofort im Jahr der Anschaffung als Betriebsausgabe voll abgesetzt werden. Vermögensgegenstände, die aus Teilen bestehen, sind als Einheit aufzufassen, wenn sie nach ihrem wirtschaftlichen Zweck oder nach der Verkehrsauffassung eine Einheit bilden.

Werden geringwertige Vermögensgegenstände sofort im Zeitpunkt der Anschaffung als solche verbucht, lautet der Buchungssatz:

	7030	Abschreibung geringwertiger Wirtschaftsgüter
	2500	Vorsteuer
an	2800	Bank (bzw. Kassa, Lieferverbindlichkeit)

Werden geringwertige Vermögensgegenstände zum Zeitpunkt der Anschaffung zuerst auf das entsprechende Anlagenkonto gebucht, lautet der Buchungssatz dafür

	0...	Anlagenkonto
	2500	Vorsteuer
an	2800	Bank (bzw. Kassa, Lieferverbindlichkeit)

Im Rahmen der Jahresabschlussarbeiten erfolgt dann die Umbuchung auf das Konto Geringwertige Wirtschaftsgüter mit folgendem Buchungssatz:

	7030	Abschreibung geringwertiger Wirtschaftsgüter
an	0...	Anlagenkonto

Aktivierte Eigenleistungen. Aktivierte Eigenleistungen sind selbst erstellte Vermögensgegenstände des Anlagevermögens (z.B. eine selbst erstellte Maschine für die Produktion). Die für die Herstellung des betreffenden Anlagegegenstandes anfallenden Aufwendungen sind in der Gewinn- und Verlustrechnung in den Posten Personalaufwand, Materialaufwand und Abschreibungen enthalten. Diesen Aufwendungen würde nun kein Erlös gegenüberstehen, d.h. die Gewinn- und Verlustrechnung würde ein zu schlechtes Ergebnis aufweisen. Aus diesem Grund ist der selbst erstellte Anlagegegenstand mit den Herstellungskosten zu aktivieren. Damit werden die Aufwendungen ausgeglichen und die Eigenleistung ist ergebnisneutral.

Der Buchungssatz für die Aktivierung lautet:

	0...	Anlagevermögen
an	4580	Aktivierte Eigenleistungen

In den Folgejahren wird diese aktivierte Eigenleistung gemäß ihrer voraussichtlichen Nutzungsdauer abgeschrieben.

Leasing von Gegenständen des Anlagevermögens. Unter Leasing versteht man ein Rechtsgeschäft über die entgeltliche Nutzungsüberlassung von Vermögensgegenständen, wobei deren Auswahl und Spezifikation in der Regel durch den Nutzer erfolgt. Allenfalls werden vom Leasinggeber auch noch über die bloße Nutzungsüberlassung hinausgehende Dienstleistungen erbracht.

Leasing heißt somit Investieren ohne Kapitaleinsatz. Das Eigenkapital, die Kreditlinien, die Liquidität und die bankmäßigen Sicherheiten bleiben beim Leasingnehmer unberührt. Geleaste Gegenstände scheinen nicht in der Bilanz des Leasingnehmers auf!

Finanzierung des Anlagevermögens. In engem Zusammenhang mit Investitionen steht die *Finanzierung*. Investitionen können durch Eigen- und/oder Fremdkapital finanziert werden. Erfolgt die Finanzierung durch die Aufnahme eines Darlehens (Einsatz von Fremdkapital), ergeben sich folgende Buchungen:

Buchung der Darlehensaufnahme:

	2800	Bank
an	3150	Darlehen

Darlehen. Das Konto Darlehen wird auf der Passivseite der Bilanz ausgewiesen (Mittelherkunft). Die Aufnahme eines Darlehens bedeutet für den Darlehensnehmer, dass ihm eine vereinbarte Darlehenssumme zur Verfügung gestellt wird, über die er entsprechend verfügen kann und dessen Tilgung – abhängig von der getroffenen Vereinbarung – in monatlichen, vierteljährlichen, halbjährlichen oder jährlichen Raten erfolgt oder auch endfällig getilgt werden kann. Gleichzeitig hat der Darlehensnehmer Zinsen als Entgelt für das zur Verfügung gestellte Kapital an den Darlehensgeber zu bezahlen. Zinsen stellen einen Aufwand dar, mindern den Betriebserfolg des Unternehmens und sind demnach in der Gewinn- und Verlustrechnung zu finden.

Unabhängig vom zeitlichen Anfall der Tilgung lautet der entsprechende Buchungssatz:

	3150	Darlehen
an	2800	Bank

Der Zinsaufwand wird mit folgendem Buchungssatz verbucht:

	8290	Zinsaufwand
an	2800	Bank

Kontokorrentkredit. Im Gegensatz zum Darlehen handelt es sich bei einem Kontokorrentkredit um einen Kredit zur Finanzierung der laufenden Geschäftstätigkeit (Kauf von Rohstoffen, Handelswaren, Bezahlung der Löhne und Gehälter usw.). Dem Unternehmen wird ein vereinbarter Kreditrahmen eingeräumt, über den das Unternehmen je nach Bedarf verfügen kann. Da auf dem Kontokorrentkonto auch die Zahlungen der Kunden eingehen, ändert sich die Höhe dieses Kredites laufend. Bei dieser Finanzierungsform ist die Verzinsung abhängig von der Höhe der in Anspruch genommenen Ausnutzung des vereinbarten Kontokorrentrahmens.

Spesen. Laufende Spesen für bestehende Kredite (bzw. Darlehen), die vom Finanzierungsinstitut z.B. für die Kontoführung in Rechnung gestellt werden, sind als Aufwand zu verbuchen.

	7790	Spesen des Geldverkehrs
an	2800	Bank

Der Saldo des Kontokorrentkontos kann natürlich auch ein Guthaben aufweisen. In diesem Fall erhält das Unternehmen Zinsen von der Bank.

	2800	Bank
an	8100	Zinserträge aus Bankguthaben

Kapitalertragsteuer. Der Zinsertrag unterliegt der *Kapitalertragsteuer* (KESt). Der Kapitalertragsteuer in Höhe von 25 % unterliegen Kapitalerträge aus Geldeinlagen (z.B. für Zinsen aus Sparbüchern und Girokonten) und nicht verbrieften sonstigen Forderungen bei Kreditinstituten. Für alle anderen Einkünfte aus Kapitalvermögen beträgt der Steuersatz 27,5 %. Institutionelle Investoren (Körperschaften) sind generell nicht betroffen.

Rechnungslegung ist der Überbegriff für die Gesamtheit der Aufzeichnungspflichten, mit denen internen und externen Adressaten Rechenschaft über die Geschäftsvorfälle und die Lage des Unternehmens gegeben wird. Inhalt und Umfang der Rechnungslegung sind gesetzlich geregelt und von der Rechtsform des Unternehmens abhängig. Die rechtlichen Grundlagen finden sich im Unternehmensgesetzbuch, daneben bestehen spezifische Rechnungslegungsvorschriften für einzelne Rechtsformen, z.B. Aktiengesellschaften und für bestimmte Branchen, wie Kreditinstitute.

Alle unternehmensbezogenen Vorgänge, die sich in Zahlenwerten ausdrücken lassen, werden in der Finanzbuchhaltung sachlich und zeitlich geordnet erfasst, auf Konten gebucht und dokumentiert. Am Ende einer Rechnungsperiode (Monat, Quartal, Jahr) werden die Konten abgeschlossen und eine Bilanz sowie eine Gewinn- und Verlustrechnung (GuV) erstellt. Die Bilanz, als Bestandteil des Jahresabschlusses, soll zusammen mit der Gewinn- und Verlustrechnung den ökonomischen Erfolg des Unternehmens darlegen. Während der Erfolg in der GuV durch Berücksichtigung aller Aufwände und Erträge einer Rechnungsperiode in Form einer „Zeitraumrechnung“ ermittelt wird, lässt sich der Erfolg aus der Bilanz ebenfalls ablesen, indem der Stand des Betriebsvermögens an zwei aufeinanderfolgenden Stichtagen verglichen wird (Zeitpunktrechnung). In der Praxis wird der GuV als Instrument zur Darstellung der Ertragslage jedoch eine größere Bedeutung beigemessen.

1.12. Kontrollfragen

1. Was unterliegt der Umsatzsteuer?
2. Nennen Sie die für österreichische Arbeitgeber anfallenden lohn- und gehaltsabhängigen Abgaben. An wen und wann sind diese vom Arbeitgeber abzuführen?
3. Wann entsteht die Umsatzsteuerschuld und wann ist diese an das Finanzamt abzuführen?
4. Welche Möglichkeiten für das Entstehen der Umsatzsteuerschuld sind im UStG vorgesehen?
5. Was verstehen Sie unter „Buchführungspflicht“ und wie ist diese im UGB geregelt?

6. Welche Elemente enthält ein Jahresabschluss nach IFRS?
7. Führen Sie einige wesentliche Unterschiede zwischen UGB und IFRS auf!
8. Wie ist die Buchführungspflicht in der BAO geregelt?
9. Welche Bestandteile umfasst der Jahresabschluss und was wird in den einzelnen Teilen dargestellt? Inwieweit wirkt sich die Rechtsform eines Unternehmens auf den Umfang des Jahresabschlusses aus?
10. Welche Funktionen erfüllt die externe Rechnungslegung?
11. Welche Merkmale muss eine Rechnung aufweisen, damit sie nach dem UStG als ordnungsgemäß anzusehen ist?
12. Was ist eine Kleinbetragsrechnung?
13. Was ist unter Eigenverbrauch zu verstehen und wie wird dieser in der Finanzbuchhaltung behandelt?
14. Welche Umsatzsteuersätze gibt es in Österreich?
15. Welche Regelungen für die Umsatzsteuer gibt es betreffend den EU-Binnenmarkt?
16. Wie können Steuern eingeteilt werden?
17. Welche Voraussetzungen müssen gegeben sein, damit ein Unternehmer zum Vorsteuerabzug berechtigt ist?
18. Was sind „Aktivierte Eigenleistungen" und wie sind diese in der externen Rechnungslegung zu behandeln?
19. Was ist bei Gewährung eines nachträglichen Rabattes (sowohl kunden- als auch lieferantenseitig) in der Buchhaltung zu berücksichtigen?
20. Wann ist eine Buchung erfolgsneutral?

1.13. Tutorials

Schwierigkeitsgrad: ••

Beispiel T01: Systematik der doppelten Buchhaltung

Ein **Eisverkäufer** hatte zu Beginn des Tages:

- Eine Kühlvitrine im Wert von 800,00
- Eis (10 kg) im Wert von 30,00
- Wechselgeld 150,00
- Von seinem Bruder hat er sich zum Ankauf der Kühlvitrine 300,00 ausgeborgt.
- Auf dem Weg zum Standplatz kauft er drei Packungen (à 100 Stück) mit leeren Eisbechern um insgesamt 21,00.
- Mittags nimmt er 15,00 aus der Kassa und geht zum Mittagessen.
- Dabei trifft er seinen Bruder und gibt ihm 40,00 zurück.
- Abends befinden sich in seiner Kassa 324,00.
- Ferner hat er noch 3 kg Eis und eine Packung (100 Stück) mit leeren Eisbechern.
- Laut seinen Aufzeichnungen hat er Eis um insgesamt 250,00 verkauft.

Aufgabenstellung

- Erstellung der Eröffnungsbilanz
- Eröffnung der erforderlichen Konten
- Verbuchung der Geschäftsfälle
- Erstellung der Abschlussbuchungen und Abschluss der Konten
- Gewinnermittlung durch Erfolgsrechnung und Vermögensvergleich
- Kontrolle des Kassenbestandes

Lösung

Bilanz zu Beginn des Tages

Aktiva		**Passiva**	
Kühlvitrine	800	Eigenkapital	680
Eisvorrat	30	Darlehen	300
Kassa	150		
Σ Aktiva	**980**	**Σ Passiva**	980

Journal (Grundbuch)

	Soll	**Haben**	**Betrag**
Kauf Eisbecher	Vorrat Eisbecher	Kassa	21
Privatentnahme Kassa	Privat	Kassa	15
Teilrückzahlung Schulden	Darlehen	Kassa	40
Endbestand Kassa	–	–	–
Verbrauch (Aufwand) Eis	Eisverbrauch	Vorrat Eis	21
Verbrauch (Aufwand) Eisbecher	Verbrauch Eisbecher	Vorrat Eisbecher	14
Umsatzerlöse	Kassa	Erlöse	250

Ermittlung des Eis- und Eisbecherverbrauchs

	Eis	**Eisbecher**
Anfangsbestand	30	0
+ Zukäufe laut Aufzeichnung	0	21
Zwischensumme	30	21
– Endbestand laut Inventur	–9	–7
Verbrauch (= Aufwand)	21	14

„Bestand“ → Zeitpunktbetrachtung

„Verbrauch“ = „Aufwand“ = „Wareneinsatz“ → Zeitraumbetrachtung

Schwierigkeitsgrad: ••

Beispiel T02: Betriebsvermögensvergleich: Gewinnermittlung aus der Bilanz

Per 31.12.20X1 und 31.12.20X2 haben Sie nachfolgende Vermögenswerte und Schulden in Ihrem Unternehmen:

Vermögenswerte und Schulden	per 31.12.20X1	per 31.12.20X2
Maschinen	150.000	160.000
Lieferverbindlichkeiten	200.000	230.000
Kassa, Bankguthaben	15.000	9.000
Warenbestand	180.000	190.000
Geschäftsausstattung	90.000	80.000
Darlehen	40.000	35.000
Fuhrpark	65.000	75.000

Aufgabenstellung

- Erstellen Sie die Bilanzen zum 31.12.20X1 und 31.12.20X2 und ermitteln Sie den Gewinn laut Betriebsvermögensvergleich, wenn
  - im Geschäftsjahr 20X2 keine Privateinlagen oder -entnahmen getätigt wurden,
  - im Geschäftsjahr 20X2 Privatentnahmen in Höhe von 45.000,00 getätigt wurden,
  - im Geschäftsjahr 20X2 Privateinlagen in Höhe von 20.000,00 getätigt wurden.

Lösung

a) Verlust 11.000

b) Gewinn 34.000

c) Verlust 31.000

Bilanz per 31.12.20X1

Aktiva		Passiva	
Maschinen	150.000	Eigenkapital	260.000
Fuhrpark	65.000	Lieferverbindlichkeiten	200.000
Geschäftsausstattung	90.000	Darlehen	40.000
Kassa, Bankguthaben	15.000		
Warenbestand	180.000		
Σ Aktiva	**500.000**	**Σ Passiva**	**500.000**

Bilanz per 31.12.20X2

Aktiva		**Passiva**	
Maschinen	160.000	Eigenkapital	249.000
Fuhrpark	75.000	Lieferverbindlichkeiten	230.000
Geschäftsausstattung	80.000	Darlehen	35.000
Kassa, Bankguthaben	9.000		
Warenbestand	190.000		
Σ Aktiva	**514.000**	**Σ Passiva**	**514.000**

a) keine Privateinlagen oder -entnahmen

Eigenkapital 31.12.20X2	249.000
– EK 31.12.20X1	–260.000
Zwischensumme	**–11.000**
+ Privatentnahmen	0
– Privateinlagen	0
Gewinn/**Verlust**	**–11.000**

b) Privatentnahmen in Höhe von € 45.000 getätigt wurden

Eigenkapital 31.12.20X2	249.000
– EK 31.12.20X1	–260.000
Zwischensumme	**–11.000**
+ Privatentnahmen	45.000
– Privateinlagen	0
Gewinn/Verlust	**34.000**

c) Privateinlagen in Höhe von € 20.000 getätigt wurden

Eigenkapital 31.12.20X2	249.000
– EK 31.12.20X1	–260.000
Zwischensumme	**–11.000**
+ Privatentnahmen	0
– Privateinlagen	–20.000
Gewinn/**Verlust**	**–31.000**

Schwierigkeitsgrad: •

Beispiel T03: Bildung von Buchungssätzen

1. Einkauf von Handelswaren auf Ziel 16.500,00.
2. Rücksendung eines Teiles dieser Waren an den Lieferanten. Wir erhalten eine Gutschrift in Höhe von 3.000,00.
3. Zahlung der Miete bar 1.000,00.
4. Barzahlung einer Maschinenreparatur 1.700,00.
5. Überweisung der Gehälter an die Mitarbeiter 14.000,00.
6. Ein Kunde zahlt eine offene Forderung in Höhe von 1.500,00 bar.
7. Überweisung der Betriebshaftpflichtversicherung vom Bankkonto 500,00.
8. Überweisung der Prämie für die Lebensversicherung des Unternehmers vom Bankkonto 500,00.
9. Einkauf von Briefmarken 50,00 bar.
10. Einkauf eines Computers gegen Barzahlung 1.500,00.
11. Verkauf von Handelswaren um 15.000,00. Der Kunde zahlt 1.000,00 sofort bei Übernahme der Ware bar, den Rest stunden wir ihm.
12. Aufnahme eines Darlehens in Höhe von 200.000,00. Der Betrag wird unserem Bankkonto gutgeschrieben.
13. Zinsaufwand für das Darlehen 2.000,00. Der Betrag wird von unserem Bankkonto abgebucht.
14. Der Wareneinsatz in Höhe von 300.000,00 ist zu verbuchen.
15. Teilrückzahlung des Darlehens in Höhe von 10.000,00. Der Betrag wird unserem Bankkonto angelastet.

Aufgabenstellung

- Erstellen Sie die entsprechenden Buchungssätze unter Verwendung der Kontonummer.
- Geben Sie bei jedem Buchungssatz an, ob es sich um eine reine Bestandsbuchung (wenn ja: Aktivtausch, Passivtausch, Bilanzverlängerung oder Bilanzverkürzung) oder um eine erfolgswirksame Buchung handelt.

Lösung

Nr.		Kto-Nr.	Bezeichnung			Auswirkung
1.		1600	Handelswaren-Vorrat	16.500		
	an	3300	Lieferverbindlichkeit		16.500	Bilanzverlängerung
2.		3300	Lieferverbindlichkeit	3.000		
	an	1600	Handelswarenvorrat		3.000	Bilanzverkürzung
3.		7400	Mietaufwand	1.000		
	an	2700	Kassa		1.000	erfolgswirksam

Nr.	Kto-Nr.	Bezeichnung			Auswirkung
4.	7200	Instandhaltung durch Dritte	1.700		
an	2700	Kassa		1.700	erfolgswirksam
5.	3850	Verbindlichkeiten gegenüber Mitarbeitern	14.000		
an	2800	Bank		14.000	Bilanzverkürzung
oder	6200	Gehälter	14.000		
an	2800	Bank		14.000	erfolgswirksam
6.	2700	Kassa	1.500		
an	2000	Forderungen aus Lieferungen und Leistungen		1.500	Aktivtausch
7.	7700	Versicherungsaufwand	500		
an	2800	Bank		500	erfolgswirksam
8.	9600	Privat	500		
an	2800	Bank		500	Bilanzverkürzung
9.	7380	Nachrichtenaufwand	50		
an	2700	Kassa		50	erfolgswirksam
10.	0620	Büromaschinen	1.500		
an	2700	Kassa		1.500	Aktivtausch
11.	2700	Kassa	1.000		
	2000	Forderungen aus Lieferungen und Leistungen	14.000		
an	4000	Umsatzerlöse Inland		15.000	erfolgswirksam
12.	2800	Bank	200.000		
an	3150	Darlehen		200.000	Bilanzverlängerung

Nr.		Kto-Nr.	Bezeichnung			Auswirkung
13.		8290	Zinsaufwand für Darlehen	2.000		
	an	2800	Bank		2.000	erfolgswirksam
14.		5010	Handelswaren-Verbrauch	300.000		
	an	1600	Handelswaren-Vorrat		300.000	erfolgswirksam
15.		3150	Darlehen	10.000		
	an	2800	Bank		10.000	Bilanzverkürzung

Schwierigkeitsgrad: ••

Beispiel T04: Verbuchung von Geschäftsfällen mit Umsatzsteuer

2.10. Warenverkauf 15.000,00 + 20 % USt = 18.000,00; 1.800,00 zahlt der Kunde bei Warenübernahme, der Rest wird ihm gestundet.

7.10. Kauf von Reinigungsmaterial gegen Barzahlung. Die Rechnung lautet auf 96,00 inkl. 20 % USt.

15.10. Die Zahllast für August ist an das Finanzamt abzuführen. Wir überweisen vom Bankkonto 2.894,00.

18.10. Kauf von Handelswaren auf Ziel 28.800,00 inkl. 20 % USt.

20.10. Im Forderungsbestand ist eine Forderung in Höhe von 2.400,00 enthalten. Kunde Maier hat diesen Betrag auf unser Bankkonto überwiesen.

23.10. Barverkauf 72,00 inkl. 20 % USt.

27.10. Kauf eines Notebooks für einen Außendienstmitarbeiter auf Ziel um 1.780,00 + 20 % USt = 2.136,00.

31.10. Buchen Sie den Saldo des Vorsteuer- und des Umsatzsteuerkontos auf das Konto Zahllast um.

Aufgabenstellung

- Erstellen Sie die Buchungssätze und ermitteln Sie die Zahllast für den Monat Oktober (inklusive Umbuchung der Umsatzsteuer und der Vorsteuer auf das Konto Umsatzsteuer-Zahllast).
- Hinweis: Der Wareneinkauf ist in die Klasse 1 zu verbuchen!

Beantworten Sie bitte auch folgende Fragen:

- Ergibt sich aufgrund der Oktoberumsätze eine Forderung oder eine Verbindlichkeit gegenüber dem Finanzamt?
- Bis wann wäre eine eventuelle Umsatzsteuerschuld an das Finanzamt abzuführen?

Lösung

Datum		Kto-Nr.	Bezeichnung	Soll	Haben		USt	VSt
2.10.		2700	Kassa	1.800				
		2000	Forderungen aus Lieferungen und Leistungen Inland	16.200				
	an	4000	Umsatzerlöse Inland		15.000			
	an	3500	Umsatzsteuer		3.000		3.000	
7.10.		5450	Verbrauch von Reinigungsmaterial	80				
		2500	Vorsteuer	16				16
	an	2700	Kassa		96			
15.10.		3520	Umsatzsteuer-Zahllast	2.894				
	an	2800	Bank		2.894			
18.10.		1600	Handelswaren-Vorrat	24.000				
		2500	Vorsteuer	4.800				4.800
	an	3300	Verbindlichkeiten aus Lieferungen und Leistungen Inland		28.800			
20.10.		2800	Bank	2.400				
	an	2000	Forderungen aus Lieferungen und Leistungen Inland		2.400			
23.10.		2700	Kassa	72				
	an	4000	Umsatzerlöse Inland		60			
	an	3500	Umsatzsteuer		12		12	
27.10.		0620	Büromaschinen, EDV	1.780				
		2500	Vorsteuer	356				356
	an	3300	Verbindlichkeiten aus Lieferungen und Leistungen Inland		2.136			
						Summe Umsatzsteuer und Vorsteuer	**3.012**	**5.172**
						Zahllast	**–2.160**	

Umbuchung USt und VSt

31.10.		3520	Umsatzsteuer-Zahllast	5.172	
	an	2500	Vorsteuer		5.172
		3500	Umsatzsteuer	3.012	
	an	3520	Umsatzsteuer-Zahllast		3.012

Forderung gegenüber dem Finanzamt in Höhe von € 2.160

Umsatzsteuerschuld wäre bis 15. Dezember an das Betriebsstättenfinanzamt abzuführen

1.14. Übungsbeispiele

Schwierigkeitsgrad: ••

Beispiel U01: Systematik der doppelten Buchhaltung

(alle Beträge ohne Umsatzsteuer)

Herr Blach beginnt am 1.1. seine Geschäftstätigkeit mit einem Startkapital von 20.000,00, die er bar zur Verfügung hat.

Er mietet neben einer Landstraße einen kleinen Würstelstand. Die monatlichen Aufwendungen (Miete, Betriebskosten etc.) betragen 400,00.

Da die alte Einrichtung nicht mehr zu gebrauchen ist, investiert er 5.000,00 in eine neue Einrichtung (Nutzungsdauer fünf Jahre).

Einkauf

Bis zum 31.12. kauft er 15.000 Paar Würstel (inkl. Gebäck) zum Preis von 0,60 und 16.000 Getränke zum Preis von 0,50.

Verkauf

Bis zum 31.12. verkauft er 15.000 Paar Würstel (inkl. Gebäck) zum Preis von 2,00 und 15.000 Getränke zum Preis von 1,50.

Alle Zahlungen erfolgen bar.

Während des Jahres entnimmt er 15.000,00, um seinen privaten Lebensunterhalt zu finanzieren.

Aufgabenstellung

- Wie hoch ist der Gewinn/Verlust des Würstelstandes im ersten Geschäftsjahr?
- Wie hoch ist das Eigenkapital zum Ende des ersten Geschäftsjahres?

Schwierigkeitsgrad: •

Beispiel U02: Bildung von Buchungssätzen (ohne Berücksichtigung der Umsatzsteuer)

1. Kauf von Geschäftsausstattung (Schreibtische, Stühle, Regale etc.) gegen spätere Bezahlung um 10.000,00.
2. Einzahlung auf das Bankkonto 2.000,00 (von der Geschäftskassa)
3. Gutschrift auf dem Bankkonto 1.800,00; ein Kunde hat eine Ausgangsrechnung ausgeglichen.
4. Banküberweisung an einen Lieferanten 23.400,00
5. Kauf eines PKW um 36.460,00; die Zahlung erfolgt in drei Monaten

6. Banküberweisung an einen Lieferanten 1.900,00 zum Ausgleich einer Eingangsrechnung
7. Abhebung vom Bankkonto und Einlage in die Geschäftskassa 500,00
8. Kassaeingang 260,00; eine Ausgangsrechnung wurde ausgeglichen.
9. Barzahlung an einen Lieferanten zum Ausgleich einer Eingangsrechnung 120,00
10. Gewährung eines Darlehens an einen Mitarbeiter in Höhe von 6.000,00; der Betrag wird dem Kreditnehmer überwiesen.
11. Eröffnung eines Bankkontos, Bareinlage 1.600,00
12. Gutschrift auf dem Bankkonto 12.680,00; ein Kunde hat eine Ausgangsrechnung bezahlt.
13. Begleichung einer Eingangsrechnung an einen Lieferanten in Höhe von 3.200,00 mittels Banküberweisung.
14. Kauf eines neuen Computers samt Drucker in Höhe von 1.600,00; Zahlung auf Ziel.
15. Banküberweisung an einen Lieferanten 3.700,00
16. Kauf eines LKW gegen Banküberweisung 90.000,00
17. Kassaeingang 120,00; ein Kunde hat eine Ausgangsrechnung ausgeglichen.
18. Aufnahme eines Darlehens in Höhe von 10.000,00; der Betrag ist auf dem Bankkonto gutgeschrieben worden.
19. Banküberweisung an einen Lieferanten 2.160,00
20. Banküberweisung an den Darlehensgeber 2.500,00 zur Teilrückzahlung des Darlehens

Aufgabenstellung

- Bildung der Buchungssätze

Beispiel U03: Bildung von Buchungssätzen (ohne Berücksichtigung der Umsatzsteuer)

Schwierigkeitsgrad: •

1. Barzahlung der Versicherungsprämie (betrieblich) in Höhe von 1.530,00
2. Banküberweisung der Miete für das Geschäftslokal in Höhe von 660,00
3. Postgebühr; Barzahlung dafür 5,75
4. Ausgleich der Honorarnote (Rechnung) in Höhe von 3.800,00 an den Steuerberater durch Banküberweisung (die Eingangsrechnung wurde bereits verbucht)
5. Zinsengutschrift auf dem Bankkonto 550,00
6. Zinsen in Höhe von 1.200,00 werden für das aufgenommene Darlehen durch Banküberweisung bezahlt.
7. Paketaufgabe beim Postamt; Barzahlung in Höhe von 12,50
8. Auf dem Bankkonto sind die Mieteinnahmen in Höhe von 2.900,00 eingegangen.
9. Barzahlung für die Reparatur des Computers 180,00

10. Banküberweisung der Grundsteuer für ein Geschäftsgrundstück 840,00
11. Telefongebühren in Höhe von 690,00 wurden vom Bankkonto abgebucht.
12. Banküberweisung für eine Werbeanzeige in einer Zeitschrift 230,00
13. Eingang und sofortiger Ausgleich der Honorarnote des Notars in Höhe von 4.120,00 durch Banküberweisung
14. Barzahlung der Miete für einen Lagerraum in Höhe von 1.200,00
15. Banküberweisung der privaten Lebensversicherungsprämie in Höhe von 1.290,00 für den Einzelunternehmer
16. Für die Provision eines vermittelten Geschäftes gehen auf dem Bankkonto 500,00 ein.

Aufgabenstellung

- Bildung der Buchungssätze
- Geben Sie neben dem Buchungssatz an, ob sich durch den jeweiligen Geschäftsfall das Eigenkapital vermehrt (+) oder vermindert (–).

Schwierigkeitsgrad: ••

Beispiel U04: Buchungssätze mit Umsatzsteuer

1.	ER 412	Wareneinkauf (Kinderbekleidung) von Mondini GmbH (33080) 6.178,50 – 2.162,48 Rabatt = 4.016,02 + 803,20 USt = 4.819,22
2.	KA 290	Bareinkauf (Kinderschuhe) von G. Warner & Co 843,60 – 25,31 Skonto = 818,29 + 163,66 USt = 981,95
3.	KA 291	Tageslosung 18.472,00 (inkl. 20 % USt)
4.	BA 78	Gutschrift von der Wintersteiger GmbH (33028) für retournierte Kinderfahrräder 2.146,00 + 429,20 USt = 2.575,20, da sie nicht den bestellten Modellen entsprachen.
5.	BK 312	Überweisung an die Mondini GmbH (33080) 4.819,22 zum Ausgleich der ER 412
6.	ER 413	Kauf eines neuen PKW für den Geschäftsführer von Klein GmbH (Konto 33100) 42.000,00 + 8.400,00 USt = 50.400,00
7.	BK 313	Überweisung an Klein GmbH 50.400,00 für den neuen PKW (ER 413)
8.	KA 292	Anmeldekosten für den neuen PKW 108,00
9.	KA 293	Kauf einer Vignette für den Firmen-PKW 89,20 inkl. 20 % USt
10.	BK 314	Banküberweisung an die Versicherung für den neuen PKW: 580,30 Prämie für die Haftpflichtversicherung und 633,60 motorbezogene Versicherungssteuer
11.	KA 294	Zahlung von 270,00 inkl. 20 % USt an die Spedition Weiß (33002). Es entfallen von diesem Betrag 90,00 inkl. 20 % USt auf den Transport der Kinderschuhe von G. Warner & Co (Geschäftsfall 2), 120,00 inkl. 20 % USt auf die Zustellung von eingekauften EDV-Geräten, der Rest betrifft Zustellungen von Waren an Kunden.

Aufgabenstellung

- Bildung der Buchungssätze

Beispiel U05: Buchungssätze mit Umsatzsteuer

Schwierigkeitsgrad: ••

1. BA 220 Kauf eines Pannendreiecks für den LKW 23,50 inkl. 20 % USt, Bezahlung mit der Firmen-Kreditkarte (Mastercard)
2. KA 612 Abhebung vom Bankkonto 3.500,00; Einlage in die Geschäftskassa
3. BA 221 Gutschrift 120,00 (100,00 + 20,00 USt) vom Lieferanten B. Macht GmbH (33258) für Mängel an der letzten Warenlieferung
4. BK 290 Überweisung an das Finanzamt: USt-Zahllast für den Kalendermonat April 18.672,65
5. ER 500 Kauf von EDV-Geräten von der Fa. Tischler (30250), 1.625,00 (inkl. USt)
6. AR 980 Verkauf von Waschtischen, Armaturen etc. an Michael Mayer (20086) 8.600,00 – 1.720,00 Rabatt = 6.880,00 + 1.376,00 USt = 8.256,00
7. ER 501 Eingangsrechnung des Spediteurs Transalp GmbH (30260) für die Lieferung der Waschtische an Michael Mayer (Geschäftsfall 6) 360,00 (exklusive USt)
8. BA 222 Gutschriftanzeige des Lieferanten Armaturen AG (33213) für Retourware 276,00 (230,00 + 46,00 USt)
9. BK 291 Abschlussrechnung der Raiffeisenbank: Sollzinsen 343,16, Kreditprovision 168,75, Manipulationsgebühr 91,61, Porto und Spesen 232,58
10. ER 502 Rechnung des Spediteurs Transalp GmbH (30260) für die Anlieferung der EDV-Geräte (Geschäftsfall 5) 180,00 (inkl. USt)

Aufgabenstellung

- Bildung der Buchungssätze

Beispiel U06: Buchungssätze mit USt

Schwierigkeitsgrad: ••

1. KA 119 Tageslosung Barverkäufe 4.200,00 (inkl. 20 % USt)
2. ER 112 Rechnung von Walter Meinhart (33077) 1.970,00 + 394,00 USt = 2.364,00
3. AR 198 Warenrücksendung von Kellner OHG (20026) 360,00 + 72,00 USt = 432,00
4. AR 199 Warenverkauf an Werner Straub (20041) 11.280,00 inkl. 20 % USt
5. KA 120 Zahlung der Bahnfracht 77,00 + 15,40 USt = 92,40 für Lieferung zu Kunden
6. ER 113 Gutschrift für Warenrücksendung an die Lidl GmbH (33100) 350,00 + 70,00 USt = 420,00

7.	BA 39	Privatentnahme von Waren 600,00 (inkl. 20 % USt)
8.	KA 121	Reparatur der Zentralheizung 1.574,40 (inkl. 20 % USt)
9.	KA 122	Paketgebühr 12,00 für Warenlieferung an den Kunden Werner Straub (20041)
10.	BK 34	Überweisung an den Lieferanten Simmer KG (33227) 4.800,00 (inkl. 20 % USt) zum Ausgleich der ER 98.
11.	KA 123	Zahlung der Geschäftsmiete 1.600,00 exklusive 20 % USt
12.	BK 35	Ausgleich der ER 112
13.	AR 200	Warenverkauf auf Ziel an Meinl GmbH (20235) 11.600,00 netto (20 % USt)
14.	BK 36	Überweisung durch Meinl GmbH zum Ausgleich der AR 200
15.	KA 124	Fracht für Zustellung der Waren der ER 112, 90,00 + 18,00 USt = 108,00
16.	ER 114	Kauf eines neuen PKW für einen Außendienstmitarbeiter von der Denzel AG (Konto 33394) 34.000,00 + 6.800,00 USt = 40.800,00
17.	BK 37	Banküberweisung an Denzel AG über 40.800,00
18.	KA 125	Anmeldekosten für den neuen PKW 165,00
19.	KA 126	Kauf einer Vignette für den Firmen-PKW 89,20 inkl. 20 % USt
20.	KA 127	Kauf Pannendreieck für den LKW 19,20 inkl. 20 % USt
21.	ER 115	Reparatur des Firmen-LKW. Rechnung lautet auf 870,00 + 174,00 USt = 1.044,00 Zahlung mit Kreditkarte
22.	KA 128	Kauf Super-Benzin für den PKW 45,00 (inkl. 20 % USt)
23.	BK 38	Abbuchung der Kreditkartenabrechnung 1.044,00
24.	BA 40	Verkauf von Handelswaren an die Fa. Sontex (20045) um 1.000,00 exklusive 20 % USt; die Zahlung erfolgt mittels Kreditkarte
25.	BK 39	Gutschrift der Kreditkartenabrechnung aus BA 40, 1.156,80 (= € 1.200,00 abzüglich 3 % Kreditkartenprovision und Vorsteuer auf die Provision)
26.	KA 129	Einzahlung an das Finanzamt laut Buchungsmitteilung: Einkommensteuer Vorauszahlung 2.500,00
27.	BK 40	Teilrückzahlung des Darlehens durch Überweisung vom Bankkonto 6.000,00
28.	BK 41	Überweisung der Gehälter an die Mitarbeiter 36.915,00 (Aufwand wurde bereits verbucht)
29.	BA 42	Mahnung an den Kunden Romuald Lötsch (20111) betreffend die offene Rechnung über 1.400,00. Es werden 10,00 Mahnspesen in Rechnung gestellt.
30.	BK 42	Der Kunde Romuald Lötsch (20111) überweist den offenen Betrag.

Aufgabenstellung

- Bildung der Buchungssätze

Beispiel U07: Umsatzsteuer

Schwierigkeitsgrad: ••

	Umsatzsteuerpflichtig		Umsatzsteuersatz	
	Ja	Nein	10 %	20 %
a) Ein Lehrer verkauft einer Kollegin seinen alten Drucker.				
b) Ein Tischler verkauft einen Einbauschrank nach Italien.				
c) Ein Taxiunternehmer bringt den Geschäftsführer eines Pharmaunternehmens zu einer geschäftlichen Besprechung.				
d) Ein Unternehmen, das Dekorationsmaterial vertreibt, verkauft einer Bäckerei Dekorationsmaterial für die Auslage.				
e) Ein Hotelier lässt sich vom Mehlspeisenkoch in der Hotelküche eine Torte für private Zwecke backen.				
f) Die Post verkauft einem Unternehmen Briefmarken zum Verschicken von Werbezetteln.				
g) Frau Tischler handelt mit Körperpflegeprodukten. Sie verkauft einem Freund einen gebrauchten Schreibtisch aus ihrem Wohnzimmer.				
h) Ein Softwareunternehmer schenkt zu Weihnachten einigen Geschäftsfreunden eine Flasche Wein.				
i) Ein Transportunternehmen verkauft einen gebrauchten LKW an eine kleine Tischlerei.				

Aufgabenstellung

- Kreuzen Sie an, ob es sich in den folgenden Fällen um umsatzsteuerpflichtige Umsätze handelt. Wenn ja, kreuzen Sie den entsprechenden Umsatzsteuersatz an!

Schwierigkeitsgrad: ••

Beispiel U08: Umsatzsteuer

Ihre Firma: „Zweirad – Sport – Bekleidung Maurer“, Einzelhandel für Rennräder, Mountainbikes und Zubehör. Nachfolgende Geschäftsfälle fallen im Monat Oktober an:

UST: 2061,50
VST: 642,-
ZL: 14[illegible]

Geschäftsfälle	Vorsteuer	Umsatzsteuer	USt-Betrag in EUR
1. Kauf eines neuen Verkaufspultes für das Geschäftslokal um 1.600,00 + USt.	X		320,-
2. Wir verkaufen 10 Mountainbikes an ein Sporthotel; Preis pro Mountainbike: 1.200,00 brutto.		X	2000,-
3. Wir kaufen für unser Büro einen Toner für den Laserdrucker um 110,00 netto.	X		22,-
4. Auf Grund der Erneuerung unserer Geschäftsausstattung benötigen wir unser altes Verkaufspult nicht mehr. Wir können es einem Geschäftsfreund um 360,00 inkl. USt für sein Geschäft verkaufen.		X	60,-
5. Wir verkaufen an einen Kunden 10 Energieriegel zum Einzelpreis von 1,50 netto.		X	1,50
6. Unser Steuerberater stellt uns für die Bilanzerstellung des letzten Jahres 1.800,00 inkl. USt in Rechnung.	X		300,-
Zahllast			1419,50

Aufgabenstellung

- Kreuzen Sie bitte an, ob es sich bei den einzelnen Geschäftsfällen um die „Umsatzsteuer“ oder die „Vorsteuer“ handelt. Berechnen Sie bitte anschließend die Umsatzsteuer-Zahllast!

Lösung

- Zahllast (Vorauszahlung) 1.419,50

Beispiel U09: Berechnung der Zahllast

Schwierigkeitsgrad: •

Ermitteln Sie in übersichtlicher Form die Zahllast für den Monat Jänner aufgrund folgender Tatbestände nach vereinbarten Entgelten

Eingangsrechnungen Jänner	91.200	inkl. 20 % USt
Taxirechnung	120	inkl. USt
Warenverkauf bar	120.000	brutto 20 % USt
Privatentnahme von Waren	70	Nettoeinstandspreis; 20 % USt
Ausgangsrechnungen im Jänner	180.000	netto; 20 % USt
Eingang offener Forderungen aus dem Vorjahr	60.000	inkl. 20 % USt
Kassaausgang für Fachzeitschriften	770	inkl. USt
Erhaltene Anzahlungen	8.000	exklusive 20 % USt
Anschaffung PKW	48.000	inklusive 20 % USt

Aufgabenstellung

- Berechnung der Zahllast in übersichtlicher Form nach vereinbarten Entgelten
- Erläutern Sie den Begriff „Zahllast“.
- Wann ist die ermittelte Zahllast an das Finanzamt abzuführen?

Lösung

- Die ermittelte Zahllast beträgt € 42.333,09. Abzuführen ist die Zahllast bis zum 15. des zweitfolgenden Monats (15. März) an das zuständige Betriebsfinanzamt.

Beispiel U10: Berechnung der Zahllast

Schwierigkeitsgrad: •

Ermitteln Sie in übersichtlicher Form die Zahllast für den Monat Mai aufgrund folgender Tatbestände nach vereinbarten Entgelten:

Eingangsrechnungen Mai	74.000	inkl. 20 % USt
Privatentnahme von Waren	1.600	netto; 20 % USt
Bezahlung der Treibstoffrechnung für den PKW	72	inkl. USt
Bezahlung offener Verbindlichkeiten aus den Vormonaten	32.800	
Einkauf von Rohstoffen auf Ziel	12.000	netto; 20 % USt
Reparaturrechnung für den LKW	2.310	inkl. USt
Barverkäufe Mai	24.900	inkl. 20 % USt
Kauf von Fachbüchern; Barzahlung	240	netto
Überweisung der Miete für Juni	1.200	netto
Zinsaufwand für bestehendes Darlehen	2.500	
Überweisung der Feuerversicherung	1.490	
Ausgangsrechnungen im Mai	126.000	inkl. 20 % USt
Bahnkarte Linz–Wien und retour	26	inkl. USt

Aufgabenstellung

- Berechnung der Zahllast in übersichtlicher Form nach vereinbarten Entgelten
- Wann ist die ermittelte Zahllast an das Finanzamt abzuführen?

Lösung

- Die ermittelte Zahllast beträgt € 10.085,30. Abzuführen ist die Zahllast bis zum 15. des zweitfolgenden Monats (15. Juli) an das zuständige Betriebsfinanzamt.

Schwierigkeitsgrad: ••

Beispiel U11: Fälligkeit der Umsatzsteuer – Soll- bzw. Istbesteuerung

Gegeben sind der Tag der Lieferung, das Rechnungsdatum sowie der Zeitpunkt des Rechnungsausgleichs:

Soll- Istbesteuerung

Tag der Lieferung bzw. sonstigen Leistung	12.06.20X1	12.06.20X1	12.06.20X1	12.06.20X1
Rechnungsdatum	15.06.20X1	08.07.20X1	31.08.20X1	10.04.20X1
Rechnungsausgleich	16.06.20X1	08.08.20X1	14.10.20X1	02.05.20X1
Entstehung der Steuerschuld bei Sollbesteuerung				
Entstehung der Steuerschuld bei Istbesteuerung				
Fälligkeit der USt bei Sollbesteuerung				
Fälligkeit der USt bei Istbesteuerung				

Aufgabenstellung

- Ermitteln Sie, wann die Steuerschuld nach Soll- bzw. Istbesteuerung entsteht und wann die Zahllast jeweils an das Finanzamt abzuführen ist.

Schwierigkeitsgrad: ••

Beispiel U12: Betriebsvermögensvergleich – Gewinnermittlung aus der Bilanz

Per 31.12.20X1 und 31.12.20X2 haben Sie nachfolgende Vermögenswerte und Schulden in Ihrem Unternehmen:

Vermögenswerte und Schulden	per 31.12.20X1	per 31.12.20X2
Gebäude	320.000	300.000
Lieferverbindlichkeiten	34.000	37.000
Kassa, Bankguthaben	8.000	9.000
Warenbestand	90.000	85.000
Lieferforderungen	12.000	14.000
Darlehen	135.000	120.000
Fuhrpark	25.000	48.000
EDV-Anlagen	18.000	15.000
Sonstige Verbindlichkeiten	45.000	40.000

Aufgabenstellung

- Erstellen Sie die Bilanzen zum 31.12.20X1 und 31.12.20X2 und ermitteln Sie den Gewinn laut Betriebsvermögensvergleich, wenn
  a) im Geschäftsjahr 20X2 keine Privateinlagen oder -entnahmen getätigt wurden,
  b) im Geschäftsjahr 20X2 Privatentnahmen in Höhe von € 36.000,00 getätigt wurden,
  c) im Geschäftsjahr 20X2 Privateinlagen in Höhe von € 30.000,00 getätigt wurden.

Beispiel U13: Betriebsvermögensvergleich – Gewinnermittlung aus der Bilanz

Schwierigkeitsgrad: ••

Per 31.12.20X1 und 31.12.20X2 haben Sie nachfolgende Vermögenswerte und Schulden in Ihrem Unternehmen:

Vermögenswerte und Schulden	per 31.12.20X1	per 31.12.20X2
Maschinen	800.000	700.000
Lieferverbindlichkeiten	300.000	250.000
Kassa, Bankguthaben	20.000	100.000
Warenbestand	100.000	100.000
Geschäftsausstattung	400.000	350.000

Aufgabenstellung

- Erstellen Sie die Bilanzen zum 31.12.20X1 und 31.12.20X2 und ermitteln Sie den Gewinn laut Betriebsvermögensvergleich, wenn
  a) im Geschäftsjahr 20X2 keine Privateinlagen oder -entnahmen getätigt wurden,
  b) im Geschäftsjahr 20X2 Privatentnahmen in Höhe von € 30.000,00 getätigt wurden,
  c) im Geschäftsjahr 20X2 Privateinlagen in Höhe von € 50.000,00 getätigt wurden.

Beispiel U14: Modeboutique

Schwierigkeitsgrad: •••

(alle Beträge ohne Umsatzsteuer)

1. Frau Gruber beginnt am 1.1. ihre Geschäftstätigkeit mit einem Startkapital von 50.000,00, die sie auf das Bankkonto legt.
2. Sie mietet eine kleine Boutique im Stadtkern von Steyr. Die monatliche Miete (inkl. Betriebskosten) beträgt 1.000,00 und wird vom Bankkonto überwiesen. Frau Gruber investiert 20.000,00 in die Geschäftsausstattung (Nutzungsdauer: zehn Jahre) und 2.000,00 in ein Notebook (Nutzungsdauer vier Jahre). Beides lässt sie von ihrem Konto abbuchen.

3. Um die ersten Wareneinkäufe bezahlen zu können, eröffnet Frau Gruber bei ihrer Hausbank einen Kontokorrentkredit mit einem Kreditrahmen von 60.000,00.
4. Während des Jahres kauft Frau Gruber Kleidungsstücke im Wert von 120.000,00 ein. Sie lässt 110.000,00 von ihrem Kontokorrentkonto abbuchen, die restlichen 10.000,00 werden ihr von ihren Lieferanten gestundet.
5. Da das Geschäft sehr gut läuft, stellt Frau Gruber ab 1.7. eine Halbtageskraft für den Verkauf ein. Der Personalaufwand für das zweite Halbjahr beträgt 7.000,00 (Bezahlung per Banküberweisung).
6. Die sonstigen betrieblichen Aufwendungen (Etiketten, Kleiderbügel, Einkaufstaschen, Büromaterial, Werbung, Zinsen etc.) betragen 8.000,00 und werden per Banküberweisung beglichen.
7. Frau Gruber erzielt im ersten Jahr ihrer Geschäftstätigkeit Umsatzerlöse von 150.000,00 (zur Gänze Barzahlung mit anschließender Einzahlung auf das Bankkonto).
8. Zur Finanzierung ihres Lebensunterhaltes entnimmt Frau Gruber während des Jahres 20.000,00 aus dem Unternehmen (Abhebung vom Bankkonto).
9. Am Jahresende beträgt der Lagerbestand 30.000,00 (bewertet zu Einstandspreisen).

Aufgabenstellung

- Eröffnung der Konten
- Verbuchung der Geschäftsfälle
- Erstellung der Abschlussbuchungen und Abschluss der Konten
- Erstellung der GuV für das erste Geschäftsjahr und der Bilanz per 31.12.
- Gewinnermittlung durch Erfolgsrechnung und Vermögensvergleich

Lösung

Gewinn	30.500
Eigenkapital	60.500

Schwierigkeitsgrad: •••

Beispiel U15: Büromöbel-Großhandel Maurer

Die Firma Maurer startet ihre Geschäftstätigkeit am 1.1. mit einem Bankguthaben von 295.000,00 und einem Kassenbestand von 5.000,00.

Im Jänner ergeben sich folgende Geschäftsfälle:

7.1.	ER 1	Rechnung von Schober & Co (Personenkonto Nr. 33001) für Einkauf von Handelswaren (Möbeln) ab Werk 100.000,00 + 20 % Umsatzsteuer
8.1.	ER 2	Rechnung der Müller Möbelproduktions-AG (Personenkonto Nr. 33004) für Einkauf von Handelswaren frei Haus 25.000,00 + 20 % Umsatzsteuer

10.1.	AR 1	Verkauf von Handelswaren auf Ziel an die Firma Leitner KG (Personenkonto 20025) 50.000,00 + 20 % Umsatzsteuer frei Haus
13.1.	KA 1	Für den Transport zur Firma Leitner KG bezahlen wir dem Spediteur Intertrans 600,00 inkl. 20 % Umsatzsteuer bar.
13.1.	AR 2	Verkauf von Handelswaren auf Ziel an die Firma Berger Möbelhandel GmbH (Personenkonto 20033) 65.000,00 + 20 % Umsatzsteuer ab Werk
15.1.	KA 2	Barzahlung der Rechnung der Spedition H. Gruber für Zustellung der Waren der ER 1 in Höhe von 1.000,00 + 20 % Umsatzsteuer
16.1.	BB 1	Gutschrift der Firma Schober & Co. für Warenrücksendung in Höhe von 24.000,00 inkl. 20 % USt
17.1.	BK 1	Überweisung des offenen Betrages an die Firma Schober & Co.
19.1.	BB 2	Gutschrift an die Firma Leitner KG aufgrund einer geringfügigen Beschädigung der ausgelieferten Möbel (= nachträglich gewährter Rabatt) 3.000,00 inkl. 20 % Umsatzsteuer
20.1.	BK 2	Banküberweisung der Firma Leitner KG 57.000,00
25.1.	BB 3	Privatentnahme Schreibtisch (Einkaufspreis 2.400,00 inkl. USt; Verkaufspreis 3.600,00 inkl. USt)

Endbestand Vorräte per 31.1. 26.000,00

Hinweis: Der Einkauf von Vorräten ist in die Klasse 1 zu verbuchen

Aufgabenstellung

- Erstellung der Buchungssätze und Verbuchung der laufenden Geschäftsfälle auf den Konten
- Ermittlung der Umsatzsteuer-Zahllast
- Erstellung der Abschlussbuchungen und Abschluss der Konten
- Erstellung der Gewinn- und Verlustrechnung sowie der Schlussbilanz per 31.1.

Lösung

- Umsatzsteuer-Zahllast 1.600
- Gewinn 34.000
- Eigenkapital 331.600

2. Erstellung von Bilanz und Gewinn- und Verlustrechnung

„Um eine Einkommensteuererklärung abgeben zu können, muss man ein Philosoph sein. Für einen Mathematiker ist es zu schwierig.“

Albert Einstein (1879–1955)

Lernziele

Wenn Sie dieses Kapitel durchgearbeitet haben, sollten Sie:

- die grundlegenden Bewertungsregeln und Bilanzierungsvorschriften kennen.
- wissen, welche Arbeitsschritte im Rahmen der Erstellung des Jahresabschlusses erforderlich sind.
- das Wesen der Abschreibung verstehen und wissen, wie sich die Abschreibung auf das Jahresergebnis und die Bilanz auswirkt.
- alle im Zusammenhang mit der Anlagenverrechnung erforderlichen Aufgaben durchführen können.
- wissen, wie Forderungen im Rahmen des Jahresabschlusses behandelt werden und die notwendigen Buchungen durchführen können.
- wissen, wie der Waren-/Materialeinsatz ermittelt werden kann und welche Verfahren zu dessen Bewertung angewendet werden können.
- die Bedeutung des Postens „Bestandsveränderungen von Halb- und Fertigfabrikaten“ im Jahresabschluss verstehen.
- wissen, welche Ursachen zur Bildung einer Rückstellung führen und wie diese im Jahresabschluss zu behandeln sind.
- wissen, wie und wodurch sich der Posten „Eigenkapital“ bei den verschiedenen Rechtsformen eines Unternehmens unterscheidet, welche Posten es beinhaltet und wie es berechnet wird.
- die wesentlichen Unterschiede zwischen UGB und IFRS kennen.

Jahresabschluss als Informationsquelle

Der Jahresabschluss galt lange Zeit als bloßes Zahlenwerk, dessen einzige Aufgabe es war, den Anforderungen der Finanzbehörden zu entsprechen. Inzwischen stellt der Jahresabschluss ein wichtiges Instrument zur Standortbestimmung über abgelaufene Perioden und Planungsunterlage für das künftige Tätigwerden eines Unternehmens dar. Nicht unterschätzt werden darf der Jahresabschluss als Instrument zur Öffentlichkeitsarbeit (Investor Relations). Viele Jahresabschlüsse sind über das Internet abrufbar und somit für jeden Interessierten verfügbar. Dies bedeutet natürlich auch eine zusätzliche Chance für Unternehmen, ihren Marktauftritt über den Jahresabschluss professionell zu gestalten. Ein Großteil der im Internet verfügbaren Jahresabschlüsse bietet neben den unternehmensbezogenen Daten eine Fülle zusätzlicher Informationen, z.B. über allgemeine Marktdaten und -entwicklungen, Erläuterungen zu Kennzahlen, zukünftige Produkte, usw.

Die einzelnen Bestandteile des Jahresabschlusses erfüllen unterschiedliche Aufgaben. So stellt die Bilanz als Zeitpunktrechnung das Vermögen dem Eigen- und Fremdkapital des Unternehmens gegenüber. In der Gewinn- und Verlustrechnung werden die Erträge den Aufwendungen eines Geschäftsjahres gegenübergestellt und somit der Erfolg des Unternehmens ermittelt. Es handelt sich dabei um eine Zeitraumrechnung. Viele Unternehmen wollen auch nicht mehr auf eine Finanzrechnung, entweder in Form der Kapitalflussrechnung, die, ausgehend vom Jahresüberschuss, die Ursachen für die Veränderung der liquiden Mittel zeigt, oder den direkten Finanzplan, in dem Ein- und Auszahlungen während der Geschäftsperiode gegenübergestellt werden, um als Ergebnis die Veränderung bei den liquiden Mittel zu erhalten, verzichten. Die Kapitalflussrechnung ist jedoch nur ein gesetzlicher Bestandteil des Konzernabschlusses.

2.1. Der Weg zur Schlussbilanz

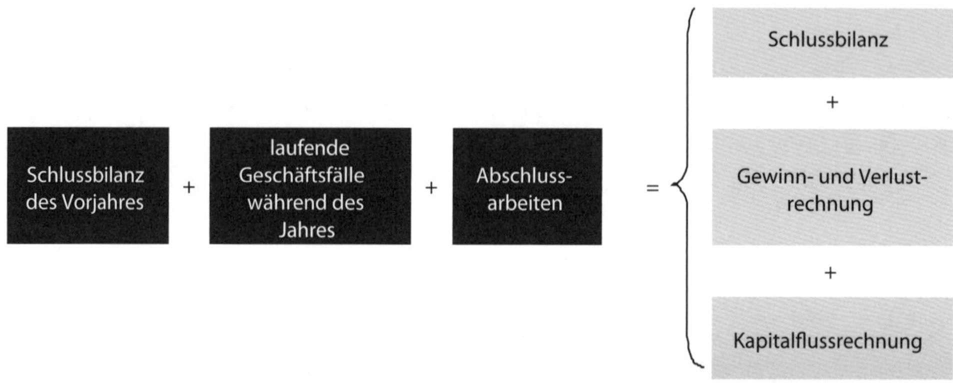

Abbildung 38: Von der Eröffnungs- zur Schlussbilanz

Von der Eröffnungs- zur Schlussbilanz. Bei der Eröffnung eines Unternehmens und zu Beginn eines jeden Geschäftsjahres wird die Eröffnungsbilanz erstellt. Diese Eröffnungsbilanz entspricht der Schlussbilanz des Vorjahres.

Während des Geschäftsjahres werden die laufenden Geschäftsfälle auf den entsprechenden Konten (Bestands- und Erfolgskonten) erfasst. Bevor am Ende des Geschäftsjahres die Konten abgeschlossen werden können und die Bilanz und die Gewinn- und Verlustrechnung erstellt wird, sind noch verschiedene Abschlussarbeiten erforderlich, die den Inhalt dieses Kapitels bilden werden. Im Einzelnen zählen dazu

- die Ermittlung des Wareneinsatzes und die Bewertung des Vorratsvermögens
- Bewertung von Anlage- und Umlaufvermögen sowie Verbindlichkeiten
- die Bilanzierung von Rückstellungen
- Durchführung von Rechnungsabgrenzungen
- Berücksichtigung von Steuern sowie
- Bildung oder Auflösung von Rücklagen und die Gewinnverwendung.

Grundlage für diese Buchungen stellen die anzuwendenden Bilanzierungs- und Bewertungsvorschriften dar.

Nach Durchführung der Abschlussbuchungen werden alle Konten abgeschlossen und die Salden in die Bilanz und die Gewinn- und Verlustrechnung übertragen.

Ob damit der Jahresabschluss des Unternehmens bereits komplett ist, hängt von der Rechtsform des Unternehmens ab. Für alle Kapitalgesellschaften verlangt der Gesetzgeber noch den Anhang und für mittelgroße und große Kapitalgesellschaften den Lagebericht. Börsennotierte Unternehmen haben darüber hinaus einen Corporate-Governance-Bericht zu erstellen. Bei Konzernabschlüssen ist zwingend eine Kapitalflussrechnung vorgeschrieben.

2.2. Grundsätze ordnungsmäßiger Bilanzierung

Für die im Rahmen der Abschlussarbeiten vorzunehmenden Arbeiten (Bilanzierung und Bewertung) sind die Grundsätze ordnungsmäßiger Bilanzierung und Bewertung (GoB) maßgeblich. Es handelt sich dabei um allgemein anerkannte Regeln betreffend die Führung der Geschäftsbücher (Dokumentation) und die Erstellung des Jahresabschlusses (Rechenschaftslegung). Die Grundsätze ordnungsmäßiger Bilanzierung bauen auf den Grundsätzen ordnungsmäßiger Buchführung auf, ohne deren Einhaltung eine ordentliche Buchführung und darauf aufbauend eine ordnungsmäßige Bilanzierung und Bewertung nicht möglich ist. So lautet die zentrale Bestimmung des § 195 UGB:

„Der Jahresabschluss hat den Grundsätzen ordnungsmäßiger Buchführung zu entsprechen.“ Eine nähere Definition der GoB findet sich aber weder im Unternehmensgesetzbuch (UGB) noch im Einkommensteuergesetz (EStG). Jedoch stellen die GoB zwingend anzuwendende Grundsätze dar, die das schriftlich fixierte Gesetz ergänzen. Sie sind überall dort anzuwenden, wo im Gesetz Lücken vorzufinden sind oder bestimmte Gesetzesvorschriften einer näheren Erläuterung bedürfen. Einzelne Grundsätze finden sich im UGB in konkreten Bestimmungen, andere resultieren aus der Fachwissenschaft, dem Berufsstand der Steuerberater und Wirtschaftsprüfer oder orientieren sich an Entscheidungen von Gerichten.

Folgende Grundsätze sind bei der Erstellung des Jahresabschlusses zu beachten:

Grundsatz der Richtigkeit und Willkürfreiheit. Der Grundsatz der Richtigkeit und Willkürfreiheit verlangt, dass Vermögensgegenstände und Geschäftsfälle entsprechend den tatsächlichen Verhältnissen auszuweisen sind. Ist eine Schätzung vorzunehmen, sind die heranzuziehenden Werte innerhalb objektiv bestimmbarer und nachprüfbarer Grenzen zu wählen und es sind jene Annahmen zugrunde zu legen, die am wahrscheinlichsten den tatsächlichen Gegebenheiten entsprechen.

Grundsatz der Bilanzklarheit. Der Grundsatz der Bilanzklarheit fordert eine klare und übersichtliche Darstellung des Vermögens und der Schulden, der Aufwendungen und Erträge sowie der Angaben im Anhang. Das Bruttoprinzip (Verrechnungsverbot) ist einzuhalten, d.h. eine Saldierung von Aktiv- und Passivposten bzw. von Aufwands- und Ertragsposten ist nicht zulässig. Nach diesem Grundsatz ist auch eine klare und zutreffende Bezeichnung der Posten des Jahresabschlusses (bzw. bereits der Konten der Buchhaltung) vorzunehmen, sodass eine eindeutige Unterscheidung mit anderen Bilanz- und GuV-Posten möglich ist.

Grundsatz der Vollständigkeit. Nach dem Grundsatz der Vollständigkeit hat der Jahresabschluss sämtliche Vermögensgegenstände, Verbindlichkeiten, Rückstellungen, Rechnungsabgrenzungsposten bzw. Aufwendungen und Erträge zu enthalten. Vorgänge, die vor dem Bilanzstichtag eingetreten sind, müssen berücksichtigt werden, auch wenn die Information erst nach dem Bilanzstichtag, jedoch noch vor dem Zeitpunkt der endgültigen Erstellung des Jahresabschlusses bekannt geworden ist. Aus dem Grundsatz der Vollständigkeit leitet sich auch die Pflicht zur Durchführung einer Inventur und zur Aufstellung des Inventars ab.

Grundsatz der Bilanzkontinuität. Der Grundsatz der Bilanzkontinuität ist in die formelle und die materielle Bilanzkontinuität zu unterteilen. Die formelle Bilanzkontinuität (Darstellungsstetigkeit) bezieht sich aber auch auf die Form und die Gliederung des Jahresabschlusses. Eine Beibehaltung der einmal gewählten Gliederung und Bezeichnung der Posten ist gefordert, außer es sprechen zwingende Gründe für eine Abweichung davon.

Der Grundsatz der materiellen Bilanzkontinuität (Bewertungsstetigkeit) verlangt, dass die auf den vorhergehenden Jahresabschluss angewendeten Bewertungsmethoden beizubehalten sind. Ein Abgehen von diesem Grundsatz ist nur bei Vorliegen außergewöhnlicher Gründe gestattet.

Bilanzidentität. Der Grundsatz der Bilanzidentität bedeutet, dass die Eröffnungsbilanz des neuen Jahres mit der Schlussbilanz des alten Jahres identisch sein muss.

Grundsatz der Vorsicht. Dem Grundsatz der Vorsicht liegt die Vorstellung eines „vorsichtigen Unternehmers" zugrunde, der sich zum Schutz seiner Gläubiger bei unsicheren Bewertungen und erforderlichen Schätzungen im Zweifel ärmer darstellen soll. Zwei Ausprägungsformen des Vorsichtsprinzips sind das **Realisationsprinzip und das Imparitätsprinzip**. Dem Realisationsprinzip zufolge dürfen Gewinne erst dann ausgewiesen werden, wenn sie tatsächlich realisiert worden sind. Der Realisationszeitpunkt ist bei Erfüllung einer vertraglich übernommenen Leistungsverpflichtung (Eigentum geht auf Erwerber über, Gefahren- und Preisrisiko wird übertragen, Dienstleistung oder Werk wird vollendet usw.) gegeben. Das Realisationsprinzip bestimmt auch den Wert, mit dem ein Vermögensgegenstand und eine Schuld erstmals in der Bilanz zu erfassen sind. Indem die Anschaffungskosten bei der Bewertung die Obergrenze für Vermögensgegenstände darstellen (Anschaffungskostenprinzip) wird erreicht, dass noch nicht realisierte Erträge nicht in die Bilanz aufgenommen werden.

Das **Imparitätsprinzip** besagt, dass erkennbare Risiken oder drohende Verluste, die bis zum Bilanzierungszeitpunkt verursacht, aber noch nicht eingetreten sind, berücksichtigt werden müssen, sofern sie bis zum Zeitpunkt der Erstellung des Jahresabschlusses bekannt geworden sind. Die Umsetzung dieses Prinzips erfolgt durch die Bildung von Rückstellungen, der Bewertung zum Niederstwertprinzip bei Vermögensgegenständen und durch die Bewertung von Schulden nach dem Höchstwertprinzip.

Grundsatz der Periodenabgrenzung. Der Grundsatz der Periodenabgrenzung verlangt eine periodengerechte Zuordnung von Aufwendungen und Erträgen zum jeweiligen Abschlusszeitraum. Das Instrument zur periodengerechten Zurechnung von Zahlungen stellen die Rechnungsabgrenzungsposten dar.

Grundsatz der Einzelbewertung. Entsprechend dem Grundsatz der Einzelbewertung sind grundsätzlich alle Vermögensgegenstände und Schulden einzeln zu bewerten. In der Praxis würde dieses Prinzip zu erheblichen Problemen führen. Daher sieht das UGB Ausnahmen in der Form von Bewertungsvereinfachungsverfahren, wie z.B. Verbrauchsfolgeverfahren (für die Bewertung der Vorräte) oder Pauschalwertberichtigung für Forderungen, vor.

Grundsatz des Bilanzstichtages und Prinzip der Wertaufhellung. Dem Grundsatz des Bilanzstichtages und dem Prinzip der Wertaufhellung zufolge sind für die Bilanzierung und die Bewertung die objektiven Verhältnisse und die subjektive Einschätzung des Bilanzierenden am Bilanzstichtag maßgeblich. Vorgänge und Geschäftsfälle, die erst nach dem Bilanzstichtag eintreten, sind nicht zu berücksichtigen, außer sie sind im Bilanzierungszeitraum verursacht worden. Bei der Bilanzierung ist nicht vom Informationsstand zum Bilanzstichtag auszugehen, sondern vom Wissensstand bei der Bilanzerstellung.

Grundsatz der Unternehmensfortführung. Nach dem Grundsatz der Unternehmensfortführung (Going-Concern-Prinzip) ist bei der Bewertung von Vermögensgegenständen und Schulden von der Fortführung des Unternehmens auszugehen. Daraus abgeleitet ergeben sich die einzelnen Bewertungsvorschriften für Vermögensgegenstände und Schulden. Kann von einer Fortführung nicht mehr ausgegangen werden, z.B. im Fall einer Liquidation oder der Einstellung des Unternehmens, erfolgt die Bewertung der der Vermögensgegenstände mit erwarteten Veräußerungserlösen, bei Schulden mit dem Wert, der für die Erfüllung notwendig ist.

Grundsatz des wirtschaftlichen Gehaltes (substance over form). Für die Bilanzierung ist nicht die zivilrechtliche Form entscheidend, sondern wer die wesentlichen Risiken und Chancen mit der Nutzung eines Vermögensgegenstandes trägt. Beispielsweise sind Vermögensgegenstände beim Treugeber und nicht beim Treuhänder zu bilanzieren.

Grundsatz der Wesentlichkeit. Das Prinzip der Wesentlichkeit sagt, dass nur solche Tatbestände im Jahresabschluss offenzulegen sind, die wesentlich sind. Darunter versteht man solche Informationen, die für die Leser des Jahresabschlusses für ihre Entscheidungen nützlich sind.

Grundsätze der Bilanzierung nach IFRS. Die Grundsätze der Rechnungslegung nach IFRS finden sich im Rahmenwerk (Framework). Dieses enthält nur allgemeine Grundsätze und Definitionen. Weitere Grundsätze finden sich in IAS 1 (Darstellung von Abschlüssen).

Da der textliche Regelungsumfang des UGB erheblich geringer ist als jener der IFRS, haben die GoB einen wesentlich höheren Stellenwert als die Regelungen des Rahmenwerkes.

Der Jahresabschluss nach IFRS soll den Abschlussadressaten entscheidungsrelevante Informationen zur Vermögens-, Finanz- und Ertragslage liefern. Das Rahmenwerk definiert diese Adressaten: Investoren, Arbeitnehmer, Kreditgeber, Lieferanten, Kunden, Regierungen, Steuer- und Aufsichtsbehörden sowie die gesamte Öffentlichkeit.

Konkrete Anforderungen an den Mindestinhalt und Aufbau des Jahresabschlusses werden im Standard IAS 1 definiert.

Ein vollständiger Abschluss (financial statements) nach IFRS enthält folgende Elemente:

- Bilanz (statement of financial position)
- Gesamtergebnisrechnung (statement of comprehensive income)
- Eigenkapitalveränderungsrechnung (statement of changes in equity)
- Kapitalflussrechnung (statement of cashflows)
- Anhang (notes)
- Segmentbericht (segment report) – unter bestimmten Voraussetzungen.

Ein Lagebericht ist nach IFRS nicht erforderlich. Unternehmen in der EU haben diesen jedoch zusätzlich zu erstellen.

2.3. Bewertung im Rahmen des Jahresabschlusses nach UGB

Inventur. Am Ende des Geschäftsjahres ist zu überlegen, mit welchem Wert die Vermögensgegenstände in die Bilanz aufzunehmen sind. Bevor wir uns aber mit der Bewertung befassen, stellt sich die Frage, was zu bewerten ist. Voraussetzung für die Bewertung ist eine Inventur. Unter der Inventur versteht man die körperliche Bestandsaufnahme aller Vermögensgegenstände zu einem bestimmten Stichtag durch wiegen, messen und zählen. Das Ergebnis der Inventur wird in einem schriftlichen Verzeichnis, dem Inventar, festgehalten. In diesem Verzeichnis sind ebenfalls alle unkörperlichen Vermögensgegenstände (z.B. Forderungen, Patente) sowie Schulden zu erfassen und zu bewerten.

Gemäß § 191 Abs. 1 UGB hat der Unternehmer zu Beginn seines Unternehmens die im Unternehmen befindlichen Vermögensgegenstände und Schulden aufzuzeichnen und deren Wert anzugeben. § 191 Abs. 2 UGB verlangt auch für den Schluss jeden Geschäftsjahres ein solches Inventar.

Im Bereich des Anlagevermögens kann auf eine jährliche körperliche Bestandsaufnahme verzichtet werden. Voraussetzung dafür ist jedoch eine ordnungsmäßige Anlagenbuchführung, die eine richtige Darstellung und Fortschreibung der Bestände gewährleistet. Der tatsächliche Bestand ist jedenfalls in Übereinstimmung mit den GoB grundsätzlich alle vier Jahre festzustellen.

Inventurverfahren. Für die körperliche Bestandsaufnahme erlaubt das Unternehmensrecht folgende Verfahren:

- *Stichtagsinventur am Bilanzstichtag:* Aus steuerlicher Perspektive muss die Inventur in einem Zeitraum von zehn Tagen vor bzw. nach dem Bilanzstichtag erfolgen. Änderungen bis zum Bilanzstichtag sind anhand von vorhandenen Belegen zu berücksichtigen.
- *Abweichende Stichtagsinventur:* kann frühestens drei Monate vor und spätestens zwei Monate nach dem Bilanzstichtag durchgeführt werden. Änderungen zum Bestand am Bilanzstichtag sind mit Hilfe eines entsprechenden „Aufzeichnungssystems" durch Vor- oder Rückrechnung ordnungsgemäß festzustellen.
- Bei der *permanenten Inventur* werden die Bestände auf Grund eines Arbeitsplanes (Inventurplan) zu unterschiedlichen Zeitpunkten während des Geschäftsjahres erfasst und mit den Aufzeichnungen verglichen. Voraussetzungen für die Zuverlässigkeit der permanenten Inventur sind, dass jedes Vermögensgut zumindest einmal jährlich erfasst wird und dass der Bestand zum Bilanzstichtag mit Hilfe eines entsprechenden „Aufzeichnungssystems" durch Vor- oder Rückrechnung ordnungsgemäß festgestellt werden kann. Eine bloße Stichprobeninventur ist in diesem Fall unzulässig.
- Bei der *Stichprobeninventur* werden Menge und Wert der Vermögensgüter mit Hilfe „anerkannter" mathematisch-statistischer Methoden auf Grund von Stichproben ermittelt.

Auch für jene Vermögensgegenstände und Schulden, die nicht mengenmäßig aufgenommen werden können, sind die Werte zum Bilanzstichtag zu bestimmen. Dies erfolgt z.B. bei Bankguthaben oder -schulden durch Vergleich der Salden aus der Buchhaltung mit den Kontoauszügen der Bank bzw. bei den Lieferverbindlichkeiten und den Lieferforderungen durch Saldobestätigungen der Lieferanten bzw. der Kunden.

Nach erfolgter Inventur sind die vorhandenen Vermögensgegenstände und Schulden zu bewerten.

Wie erfolgt nun die Bewertung der einzelnen Bilanzposten?

Nicht abnutzbares Anlagevermögen (z.B. Grundstücke, Finanzanlagen)	Bewertung nach dem gemilderten Niederstwertprinzip; Abschreibungen müssen (und dürfen nur) vorgenommen werden, wenn der Wert zum Abschlussstichtag niedriger ist und es sich voraussichtlich um einen dauerhaften Wertverlust handelt; bei Finanzanlagen dürfen Abschreibungen auch vorgenommen werden, wenn der Wertverlust nur vorübergehend ist; Zuschreibungen müssen vorgenommen werden, wenn der Wert wieder steigt (Wertaufholungsgebot) – die Anschaffungskosten dürfen dabei nicht überschritten werden;
Abnutzbares Anlagevermögen (z.B. Fahrzeuge, Büroeinrichtung)	Bewertung mit den fortgeschriebenen Anschaffungskosten (Anschaffungs-/Herstellungskosten minus planmäßiger Abschreibungen) außerplanmäßige Abschreibungen (z. B. wegen technischer oder wirtschaftlicher Entwertung) sind zu berücksichtigen. Zuschreibungen müssen vorgenommen werden, wenn der Wert wieder höher wird (Wertaufholungsgebot); jedoch dürfen die „fortgeschriebenen Anschaffungs- oder Herstellungskosten" nicht überschritten werden
Umlaufvermögen	Bewertung nach dem strengen Niederstwertprinzip (zwischen Anschaffungs-/Herstellungskosten und dem Tageswert ist der niedrigere zu nehmen); Zuschreibungen müssen vorgenommen werden, wenn der Wert wieder steigt (Wertaufholungsgebot), die Anschaffungs- oder Herstellungskosten dürfen dabei nicht überschritten werden;
Verbindlichkeiten	Bewertung nach dem strengen Höchstwertprinzip (die Anschaffungskosten stellen die Untergrenze dar, ein höherer Tageswert ist auszuweisen, z. B. bei Verbindlichkeiten in fremder Währung); Verbindlichkeiten sind demnach zu ihrem Erfüllungsbetrag, Rentenverpflichtungen zum Barwert der zukünftigen Auszahlung anzusetzen
Rückstellungen	Bewertung mit dem bestmöglich geschätzten Erfüllungsbetrag, Abzinsung bei einer Restlaufzeit von mehr als einem Jahr. Pensions- und Abfertigungsrückstellungen sowie vergleichbare Rückstellungen sind nach versicherungsmathematischen Grundsätzen zu bewerten.

Tabelle 9: Bewertungsprinzipien

Bevor wir uns die Bewertung der einzelnen Bilanzposten im Detail ansehen, müssen noch einige Begriffe geklärt werden:

- die Definition der Anschaffungs- bzw. der Herstellungskosten
- die planmäßigen Abschreibungen
- die außerplanmäßigen Abschreibungen sowie
- die Zuschreibungen (Rückgängigmachung einer außerplanmäßigen Abschreibung)

Anschaffungskosten. Unter den Anschaffungskosten werden unternehmensrechtlich alle jene Aufwendungen verstanden, die geleistet werden müssen, um einen Vermögensgegenstand zu erwerben und ihn in einen betriebsbereiten Zustand zu versetzen. Die Anschaffungskosten umfassen dabei:

- den Anschaffungspreis (Kaufpreis) abzüglich Rabatten und Skonti
- etwaige Anschaffungsnebenkosten, z.B. Verpackung, Vertragserrichtungskosten, Vermittlungsprovisionen, Anwaltskosten, Notarkosten, sonstige Bezugskosten wie Zölle, Frachten, Speditionskosten, Transportversicherung
- die Kosten der Herstellung der Betriebsbereitschaft (z.B. Montagekosten)

Nicht zu den Anschaffungskosten zählen:

- Finanzierungskosten
- steuerfreie Subventionen aus öffentlichen Mitteln (diese müssen entweder von den Anschaffungskosten abgezogen oder bei Ansatz der vollen Anschaffungskosten als Passivposten in die Bilanz eingestellt werden)
- Umsatzsteuer (außer es ist kein Vorsteuerabzug möglich).

Herstellungskosten. „Herstellungskosten" sind alle jene Aufwendungen, die durch den Verbrauch von Gütern und die Inanspruchnahme von Diensten für die Herstellung oder Erweiterung eines Vermögensgegenstandes entstehen (Herstellungskosten werden im Detail im Band II Kosten- und Leistungsrechnung behandelt).

Ein Vermögensgegenstand ist mit den Anschaffungs- oder Herstellungskosten zu aktivieren. Mit der Aktivierung kann jedoch keine sofortige Gewinnminderung erfolgen. Bei abnutzbaren Vermögensgegenständen wird erst über die Abschreibung eine Gewinnminderung erreicht.

2.4. Bewertung im Rahmen des Jahresabschlusses nach IFRS

Analog zum UGB sind die Vermögenswerte und Schulden im IFRS zum Bilanzstichtag zu bewerten.

Auf die Bewertungsgrundsätze der einzelnen Bilanzposten wird in den entsprechenden Kapiteln gesondert eingegangen. Vorweg werden grundsätzliche Begriffe und der Unterschied zum UGB erklärt. Folgende zentrale Begriffe werden hier erläutert:

- Anschaffungs- und Herstellungskosten
- Beizulegender Zeitwert (Fair Value)
- Wertminderung (Impairment)
- Finanzinstrumente

Die **Anschaffungskosten** umfassen neben den Bestandteilen laut UGB folgende Komponenten:

- geschätzte Kosten des Abbruchs oder der Beseitigung des Gegenstandes sowie der Wiederherstellung des Standortes
- Fremdkapitalkosten (unter bestimmten Voraussetzungen).

Die **Herstellungskosten** umfassen grundsätzlich alle direkt zurechenbaren Kosten (Einzelkosten und fixe und variable Gemeinkosten) mit Ausnahme von Verwaltungs- und Vertriebskosten. Fremdkapitalkosten sind unter bestimmten Voraussetzungen verpflichtend zu aktivieren.

Der **Fair Value** wird als Tageswert, Verkehrswert oder Marktwert eines Vermögenswertes oder einer Schuld definiert. Für die Bewertung werden primär Börsenkurse herangezogen, wenn diese nicht vorhanden sind, werden anerkannte Bewertungsverfahren zur Ermittlung verwendet.

Wertminderung ist eine spezielle Form der außerplanmäßigen Abschreibung. Anhaltspunkte für Wertminderungen können sowohl interne als auch externe Faktoren sein. Beispiele für interne Faktoren sind Veralterung und laufende Verluste. Beispiele für externe Faktoren sind technische Veralterung sowie wirtschaftliche Schwierigkeiten. Liegen derartige Umstände vor, ist der Betrag der Wertminderung sofort als Aufwand in der Gesamtergebnisrechnung zu erfassen. Der Umfang der Wertminderung bestimmt sich aus der Differenz zwischen Buchwert des Vermögenswertes und dem höheren Betrag aus beizulegendem Zeitwert abzüglich Verkaufskosten und Nutzungswert (= Barwert der erwarteten künftigen Einzahlungsüberschüsse aus dem Vermögenswert).

Ein **Finanzinstrument** ist ein Vertrag, der gleichzeitig bei dem einen Unternehmen zu einem finanziellen Vermögenswert und bei dem anderen Unternehmen zu einer finanziellen Verbindlichkeit oder einem Eigenkapitalinstrument führt. Plastische Beispiele sind einerseits Forderungen aus Lieferungen und Leistungen und andererseits Verbindlichkeiten aus Lieferungen und Leistungen oder einerseits eine Beteiligung an einer anderen Gesellschaft in Form von Aktien oder GmbH-Anteilen und andererseits der Anteil am Grund- oder Stammkapital dieser Gesellschaft. Voraussetzung für die Einstufung als Finanzinstrument ist ein Vertrag (z.B. auf die Lieferung von Waren und Dienstleistungen oder den Anteil am Ergebnis einer Gesellschaft). Gesetzliche Verpflichtungen (z.B. zur

Zahlung von Körperschaftsteuer) fallen nicht in den Anwendungsbereich von Finanzinstrumenten.

Beispiele für finanzielle Vermögenswerte sind daher der Kassenbestand, Bankguthaben, Forderungen gegenüber Personen und Gesellschaften, Aktien, GmbH-Anteile, aber auch kompliziertere Finanzprodukte (z.B. Optionen).

Beispiele für finanzielle Verbindlichkeiten sind Anleihen, Bankschulden, Verbindlichkeiten gegenüber Personen und Gesellschaften, aber auch kompliziertere Finanzprodukte mit einem negativen Marktwert.

Für die Bewertung von Finanzinstrumenten ist entscheidend, ob es sich um Eigenkapitalinstrumente (z.B. Aktien, GmbH-Anteile) oder Fremdkapitalinstrumente (z.B. Forderungen, Anleihen) handelt. Darüber hinaus spielt das Geschäftsmodell der Gesellschaft (die Verwendungsabsicht der Finanzinstrumente) für die Bewertung eine Rolle. Die detailliertere Darstellung erfolgt bei den jeweiligen Vermögenswerten bzw. Schulden.

Die Unterschiede in der Bewertung nach IFRS werden bei den jeweiligen Bilanzposten dargestellt.

2.5. Anlagevermögen

Wertminderung des abnutzbaren Anlagevermögens. Abnutzbare Gegenstände des Anlagevermögens werden im Verlauf der Zeit weniger wert. Ursache für diese Wertminderung ist zunächst der ordentliche wirtschaftliche Gebrauch im Unternehmen.

Die Entwertung durch ordentlichen wirtschaftlichen Gebrauch wird durch die „planmäßige Abschreibung" berücksichtigt. Ein Wertverlust aus anderen Ursachen führt zum Ansatz einer „außerplanmäßigen Abschreibung".

Das Steuerrecht verwendet den Ausdruck „Absetzung für Abnutzung" („AfA").

Ursachen für eine Wertminderung können sein:

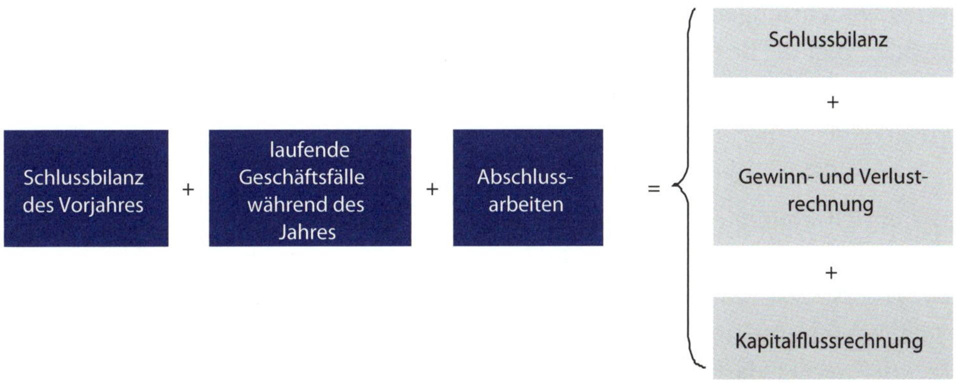

Abbildung 39: Ursachen für die Wertminderung von abnutzbarem Anlagevermögen

Außerplanmäßige Abschreibung. Im Gegensatz zu den planmäßigen Abschreibungen fallen außerplanmäßige Abschreibungen nur unregelmäßig an. Sie sind nur infolge des strengen oder gemilderten Niederstwertprinzips vorzunehmen. So kann ein dauerhafter Wertverlust auch bei Grundstücken, die sonst keiner Wertminderung unterliegen, zur Vornahme einer außerplanmäßigen Abschreibung führen. Fallen die Gründe für eine außerplanmäßige Abschreibung weg, kommt es zu einer Zuschreibung. Diese muss nicht notwendigerweise der vorgenommenen außerplanmäßigen Abschreibung entsprechen, sondern einem maßgeblichen Vergleichswert.

Um das Prinzip der Abschreibung verstehen zu können, wird es erforderlich sein, einige zum Verständnis notwendige Begriffe zu klären.

- Die *betriebsgewöhnliche Nutzungsdauer (ND)* eines abnutzbaren Anlagegegenstandes hängt von der voraussichtlichen wirtschaftlichen Nutzungsdauer ab. Bei der Festlegung sind der abnutzungsbedingte Verschleiß, die Überholung aufgrund technischen Fortschritts, aber auch Nachfrageverschiebungen zu berücksichtigen.
- Der *Abschreibungssatz* gibt den jährlichen Wertverlust in Prozenten an (beträgt die Nutzungsdauer beispielsweise zehn Jahre, bedeutet das einen Abschreibungssatz in Höhe von 10 % p.a.).
- Unter dem *Abschreibungsbetrag* ist jener geldwerte Betrag zu verstehen, um den der Vermögensgegenstand jährlich abgeschrieben wird. Er stellt einen betrieblichen Aufwand dar (Anschaffungskosten € 10.000,00; Nutzungsdauer zehn Jahre – die jährliche Abschreibung beträgt € 1.000,00).
- Unter dem Begriff *kumulierte Abschreibung* ist die Summe aller bisher vorgenommenen Abschreibungen zu verstehen.
- Der *Buchwert* ist jener Wert, den die Anlage in der Buchhaltung noch hat. Er stellt die Differenz zwischen den Anschaffungskosten und den bisher vorgenommenen Abschreibungen dar. Der Buchwert weicht vom „tatsächlichen" Wert eines Wirtschaftsgutes in aller Regel ab.

Wird ein Vermögensgegenstand im Unternehmen neu angeschafft oder hergestellt, erfolgt die Bewertung mit den Anschaffungs- oder Herstellungskosten. Die Aufgabe der planmäßigen Abschreibung besteht nun darin, diese Anschaffungs- oder Herstellungskosten systematisch über die wirtschaftliche Nutzungsdauer des Vermögensgegenstandes zu verteilen.

Die Abschreibung erfolgt ab dem Zeitpunkt der *Inbetriebnahme* eines Vermögensgegenstandes (der Zeitpunkt der Anschaffung ist unerheblich). Zu beachten ist weiters, dass für Vermögensgüter, die im ersten Halbjahr in Betrieb genommen worden sind, im ersten Jahr der Nutzung eine Ganzjahresabschreibung verrechnet werden darf, während bei Inbetriebnahme in der zweiten Jahreshälfte im ersten Jahr der Nutzung lediglich eine Halbjahresabschreibung geltend gemacht werden darf. Die Vornahme einer Halbjahresabschreibung im ersten Jahr bedeutet nicht, dass weniger abgeschrieben werden kann als bei Inbetriebnahme im ersten Halbjahr. Der Abschreibungszeitraum verlagert sich lediglich um ein Jahr nach hinten.

Sehen wir uns das an einem Beispiel an:

- Inbetriebnahme einer Maschine am 10. Juni bzw. 10. August
- Anschaffungskosten netto € 25.000,00
- Nutzungsdauer 5 Jahre
- Abschreibungssatz 100/5 = 20 %

Jahr	jährliche Afa bei Inbetriebnahme am 10. Juni	Buchwert per 31.12	jährliche Afa bei Inbetriebnahme am 10. August	Buchwert per 31.12
GJ[1] 1	5.000	20.000	2.500	22.500
GJ 2	5.000	15.000	5.000	17.500
GJ 3	5.000	10.000	5.000	12.500
GJ 4	5.000	5.000	5.000	7.500
GJ 5	5.000	0	5.000	2.500
GJ 6	0	0	2.500	0

[1] Geschäftsjahr

Tabelle 10: Abschreibungsverlauf (GJ = Geschäftsjahr)

Die Höhe der verrechneten Abschreibung ist von verschiedenen Einflussfaktoren abhängig:

- von den Anschaffungs- oder Herstellungskosten des Vermögensgegenstandes
- von der erwarteten Nutzungsdauer und
- von der gewählten Abschreibungsmethode.

Nutzungsdauer. Im Steuerrecht (§ 8 EStG) finden sich Bestimmungen hinsichtlich der Nutzungsdauer einzelner Anlagegegenstände. Diese können von der unternehmensrechtlich gewählten Nutzungsdauer abweichen, da das Unternehmensrecht auch die Berücksichtigung subjektiver Verwendungsabsichten des Unternehmers zulässt und die Berücksichtigung des Vorsichtsprinzips zu einer kürzeren Nutzungsdauer führt.

Das Steuerrecht (§ 8 EStG) bestimmt, dass die Nutzungsdauer vom Steuerpflichtigen zu schätzen ist. Dabei sind alle Umstände zu beachten, die die Nutzungsdauer bestimmen, und zwar sowohl diejenigen, die durch die Art des Wirtschaftsgutes bedingt sind, als auch jene, die sich aus der besonderen Nutzung im Betrieb des Steuerpflichtigen ergeben. Sofern eine Nutzungsdauer im Gesetz nicht vorgegeben ist, können die deutschen amtlichen AfA-Tabellen als Hilfsmittel bei Ermittlung der Nutzungsdauer herangezogen werden (zu finden unter http://www.bundesfinanzministerium.de).

	Nutzungsdauer in Jahren	**Abschreibungssatz in % p.a.**
Betriebsgebäude	40	2,5
Geschäftsausstattung	10	10
PKW	8	12,5
LKW	4–7	25–14,3
Computer	2	50
Grundstücke	Kein Wertverlust	0
Firmenwert	15	6,67

Tabelle 11: Nutzungsdauer ausgewählter Anlagegüter

Die Berechnung der Abschreibung kann entweder zeit- oder leistungsabhängig erfolgen. Die zeitabhängige Abschreibung kann dabei

- linear,
- degressiv oder
- progressiv

erfolgen. Die lineare Abschreibung unterstellt einen kontinuierlichen Entwertungsverlauf des Vermögensgegenstandes. Die Abschreibung erfolgt in jährlich gleichbleibenden Raten und berechnet sich nach folgender Formel:

planmäßige Abschreibung = Abschreibungsbasis / Nutzungsdauer

Bei der degressiven Abschreibung nimmt die Höhe der jährlichen Abschreibungsbeträge ab. Am Beginn der Nutzung wird eine höhere Abschreibung verrechnet, zum Ende der Nutzungsdauer sinken die Abschreibungsbeträge.

Die progressive Abschreibung geht von einem umgekehrten Verlauf aus. In den ersten Perioden der Nutzung werden geringere Abschreibungsbeträge verrechnet, die dann im Zeitablauf kontinuierlich ansteigen. Diese Form der Abschreibung empfiehlt sich bei jenen Vermögensgegenständen, die erst im Laufe der Zeit ihre volle Leistungsfähigkeit entfalten.

Bei der leistungsabhängigen Abschreibung werden die gesamten künftigen Leistungen des Vermögensgegenstandes als Basis für die Berechnung herangezogen. Die gesamten Anschaffungs- oder Herstellungskosten werden durch die Gesamtleistung dividiert, wodurch sich ein Abschreibungssatz pro Leistungseinheit ergibt. Die jährliche Abschreibung wird ermittelt, indem die Jahresleistung mit dem Abschreibungssatz pro Einheit multipliziert wird.

Hinsichtlich der Abschreibungsmethoden wird auf Band II Kosten- und Leistungsrechnung verwiesen.

Unternehmensrechtlich steht es jedem Unternehmer frei, eine für sein Unternehmen geeignete Abschreibungsmethode zu wählen. Das Steuerrecht verlangt in § 7 EStG die gleichmäßige Verteilung der Anschaffungs- bzw. Herstellungskosten auf die gewöhnliche Nutzungsdauer (lineare Abschreibung).

Aufwand – Ausgabe – Auszahlung. Die Wertminderung eines Anlagegegenstandes durch den wirtschaftlichen Gebrauch stellt in der Buchhaltung einen Aufwand dar, führt aber zu keinem Abfluss von liquiden Mitteln aus dem Unternehmen (und stellt daher keine Auszahlung dar). Ein *Aufwand* ist jeder Geschäftsfall in einem Unternehmen, der zu einer Verminderung des Eigenkapitals führt. Aufwendungen können zu Auszahlungen und/oder Ausgaben führen (in der laufenden Periode, aber sie können auch einer früheren oder späteren Periode zurechenbar sein). Beispiele für Aufwendungen sind Material-, Personal- und Mietaufwand. Eine *Ausgabe* führt zu einer Verminderung des Geldvermögens, wie beispielsweise die Anschaffung von Vorräten auf Ziel. Werden diese Vorräte schließlich bezahlt, sprechen wir von einer *Auszahlung*, die zu einer Abnahme der liquiden Mittel führt.

Ertrag – Einnahme – Einzahlung. Den Begriffen Aufwand – Ausgabe – Auszahlung stehen die Begriffe Ertrag – Einnahme – Einzahlung gegenüber. Jeder *Ertrag* findet sich in der Gewinn- und Verlustrechnung wieder und führt somit zu einer Erhöhung des Eigenkapitals. Zu den Erträgen zählen vor allem die Umsatzerlöse. Werden Waren auf Ziel verkauft, handelt es sich um einen Ertrag und eine *Einnahme*. Diese Einnahme führt zu einer Erhöhung des Geldvermögens. Werden Waren bar verkauft oder begleicht ein Kunde eine offene Lieferforderung, führt dies zu einer Erhöhung der liquiden Mittel und man spricht von einer *Einzahlung*.

Verbuchung der planmäßigen Abschreibung. Hinsichtlich der Verbuchung der planmäßigen Abschreibung ist zwischen der direkten und der indirekten Verbuchung zu unterscheiden. Bei der direkten Abschreibung werden die jeweiligen Abschreibungsbeträge direkt vom Anlagenkonto abgebucht. In der Bilanz ist somit immer der Buchwert der Anlage ersichtlich.

	7010	Planmäßige Abschreibung von Sachanlagen
an	0...	Anlagenkonto

Scheidet der Vermögensgegenstand im letzten Jahr der ordentlichen Nutzung nicht aus dem Unternehmen aus, besteht die Möglichkeit, den Abschreibungsbetrag um einen Euro zu vermindern. Dieser Erinnerungswert (Erinnerungseuro) bleibt bis zum tatsächlichen Ausscheiden der Anlage auf dem Anlagenkonto stehen. Er wird erst beim endgültigen Ausscheiden des Vermögensgegenstandes aus dem Unternehmen ausgebucht. Es besteht allerdings keine unternehmens- oder steuerrechtliche Verpflichtung für die Vornahme der Abschreibung auf den *Erinnerungseuro*. Der Vermögensgegenstand kann auch auf null abgeschrieben werden.

Bei der indirekten Abschreibung werden die Abschreibungsbeträge auf einem eigenen Konto im Haben erfasst. Für jedes Anlagegut, das indirekt abgeschrieben wird, gibt es ein Konto „0… kumulierte Abschreibung zu …". In den für Kapitalgesellschaften geltenden Gliederungsvorschriften findet sich die Bestimmung, dass der Ausweis des Anlagevermögens in der Bilanz netto zu erfolgen hat. Indirekt abgeschriebene Anlagen sind mit dem jeweiligen Abschreibungskonto zu saldieren. Aus der Bilanz ist daher ebenfalls der Buchwert der Anlage ersichtlich.

	7010	Planmäßige Abschreibung von Sachanlagen
an	0...	kumulierte Abschreibung zu ...

Beim Ausscheiden des Anlagegutes ist die kumulierte Abschreibung auf das Anlagenkonto umzubuchen:

	0...	kumulierte Abschreibung zu ...
an	0...	Anlagenkonto

Beim Verbleib der Anlage über die ordentliche Nutzungsdauer hinaus stehen einander das Anlagenkonto (mit den Anschaffungs- oder Herstellungskosten) und das Konto „kumulierte Abschreibung" (entspricht dann der Summe der gesamten Abschreibungen = Anschaffungs- oder Herstellungskosten) so lange gegenüber, bis die Anlage tatsächlich ausscheidet. Dann wird die kumulierte Abschreibung mit vorhergehendem Buchungssatz gegen das Anlagenkonto aufgelöst.

Nachdem wir jetzt das Prinzip der Abschreibung, die rechtlichen Grundlagen und die Möglichkeiten der Verbuchung kennen gelernt haben, sehen wir uns anhand eines Beispiels die Auswirkungen in der Bilanz und der Gewinn- und Verlustrechnung an.

Die Bilanz und die Gewinn- und Verlustrechnung eines Unternehmens vor Durchführung einer Investition in das Anlagevermögen haben folgendes Aussehen:

Bilanz per 31.12.

Aktiva		**Passiva**	
Gebäude	370.000	Eigenkapital	160.000
Maschinen	211.000	Bankverbindlichkeiten	611.070
LKW	243.000	Lieferverbindlichkeiten	185.000
Rohstoffvorrat	67.000	Sonst. Verbindlichkeiten	15.200
Lieferforderungen	77.000		
Kassa	3.270		
∑ Aktiva	**971.270**	**∑ Passiva**	**971.270**

Gewinn- und Verlustrechnung 1.1.–31.12.	
Umsatzerlöse	1.000.000
Bestandsveränderungen	0
andere aktivierte Eigenleistungen	12.000
sonstige betriebliche Erträge	10.000
Betriebsleistung	1.022.000
Materialaufwand	–270.000
Personalaufwand	–200.000
Abschreibungen	–50.000
sonstiger betrieblicher Aufwand	–300.000
Betriebsergebnis	**202.000**
Finanzergebnis	**–50.000**
Ergebnis vor Steuern	**152.000**
Steuer vom Einkommen und Ertrag	–38.000
Jahresüberschuss	**114.000**

Abbildung 40: Bilanz und GuV

Wir treffen nun folgende Annahme:

Eine GmbH kauft mit Datum 10. April eine Maschine mit Anschaffungskosten von € 50.000,00 netto. Die Finanzierung erfolgt über ein Darlehen, welches im ersten Jahr tilgungsfrei ist (Zinszahlungen bleiben unberücksichtigt). Die Inbetriebnahme erfolgt am 24. April. Die geschätzte Nutzungsdauer der Maschine beträgt fünf Jahre.

Nach Vornahme der Investition und Buchung der Abschreibung ergeben sich folgende Auswirkungen auf die Bilanz und die Gewinn- und Verlustrechnung:

Bilanz per 31.12.

Aktiva		**Passiva**	
Gebäude	370.000	Eigenkapital	152.500
Maschinen	251.000	Bankverbindlichkeiten	661.070
LKW	243.000	Lieferverbindlichkeiten	185.000
Rohstoffvorrat	67.000	So Verbindlichkeiten	12.700
Lieferforderungen	77.000		
Kassa	3.270		
∑ Aktiva	**1.011.270**	**∑ Passiva**	**1.011.270**

Gewinn- und Verlustrechnung 1.1.–31.12.

Umsatzerlöse	1.000.000
Bestandsveränderungen	0
andere aktivierte Eigenleistungen	12.000
sonstige betriebliche Erträge	10.000
Betriebsleistung	1.022.000
Materialaufwand	–270.000
Personalaufwand	–200.000
Abschreibungen	–60.000
sonstiger betrieblicher Aufwand	–300.000
Betriebsergebnis	192.000
Finanzergebnis	–50.000
Ergebnis vor Steuern	142.000
Steuer vom Einkommen und Ertrag	–35.500
Jahresüberschuss	106.500
	–7.500

Abbildung 41: Bilanz und GuV

Welche Auswirkungen haben sich in der Bilanz ergeben? Die Bilanzsumme hat sich um € 40.000,00 erhöht. Auf der Aktivseite sehen wir die vorgenommene Investition unter dem Posten Maschinen, reduziert um die Abschreibung.

$$\frac{\text{Anschaffungskosten € 50.000,00}}{\text{5 Jahre Nutzungsdauer}} = \text{€ 10.000,00 jährliche Abschreibung}$$

Anschaffungswert	50.000
abzüglich Abschreibung	–10.000
Buchwert per 31.12.	**40.000**
zuzüglich bisherige Buchwerte	211.000
Restbuchwert per 31.12.	**251.000**

Die Kreditverbindlichkeiten haben sich um € 50.000,00 erhöht. Und – das Eigenkapital ist um € 7.500,00 gesunken! Warum? Um eine Antwort auf diese Frage zu erhalten, müssen wir einen Blick auf die Gewinn- und Verlustrechnung werfen.

Bei dem Posten Abschreibung sehen wir einen im Vergleich zur Ausgangssituation um € 10.000,00 höheren Wert. Im selben Ausmaß reduzieren sich das Betriebsergebnis und das Finanzergebnis. Betrachten wir den Jahresüberschuss, beträgt die Differenz zur Ausgangssituation jedoch nicht € 10.000,00, sondern lediglich € 7.500,00. Der Grund dafür liegt darin, dass sich auch die Steuerbemessungsgrundlage (€ 142.000,00) reduziert hat. Bei einem Körperschaftsteuersatz in Höhe von 25 % beträgt die Steuerersparnis € 2.500,00.

Jetzt können wir auch die Frage nach dem gesunkenen Eigenkapital beantworten! Da die Gewinn- und Verlustrechnung lediglich ein Unterkonto für das Eigenkapital darstellt und der Jahresüberschuss auf das Eigenkapitalkonto umgebucht wird, reduziert sich dieses entsprechend.

Da in den sonstigen Verbindlichkeiten auch die Verbindlichkeiten gegenüber dem Finanzamt enthalten sind, weist auch dieses Konto einen gegenüber der Ausgangssituation kleineren Saldo auf.

Finanzierungseffekt der Abschreibung. Diesen anhand des Beispiels aufgezeigten Effekt bezeichnet man als *Finanzierungseffekt* der Abschreibung. Er setzt sich aus dem Steuerspareffekt (bedingt durch das gesunkene Betriebsergebnis reduziert sich die Steuerbemessungsgrundlage) und dem Ausschüttungsspareffekt (das geringere Ergebnis lässt weniger Spielraum für mögliche Ausschüttungen an die Gesellschafter zu) zusammen. Weiterführende Informationen dazu finden Sie im *Band III* Investition und Finanzierung.

Neben der Neuanschaffung von Anlagegegenständen kann es auch zu deren Ausscheiden aus dem Unternehmen kommen.

Vermögensgegenstände können aus folgenden Gründen aus dem Unternehmen ausscheiden:

- Verkauf des Anlagegutes
- Tausch eines vorhandenen Anlagegutes gegen ein neues
- Schadensfall mit oder ohne Schadenersatz
- Ablauf der Nutzungsdauer

Folgende Buchungen sind beim Ausscheiden eines Anlagegutes durchzuführen:

- Die *planmäßige Abschreibung* – auch hier kann unternehmensrechtlich die steuerlich verpflichtende Halbjahresregelung berücksichtigt werden, d.h. bei Ausscheiden des Anlagegutes im ersten Halbjahr darf nur eine Halbjahresabschreibung verrechnet werden, bei Ausscheiden im zweiten Halbjahr ist eine Ganzjahresabschreibung vorzunehmen.
- Ausbuchung eines eventuell vorhandenen *Restbuchwerts.* Bei indirekter Abschreibung Umbuchung des Saldos des Kontos „kumulierte Abschreibung zu …" auf das Anlagenkonto.
- Scheidet das Anlagegut aufgrund eines Verkaufs aus dem Unternehmen aus, ist zu prüfen, ob sich aus dem Verkauf ein Gewinn oder ein Verlust ergibt. Liegt der Verkaufserlös über dem Buchwert zum Zeitpunkt des Verkaufs, liegt ein Gewinn vor, liegt der Verkaufserlös unter dem Buchwert des Anlagegutes, handelt es sich um einen Verlust.

Buchung des Verkaufserlöses:

	2800	Bank (bzw. 3300 Lieferverbindlichkeit)
an	4600	Erlöse Anlagenverkauf
an	3500	USt

Handelt es sich um einen Schadensfall mit Schadenersatzleistung durch die Versicherung, ist die Entschädigung zu verbuchen:

	2800	Bank
an	4610	Versicherungsentschädigung im Zusammenhang mit dem Ausscheiden von Anlagen

Bei direkter Abschreibung lauten die vorzunehmenden Buchungen:

Jährliche Abschreibung:

	7010	Planmäßige Abschreibung von Sachanlagen
an	0...	Anlagenkonto

Ausbuchen eines eventuellen Restbuchwertes:

	7820	Buchwert abgegangener Anlagen
an	0...	Anlagenkonto

Bei indirekter Abschreibung ist zu buchen:

Jährliche Abschreibung:

	7010	Planmäßige Abschreibung von Sachanlagen
an	0...	kumulierte Abschreibung zu ...

Umbuchung der kumulierten Abschreibung auf das Anlagenkonto:

	0...	kumulierte Abschreibung zu ...
an	0...	Anlagenkonto

Ausbuchen eines eventuellen Restbuchwertes:

	7820	Buchwert abgegangener Anlagen
an	0...	Anlagenkonto

Übersteigt der Verkaufserlös den Buchwert, ist zu buchen:

Umbuchung des Erlöses:

	4600	Erlöse Anlagenverkauf
an	4630	Erträge aus dem Abgang von Anlagen

Umbuchung des Buchwertes:

	4630	Erträge aus dem Abgang von Anlagen
an	7820	Buchwert abgegangener Anlagen

Im Falle eines Verlustes (Verkaufserlös ist geringer als der vorhandene Buchwert der Anlage) lauten die vorzunehmenden Buchungen:

Umbuchung des Erlöses:

	4600	Erlöse Anlagenverkauf
an	7830	Verluste aus dem Abgang von Anlagen

Umbuchung des Buchwertes:

	7830	Verluste aus dem Abgang von Anlagen
an	7820	Buchwert abgegangener Anlagen

Beispiel zum Verkauf einer Anlage

Ein Notebook mit einem Anschaffungswert (AW) von € 3.000,00 und drei Jahren Nutzungsdauer wurde am 12.3.20X1 gekauft. Die Abschreibung erfolgt direkt. Am 15.2.20X3 wird das Notebook um € 800,00 exkl. USt bar verkauft.

Buchung des Verkaufs:

	2700	Kassa	960	
an	4600	Erlöse aus dem Verkauf von Anlagen		800
an	3500	Umsatzsteuer		160

Verbuchung der Abschreibung für das Jahr 20X3:

	7010	Planmäßige Abschreibung von Sachanlagen	500	
an	0620	Büromaschinen, EDV-Anlagen		500

Nach Vornahme der Abschreibung verbleibt ein Restbuchwert in Höhe von € 500, der mit folgendem Buchungssatz auszubuchen ist:

	7820	Buchwert abgegangener Anlagen	500	
an	0620	Büromaschinen, EDV-Anlagen		500

Aus der Gegenüberstellung des Verkaufserlöses und des Restbuchwertes ergibt sich ein Gewinn (Ertrag) von € 300,00.

Umbuchung des Erlöses:

	4600	Erlöse Anlagenverkauf	800	
an	4630	Erträge aus dem Abgang von Anlagen		800

Umbuchung des Buchwertes:

	4630	Erträge aus dem Abgang von Anlagen	500	
an	7820	Buchwert abgegangener Anlagen		500

In der Gewinn- und Verlustrechnung wird im Betriebsergebnis ein Ertrag aus dem Abgang von Anlagen in Höhe von € 300 ausgewiesen. Jene Gesellschaften, die den Gliederungs- und Ausweisvorschriften des UGB unterliegen, sind verpflichtet, bei Anlagenverkäufen die Saldierung der Erlöse und der dazugehörenden Buchwerte in der dargestellten Form vorzunehmen.

Da wir nun mit dem Wesen der Abschreibung vertraut sind, wenden wir uns wieder der *Bewertung* der einzelnen Bilanzposten zu.

Bewertung des Sachanlagevermögens und des immateriellen Anlagevermögens. Die Sachanlagen und immateriellen Vermögensgegenstände sind mit den Anschaffungs- oder Herstellungskosten, vermindert um planmäßige Abschreibungen entsprechend der voraussichtlichen Nutzungsdauer, zu bewerten. In der Bilanz wird in den einzelnen Geschäftsjahren somit der jeweilige (Rest-)Buchwert ausgewiesen.

Sachanlagen sind materielle Vermögensgegenstände, die dazu bestimmt sind, dem Unternehmen auf Dauer zu dienen. Dazu zählen

- *Grundstücke und Gebäude,* wobei unbebaute Grundstücke wie auch der Grundwert bei bebauten Grundstücken unter das nicht abnutzbare Anlagevermögen fallen. Wird also ein Grundstück mit einem darauf befindlichen Gebäude erworben, ist der Gesamtkaufpreis sowie die Anschaffungsnebenkosten aufzuteilen und in weiterer Folge sind das Grundstück und das Gebäude gesondert der Bewertung zu unterziehen.
- *Technische Anlagen und Maschinen:* Diese stehen in einem engen Nutzungs- und Funktionszusammenhang mit dem Prozess der Leistungserstellung (z.B. Fertigungsmaschinen und Transportanlagen).
- *Andere Anlagen,* Betriebs- und Geschäftsausstattung, wie z.B. Fahrzeuge, Büroeinrichtungen, EDV, Telefonanlage.
- *Geleistete Anzahlungen und Anlagen in Bau:* Dieser Posten kann sich auf alle drei angeführten Sachanlageposten beziehen. Ein Ausweis unter diesem Posten bedeutet, dass das betreffende Sachanlagevermögen noch nicht aktiv im Betriebsprozess eingesetzt werden kann.

Immaterielle Vermögensgegenstände sind nichtkörperliche Gegenstände wie z.B. bestimmte Rechte. Sie dürfen nur ausgewiesen werden, wenn sie entgeltlich erworben wurden. Aktivierbar sind in der Regel nur einmalige Zahlungen, laufende Zahlungen wie z.B. für Lizenzen sind als Aufwand zu verbuchen. Zu den immateriellen Vermögensgegenständen zählen

- *Konzessionen und gewerbliche Schutzrechte* (z.B. durch Patent- oder Markenschutzgesetz geschützte Rechte) und ähnliche Vorteile (z.B. Urheberrechte), Lizenzen und Software.
- *Geschäfts(Firmen)wert:* Ein Firmenwert ergibt sich, wenn der Kaufpreis für ein Unternehmen größer ist als das Vermögen des gekauften Unternehmens (bei aufgedeckten stillen Reserven) abzüglich seiner Schulden. Man spricht

hier von einem *derivativen* Firmenwert. Ein vom Unternehmer selbst geschaffener Firmenwert (der „gute Name" des Unternehmens, Kundenstock etc.) darf hingegen nicht aktiviert werden.
- *Geleistete Anzahlungen* auf immaterielle Vermögensgegenstände.

Selbst erstellte immaterielle Vermögenswerte (eigene Software, die ausschließlich für Zwecke des Unternehmens programmiert wurde) dürfen nicht aktiviert werden. Hingegen sind selbst erstellte immaterielle Vermögenswerte, die nicht selbst genutzt, sondern verkauft werden sollen, zu aktivieren und im Umlaufvermögen unter den Vorräten auszuweisen (z.B. eine zum Verkauf bestimmte Software).

Finanzanlagen stellen (Geld-)Investitionen in fremde Unternehmen dar. Wichtig für den Ausweis unter den Finanzanlagen ist, dass sie dazu bestimmt sind, dauernd dem Geschäftsbetrieb zu dienen. Im Einzelnen fallen unter die Finanzanlagen

- *Anteile an verbundenen Unternehmen;* darunter werden jene Unternehmen verstanden, die zueinander in einem Mutter-Tochter-Verhältnis stehen und die in einen Konzernabschluss einzubeziehen sind. Die in den Konzernabschluss einzubeziehenden Unternehmen stehen unter einheitlicher Leitung des Mutterunternehmens (maßgebliche Entscheidungen werden vom Mutterunternehmen getroffen) oder für das Mutterunternehmen ist eine Beherrschungsmöglichkeit gegeben (dem Mutterunternehmen steht die Mehrheit der Stimmrechte zu, es liegt das Recht vor, einen beherrschenden Einfluss auszuüben und die Bestellung oder Abberufung von Leitungs- und Aufsichtsorganen durchzuführen).
- *Ausleihungen an verbundene Unternehmen;* dabei handelt es sich um Forderungen (nicht aus Lieferungen und Leistungen, z.B. ein gewährtes Darlehen) mit einer Laufzeit von mehr als fünf Jahren.
- *Beteiligungen;* Anteile an Kapitalgesellschaften werden grundsätzlich erst dann als Beteiligung angesehen, wenn der Anteil mindestens 20 % des Grund- oder Stammkapitals beträgt, aber keine Erfüllung der Kriterien für verbundene Unternehmen vorliegt (kein beherrschender Einfluss, keine Mehrheit der Stimmrechte, keine Bestellung oder Abberufung von Leitungs- oder Aufsichtsorganen). Der Geschäftsanteil muss dem eigenen Geschäftsbetrieb dienen, d.h. eine Beteiligung wird dann vorliegen, wenn sich die Unternehmen in ihren Tätigkeiten unterstützen bzw. ergänzen.
- *Ausleihungen an Unternehmen, mit denen ein Beteiligungsverhältnis besteht*
- *Wertpapiere des Anlagevermögens* wie z.B. Anleihen oder Aktien, sind verbriefte festverzinsliche oder gewinnbeteiligte Vermögensrechte, die einer längerfristigen Kapitalanlage dienen.
- Unter den *sonstigen Ausleihungen* werden alle jene Ausleihungen ausgewiesen, die weder verbundene Unternehmen betreffen noch jene, mit denen ein Beteiligungsverhältnis besteht.

Bewertungsregeln. Für die Bewertung des Anlagevermögens gelten folgende Regeln:

Für das gesamte Anlagevermögen gelten die *Anschaffungs- oder Herstellungskosten* als Wertobergrenze. Beim abnutzbaren immateriellen Vermögen und beim Sachanlagevermögen vermindert sich diese Wertobergrenze um die *jährliche planmäßige Abschreibung.*

Beim nicht abnutzbaren Anlagevermögen sind planmäßige Abschreibungen nicht möglich, außerplanmäßige Abschreibungen müssen (und dürfen) nur vorgenommen werden, wenn der Wert zum Abschlussstichtag niedriger und der Wertverlust voraussichtlich von Dauer ist. Bei *Finanzanlagen darf* eine außerplanmäßige Abschreibung bereits bei vorübergehendem Wertverlust vorgenommen werden. Als Vergleichswert für eine mögliche *außerplanmäßige Abschreibung* wird der *beizulegende Wert bzw. beizulegende Zeitwert* herangezogen. Beim Anlagevermögen kann dies der Wiederbeschaffungswert bzw. Reproduktionswert einer Anlage sein. Er entspricht dem Markt- oder Börsenpreis.

Zuschreibungen müssen vorgenommen werden, wenn der Grund für die außerplanmäßige Abschreibung wegfällt und der Wert wieder höher wird (Wertaufholungsgebot). Die Anschaffungs- oder Herstellungskosten dürfen dabei nicht überschritten werden. Beim abnutzbaren Anlagevermögen sind noch die zwischenzeitlich vorzunehmenden planmäßigen Abschreibungen zu berücksichtigen.

Wesentliche Unterschiede IFRS. Die wesentlichen Unterschiede zur Bilanzierung nach UGB sollen im Überblick dargestellt werden, wobei in die Posten Immaterielle Vermögenswerte, Sachanlagen und langfristig gehaltene Finanzanlagen unterteilt wird. Als Unterscheidungskriterien innerhalb der Posten werden die Erfassung (Wann kann ein bestimmter Aufwand aktiviert werden?) sowie die Erst- und Folgebewertung (In welcher Höhe kann der Aufwand zu den jeweiligen Zeitpunkten aktiviert werden?) gewählt.

Immaterielle Vermögenswerte. Unter immateriellen Vermögenswerten werden nicht monetäre Vermögenswerte ohne physische Substanz verstanden, die selbstständig identifizierbar sind. Beispiele sind Patente, Lizenzen, Software und Kundenlisten. Eine Aktivierung ist nur möglich, wenn sie vom Unternehmen losgelöst und auf Dritte durch Verkauf, Vermietung usw. übertragen werden können.

Abweichend vom UGB dürfen unter bestimmten Voraussetzungen auch selbst erstellte immaterielle Vermögenswerte aktiviert werden. Dies betrifft insbesondere Software und Entwicklungskosten (z.B. in der Pharma- und Autoindustrie). Forschungskosten dürfen niemals aktiviert werden.

Die Erstbewertung erfolgt zu den Anschaffungs- oder Herstellungskosten (nach IFRS). Die Folgebewertung (Bewertung nach der Ersterfassung) kann wahlweise zu den fortgeführten Anschaffungs- oder Herstellungskosten (d.h. nach Abzug der planmäßigen Abschreibung) oder durch eine Neubewertung (d.h. zum Tageswert) erfolgen. Die Neubewertung hat in der Praxis jedoch eine untergeordnete Bedeutung.

Sachanlagen. Die Erstbewertung erfolgt zu Anschaffungs- oder Herstellungskosten (nach IFRS).

Die Folgebewertung kann wahlweise zu den fortgeführten Anschaffungs- oder Herstellungskosten oder durch eine Neubewertung (d.h. zum Tageswert) erfolgen. Diese Neubewertung muss dann für eine ganze Gruppe von Vermögenswerten (z.B. Grundstücke) durchgeführt werden. Es ist damit möglich, die Vermögenswerte über die ursprünglichen Anschaffungs- oder Herstellungskosten zu bilanzieren. Die Aufwertungsbeträge (Beträge über die ursprüngliche Bewertung bei der Ersterfassung) sind erfolgsneutral in einer gesonderten Rücklage innerhalb des Eigenkapitals zu erfassen.

Abweichend vom UGB ist eine planmäßige Abschreibung gesondert für jede wesentliche Komponente eines Vermögenswertes durchzuführen. Dies betrifft insbesondere Großanlagen. Beispielsweise sind bei einem Flugzeug das Triebwerk und das Flugwerk über eine unterschiedliche Nutzungsdauer abzuschreiben.

Eine gesonderte Bewertung ist in den IFRS für Grundstücke und Gebäude dann vorgesehen, wenn sie zur Vermietung oder Wertsteigerung (z.B. bei Ersatzgrundstücken) dienen. Diese dürfen wahlweise zu den fortgeführten Anschaffungs- oder Herstellungskosten (vergleichbar normalen Sachanlagen) oder zum beizulegenden Zeitwert angesetzt werden. Beim Ansatz zum beizulegenden Zeitwert erfolgt die Anpassung des Bilanzansatzes ergebniswirksam über die Gesamtergebnisrechnung.

Bei **geleasten Sachanlagen** sind im IFRS spezielle Regelungen für die Bilanzierung vorgesehen. Der geleaste Vermögenswert ist – abgesehen von wenigen Ausnahmen – beim Leasingnehmer in der Bilanz (einerseits als geleaste Sachanlage und andererseits als Verbindlichkeit gegenüber dem Leasinggeber) zu erfassen. In der Folge ist das Anlagegut abzuschreiben. Die Verbindlichkeit reduziert sich durch die Zahlung des in der Leasingrate enthaltenen Tilgungsanteils, gleichzeitig ist der darin enthaltene Zinsanteil ergebniswirksam zu erfassen.

Finanzanlagen. Sie sind nach IFRS grundsätzlich als Finanzinstrumente einzustufen. Für Beteiligungen an anderen Unternehmen ab einem Anteil von mehr als 20 % an einer Gesellschaft existieren Sonderbestimmungen.

Bei der Erfassung sind Finanzinstrumente primär in Eigenkapitalinstrumente und Fremdkapitalinstrumente einzuteilen.

Die **Erstbewertung** erfolgt grundsätzlich zum Tageswert (Fair Value) im Zeitpunkt der Anschaffung. Dieser entspricht im Regelfall dem Transaktionspreis (Kaufpreis). Anschaffungsnebenkosten sind mit Ausnahme von Finanzinstrumenten, die in der Folge erfolgswirksam zu Tageswert bewertet werden, zu aktivieren.

Für die **Folgebewertung** sind die Finanzinstrumente in Eigenkapital- und Fremdkapitalinstrumente einzuteilen.

Eigenkapitalinstrumente sind Anteile an anderen Gesellschaften (z.B. Aktien und GmbH-Anteile) und grundsätzlich zum Tageswert (Fair Value) zu bewerten. Dieser entspricht – soweit vorhanden – dem Börsenkurs am Bilanzstichtag. Ansonsten sind Bewertungsmodelle für die Ermittlung heranzuziehen. Sämtliche Wertänderungen sind in der Folge ergebniswirksam zu erfassen.

Anlässlich der Ersterfassung besteht ein Wahlrecht, die Folgebewertung zum Tageswert ergebnisneutral zu erfassen. Sämtliche Wertänderungen sind dann in eine gesonderte Rücklage im Eigenkapital der Gesellschaft zu erfassen. Die in dieser Rücklage erfassten Beträge werden auch bei der Veräußerung der Anteile an der Gesellschaft nicht ergebniswirksam. Nur Dividenden/Gewinnausschüttungen sind als Ertrag zu erfassen.

Für die Folgebewertung von Fremdkapitalinstrumenten (z.B. Darlehen und Krediten) sind komplizierte Bewertungsregeln vorhanden, wobei einerseits die Charakteristik des Instruments und andererseits das Geschäftsmodell der Gesellschaft maßgeblich ist.

Bei der Charakteristik des Fremdkapitalinstruments wird unterschieden in Instrumente, deren Vertragsbedingungen lediglich in der Zahlung des Nennbetrages und von Zinsen bestehen (SPPI-Kriterium *[solely payments of principle and interest]* wird erfüllt), und sonstige Instrumente. Als Beispiele für Fremdkapitalinstrumente, die das SPPI-Kriterium erfüllen, sind Forderungen aus Lieferungen und Leistungen sowie Anleihen mit einer Fixverzinsung zu nennen.

Beim Geschäftsmodell wird unterschieden in

- auf Vereinnahmung gerichtet,
- auf Veräußerung gerichtet und
- unbestimmtes Geschäftsmodell.

Wird bei einem Fremdkapitalinstrument sowohl das SPPI-Kriterium erfüllt und fällt es auch in das auf Vereinnahmung gerichtete Geschäftsmodell, so erfolgt die Folgebewertung zu den fortgeführten Anschaffungskosten.

Wird zwar das SPPI-Kriterium erfüllt, ist das Geschäftsmodell jedoch unbestimmt, erfolgt die Folgebewertung zum Tageswert (Fair Value), wobei Wertänderungen erfolgsneutral in einer gesonderten Rücklage zu erfassen sind. Anlässlich des Abganges des Instruments sind jedoch – im Gegensatz zu Eigenkapitalinstrumenten – diese Rücklagenbeträge ergebniswirksam aufzulösen.

Wird das SPPI-Kriterium bei Fremdkapitalinstrumenten nicht erfüllt, erfolgt die Folgebewertung zum Tageswert (Fair Value), wobei Wertänderungen erfolgswirksam in der Gesamtergebnisrechnung zu erfassen sind.

Finanzinstrumente, die zur Veräußerung bestimmt sind, werden unabhängig von der Erfüllung des SPPI-Kriteriums erfolgswirksam zum Tageswert bewertet.

2.6. Umlaufvermögen

Bewertung des Umlaufvermögens. Für das Anlagevermögen gilt das gemilderte Niederstwertprinzip. Für die Bewertung des Umlaufvermögens ist das strenge Niederstwertprinzip maßgeblich. Das Umlaufvermögen, das nicht dazu dient, dem Unternehmen auf Dauer zur Verfügung zu stehen, kann folgendermaßen eingeteilt werden:

Umlaufvermögen			
monetär			**nicht monetär**
Forderungen und Sonstige Vermögensgegenstände	Wertpapiere und Anteile	Kassenbestand und Guthaben bei Kreditinstituten	Vorräte

Abbildung 42: Einteilung des Umlaufvermögens

2.6.1. Vorräte

Unter dem Posten Vorräte sind auszuweisen:

1. *Roh-, Hilfs- und Betriebsstoffe*
2. *Unfertige Erzeugnisse:* Darunter fallen alle Produkte, die bereits im Unternehmen be- oder verarbeitet, zum Bilanzstichtag jedoch noch nicht fertig gestellt wurden und daher noch nicht auslieferungsfähig sind (standardisierte Produkte bzw. Produkte für den anonymen Markt).
3. *Fertige Erzeugnisse und Waren:* Dabei handelt es sich um erzeugte und erworbene Gegenstände, die aber bereits in einem absatzfähigen Zustand sind.
4. *Noch nicht abrechenbare Leistungen* (langfristige Auftragsfertigung, kein Standardprodukt): Hierbei handelt es sich um einen noch nicht erfüllten und daher noch nicht abrechenbaren Vertrag über die Lieferung eines herzustellenden Gegenstandes oder die Erfüllung einer Leistung, z.B. Bau einer komplexen Anlage eines Anlagenbauunternehmens.
5. *Geleistete Anzahlungen*

Im Rahmen der Abschlussarbeiten sind folgende Aufgaben durchzuführen:

1. Feststellung des Lagerab- bzw. -aufbaus durch Zukauf/Verkauf/Verbrauch
2. Feststellung eines eventuell vorliegenden Schwundes aufgrund der Inventur
3. Bewertung der Vorräte

Die Bewertung des Umlaufvermögens erfolgt zu Anschaffungs- oder Herstellungskosten. Abschreibungen auf das Umlaufvermögen müssen zwingend vorgenommen werden, wenn am Abschlussstichtag der Marktpreis oder Börsenkurs bzw.

der beizulegende Zeitwert niedriger ist. Auch beim Umlaufvermögen müssen Zuschreibungen vorgenommen werden, wenn der Wert wieder höher wird, jedoch dürfen die Anschaffungs- oder Herstellungskosten nicht überschritten werden.

Während des Geschäftsjahres werden bei den Vorräten nur die Zugänge erfasst. Der mengen- und wertmäßige Verbrauch – also der Einsatz an Roh-, Hilfs- und Betriebsstoffen sowie von Handelswaren – im Rahmen der Produktion bzw. des Verkaufs wird erst am Ende des Geschäftsjahres ermittelt und verbucht. Im Sinne eines effizienten Controllings werden in der Praxis diese Umbuchungen monatlich vorgenommen (bei Vorhandensein einer Lagerbuchführung verfügt das Unternehmen über die dafür notwendigen Informationen, lediglich ein etwaiger Schwund kann nur durch körperliche Inventur festgestellt werden).

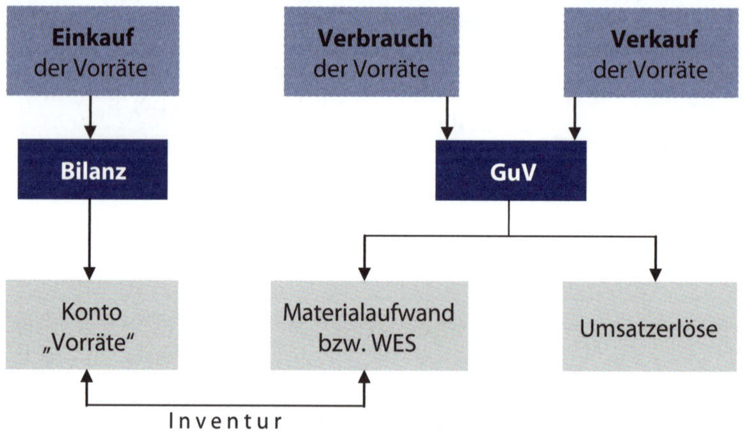

Abbildung 43: Auswirkungen des Wareneinsatzes auf Bilanz und Gewinn- und Verlustrechnung

Wareneinsatzermittlung. Die mengenmäßige Ermittlung des Wareneinsatzes bzw. Materialverbrauchs kann entweder mit Hilfe der direkten oder der indirekten Wareneinsatzermittlung erfolgen.

Die Ermittlung des Wareneinsatzes bzw. des Materialverbrauchs mit Hilfe der indirekten Verbrauchsermittlung setzt keine Lagerbuchführung voraus. Eine Trennung zwischen tatsächlichem Verbrauch und Schwund ist daher nicht möglich. Der Wareneinsatz bzw. Materialverbrauch ergibt sich aus der Gegenüberstellung des Ist-Endbestandes laut Inventur mit dem Stand des Vorratskontos.

Anfangsbestand	1.000
+ Zukäufe	15.000
= Saldo Vorratskonto 31.12.	**16.000**
– Endbestand laut Inventur	**3.000**
Verbrauch	**13.000**

Tabelle 12: Indirekte Wareneinsatzermittlung

Bei der direkten Wareneinsatz-/Materialverbrauchsermittlung ergibt sich der Verbrauch aus der Gegenüberstellung zwischen dem Ist-Endbestand laut Inventur und dem Soll-Endbestand laut Vorratskonto. Hier werden Entnahmen während des Jahres im Rahmen der Lagerbuchführung aufgezeichnet.

Anfangsbestand	1.000
+ Zukäufe	15.000
= Saldo Vorratskonto 31.12.	**16.000**
– Verbrauch lt. Entnahmescheine	12.500
= Soll-Endbestand	**3.500**
– Ist-Endbestand	**3.000**
Schwund	**500**

Tabelle 13: Direkte Wareneinsatzermittlung

Schließlich ist der Endbestand an Vorräten zu bewerten. Auch hier ist das strenge Niederstwertprinzip anzuwenden. Werden die Lagerentnahmen aufgezeichnet (z.B. durch Scannerkassen oder Materialentnahmescheine), ist der Zeitpunkt der Entnahme bekannt.

Um die Entnahme „richtig" zu bewerten, müsste man wissen, von welchem Zukauf die Entnahme stammt. Dieses Wissen ist zum Beispiel im Neuwagenhandel gegeben. (Jedes Auto hat eine Kommissionsnummer. Beim Verkauf des Neuwagens kann der Wareneinsatz daher exakt festgestellt werden.) Die Bewertung erfolgt mit dem sog. „Identitätspreisverfahren".

Meist jedoch werden gleichartige Waren aus unterschiedlichen Zukäufen (mit unterschiedlichen Einstandspreisen) gemeinsam gelagert und es kann nicht ermittelt werden, aus welchem Zukauf die Ware entnommen wurde (Beispiel: Handel mit Autozubehör, wie z.B. Radios, Eiskratzern).

In diesem Fall behilft man sich, indem man entweder

- eine bestimmte Verbrauchsreihenfolge unterstellt (z.B. FIFO – „First in first out") oder
- nach jedem Zugang einen neuen Durchschnittspreis ermittelt und jeden Abgang mit dem jeweils gültigen Durchschnittspreis bewertet (= gleitendes Durchschnittspreisverfahren).

Ist der Marktpreis am Bilanzstichtag niedriger als der ermittelte Wert, ist eine Abwertung der Vorräte zwingend vorgeschrieben (strenges Niederstwertprinzip beim Umlaufvermögen).

Folgende Buchungen ergeben sich im Zusammenhang mit der Vorratsbewertung:

Verbuchung des Wareneinsatzes/Materialverbrauchs:

	5100 bzw. 5010	Verbrauch Rohstoffe bzw. Verbrauch Handelsware
an	1100 bzw. 1600	Rohstoffvorrat bzw. Vorrat Handelswaren

Verbuchung des Schwundes:

	7800	Abschreibung von Vorräten
an	1100 bzw. 1600	Rohstoffvorrat bzw. Vorrat Handelswaren

Verbuchung der Abwertung der Vorräte auf den Marktpreis am Bilanzstichtag:

	7800	Abschreibung von Vorräten
an	1100 bzw. 1600	Rohstoffvorrat bzw. Vorrat Handelswaren

Beispiel 1: Bewertung des Material-/Wareneinsatzes nach dem Identitätspreisverfahren

Die Firma Bike GmbH handelt mit Fahrrädern. Am Beginn des Geschäftsjahres liegen 7 Fahrräder der Marke Cube Agree mit einem Preis von je € 300,00 auf Lager. Der erste Zukauf erfolgte am 15. Februar. Es wurden 15 Stück zu einem Preis von je € 350,00 eingekauft. Folgende Abfassungen sind während des Jahres erfolgt:

vom Anfangsbestand	6 Stück
vom Zukauf	9 Stück

Der Endbestand setzt sich folgendermaßen zusammen:

vom Anfangsbestand	1 Stück
vom Zukauf	5 Stück

Ein Fahrrad wurde bei einem Einbruch gestohlen (stammte aus dem Zukauf).
Der Preis am Bilanzstichtag beträgt € 340,00 je Fahrrad.

Text	Menge	Preis/Stück	€	Betrag
Anfangsbestand	7	300		2.100
Zukauf	15	350		5.250
	22			**7.350**
Abfassungen				
vom Anfangsbestand	–6	300	–1.800	
vom Zukauf	–9	350	–3.150	–4.950
Sollendbestand	**7**			**2.400**
Schwund	–1	350		–350
Istendbestand	**6**			**2.050**
Abwertung	5	10		–50
Bilanzansatz	**1**	**300**	**300**	
	5	340	1.700	2.000

Tabelle 14: Bewertung des Material-/Wareneinsatzes nach dem Identitätspreisverfahren

Folgende Buchungen ergeben sich:
Die Verbuchung des Wareneinsatzes:

	5010	Handelswareneinsatz	4.950	
an	1600	Handelswarenvorrat		4.950

Die Verbuchung des Schwundes und der Abwertung:

	7800	Abschreibung von Vorräten	400	
an	1600	Handelswarenvorrat		400

Beispiel 2: Bewertung des Material-/Wareneinsatzes nach FIFO (First in first out)

Vom Rohstoff A liegen zu Beginn des Geschäftsjahres 2.000 l zu einem Preis pro Liter in Höhe von € 1,20 auf Lager.

Folgende Zukäufe erfolgen während des Jahres:

am 13.5. 11.000 l à € 1,30
am 21.8. 1.200 l à € 1,40

Die Entnahmen während des Jahres betrugen 12.000 l. Der Endbestand beträgt 2.150 l.

Der Preis am Bilanzstichtag liegt für diesen Rohstoff bei € 1,35/l.

Text	Menge	Preis/Liter	Betrag
Anfangsbestand	2.000	1,20	2.400
Zukauf 13.5.	11.000	1,30	14.300
Zukauf 21.8.	1.200	1,40	1.680
	14.200		**18.380**
Abfassungen	–12.000		
davon	–2.000	1,20	–2.400
	–10.000	1,30	–13.000
Sollendbestand	**1.000**	**1,30**	**1.300**
	1.200	1,40	1.680
	2.200		**2.980**
Schwund	–50	1,30	–65
Istendbestand	**2.150**		
	950	1,30	1.235
	1.200	1,40	1.680
	2.150		2.915
Abwertung	1.200	0,05	–60
Bilanzansatz	**2.150**		**2.855**

Tabelle 15: Bewertung des Material-/Wareneinsatzes nach dem FIFO-Verfahren

Die am Bilanzstichtag durchzuführenden Buchungen lauten:

Für die Verbuchung des Rohstoffverbrauchs:

	5100	Rohstoffeinsatz	15.400	
an	1100	Rohstoffvorrat		15.400

Für die Verbuchung des Schwundes und der Abwertung:

	7800	Abschreibung von Vorräten	125	
an	1100	Rohstoffvorrat		125

Dieses Verfahren unterstellt, dass die jeweils ältesten Vorräte zuerst verbraucht bzw. veräußert werden. Der Endbestand setzt sich aus den zuletzt bezogenen Vorräten zusammen.

Beispiel 3: Bewertung des Material-/Wareneinsatzes nach dem gleitenden Durchschnittspreisverfahren

Die Materialbuchhaltung eines Industriebetriebes weist für den Rohstoff X im Monat Jänner folgende Bestände und Bewegungen aus:

Datum	Text	Menge in kg	Preis/kg in €
1. Jan	Anfangsbestand	700	25
3. Jan	Zukauf 1	400	28
10. Jan	Zukauf 2	500	27
13. Jan	Abfassung 1	400	
17. Jan	Zukauf 3	600	29
20. Jan	Abfassung 2	500	
31. Jan	Zukauf 4	200	31

Tabelle 16: Angabe zu den Mengenbewegungen Rohstoff X

Datum	Text	Menge in kg	Preis/kg in €	Betrag
1. Jan	Anfangsbestand	700	25,00	17.500
3. Jan	Zukauf 1	400	28,00	11.200
10. Jan	Zukauf 2	500	27,00	13.500
	Menge	**1.600**	**26,38**	**42.200**
13. Jan	Abfassung 1	400	26,38	10.550
	Menge	**1.200**	**26,38**	**31.650**
17. Jan	Zukauf 3	600	29,00	17.400
	Menge	**1.800**	**27,25**	**49.050**
20. Jan	Abfassung 2	500	27,25	13.625
	Menge	**1.300**	**27,25**	**35.425**
31. Jan	Zukauf 4	200	31,00	6.200
	Sollendbestand	**1.500**	**27,75**	**41.625**
	Istendbestand	**1.450**	**27,75**	**40.238**
	Schwund	**50**	**27,75**	**1.388**

Tabelle 17: Bewertung des Material-/Wareneinsatzes nach dem gleitenden Durchschnittspreisverfahren

Zu buchen sind der Rohstoffeinsatz und der Schwund. Da der Preis am Bilanzstichtag über dem errechneten Durchschnittswert liegt, ist keine Abwertung erforderlich.

Buchung des Rohstoffverbrauchs:

	5100	Rohstoffeinsatz	24.175	
an	1100	Rohstoffvorrat		24.175

Buchung des Schwundes:

	7800	Abschreibung von Vorräten	1.388	
an	1100	Rohstoffvorrat		1.388

Bewertung des Bestands an unfertigen und fertigen Erzeugnissen. Sehen wir uns noch einmal die Bilanz an, finden wir unter dem Posten Vorräte auch die Posten „Unfertige Erzeugnisse" und „Fertige Erzeugnisse und Waren". Die Bewertung der unfertigen Erzeugnisse und der Fertigerzeugnisse finden wir sowohl in der Bilanz als auch in der Gewinn- und Verlustrechnung.

Aktiva	Passiva
A. Anlagevermögen	**A. Eigenkapital**
B. Umlaufvermögen	**B. Rückstellungen**
I. Vorräte	
1. Roh-, Hilfs- und Betriebsstoffe	
2 Unfertige Erzeugnisse	
3. Fertige Erzeugnisse und Waren	
4. Noch nicht abrechenbare Leistungen	**C. Verbindlichkeiten**
5. Geleistete Anzahlungen	
II. Forderungen und sonstige Vermögensgegenstände	
III. Wertpapiere und Anteile	
IV. Kassenbestand, Guthaben bei Kreditinstituten	
C. Rechnungsabgrenzungsposten	**D. Rechnungsabgrenzungsposten**
D. Aktive latente Steuern	
Σ Aktiva	**Σ Passiva**

Umsatzerlöse	
+/–	Veränderungen des Bestandes an fertigen und unfertigen Erzeugnissen
+	Andere aktivierte Eigenleistungen
+	Sonstige betrieblichen Erträge
=	**Betriebsleistung**
–	Aufwendungen für Material und sonstige bezogene Leistungen
–	Personalaufwand
–	Abschreibungen
–	Sonstige betrieblichen Aufwendungen
=	**Betriebserfolg**

Abbildung 44: Bestand an unfertigen und fertigen Erzeugnissen

Der Bestand an Fertigerzeugnissen (bzw. unfertigen Erzeugnissen oder noch nicht abrechenbaren Leistungen) steigt, wenn mehr produziert, als abgesetzt wird.

Den Kosten für diese „Zusatzproduktion" steht nun in der Gewinn- und Verlustrechnung vorerst kein Erlös gegenüber, da die Fertigerzeugnisse noch auf Lager (d.h. noch nicht verkauft) sind.

Ein Lageraufbau würde also das Unternehmensergebnis verschlechtern, da Aufwände bereits angefallen sind, denen aber kein Erlös gegenübersteht – was nicht der „wahren" Unternehmenssituation entspricht.

Aus diesem Grund ist in der Gewinn- und Verlustrechnung die Bestandserhöhung (bewertet zu Herstellungskosten) als Erlös zu buchen.

Herstellungskosten setzen sich aus Materialaufwand, Personalaufwand, Abschreibungen und sonstigen direkt mit den Produkten in Zusammenhang stehenden Aufwendungen zusammen. Seit dem Rechnungslegungs-Änderungsgesetz 2014 besteht auch für Material- und Fertigungsgemeinkosten (siehe dazu Band II Kosten- und Leistungsrechnung) eine Aktivierungspflicht. Für Aufwendungen für Sozialeinrichtungen, freiwillige Sozialleistungen und betriebliche Altersvorsorge und Abfertigungen sowie Fremdkapitalzinsen besteht ein Wahlrecht für den Ansatz.

Bilanz per 31.12.20X1

Bestand an Fertigerzeugnissen	20.000		

Bilanz per 31.12.20X2

Bestand an Fertigerzeugnissen	30.000		

Gewinn- und Verlustrechnung 1.1.–31.12.20X2

		Bestandsveränderung	10.000

Abbildung 45: Auszüge aus den Bilanzen per 31.12.20X1 und 31.12.20X2 sowie der GuV per 31.12.20X2

In der Bilanz per 31.12.20X1 ist der Bestand an Fertigerzeugnissen mit € 20.000,00 ausgewiesen, per 31.12.20X2 mit € 30.000,00, d.h. der Bestand an Fertigerzeugnissen ist gegenüber dem Vorjahr um € 10.000,00 gestiegen. Die Buchung dafür lautet:

	1500	Fertigerzeugnisse	10.000	
an	4500	Bestandsveränderungen		10.000

Wäre die Situation umgekehrt, d.h. der Bestand per 31.12.20X2 um € 10.000 niedriger als im Vorjahr, läge ein Lagerabbau vor, der folgendermaßen gebucht wird:

	4500	Bestandsveränderungen	10.000	
an	1500	Fertigerzeugnisse		10.000

Wesentliche Unterschiede IFRS. Die Bewertung der Vorräte erfolgt nach IFRS zu den Anschaffungs- oder Herstellungskosten.

Die Bewertung der Vorräte zum Bilanzstichtag orientiert sich ausschließlich am Absatzmarkt. Dies bedeutet, dass gesunkene Wiederbeschaffungskosten für Vorräte nicht zwingend zu einer Abwertung führen. Solange mit dem fertigen Produkt insgesamt zumindest ein ausgeglichenes Ergebnis erzielt wird, darf keine Abwertung vorgenommen werden.

Wurden Vorräte im Vorjahr abgewertet und ist der Wert zum aktuellen Bilanzstichtag wieder gestiegen, ist zwingend bis auf die ursprünglichen Anschaffungs- oder Herstellungskosten aufzuwerten.

Als Sonderthema sind Fertigungsaufträge zu erwähnen. Darunter fallen alle längerfristigen Aufträge, die auf kundenspezifischen Wunsch durchgeführt werden. Beispiele dafür sind große Bauvorhaben, aber auch die Herstellung von Schiffen und Großanlagen. Bei diesen Aufträgen kann unter gewissen Voraussetzungen bereits während der Herstellungsphase anteilig ein Gewinn realisiert werden. Beispielsweise können bei der Errichtung einer Brücke durch ein Bauunternehmen bei einer 60 %igen Fertigstellung bereits 60 % des erwarteten Gesamtgewinnes im Ergebnis erfasst werden. Im UGB kann der Gewinn erst bei Fertigstellung erfasst werden. Auch im Ausweis in der Bilanz und Gesamtergebnisrechnung ergeben sich Unterschiede. Während diese Aufträge im UGB unter den Vorräten (noch nicht abrechenbare Leistungen) erfasst werden, erfolgt der Ausweis im IFRS unter den Forderungen aus Lieferungen und Leistungen. In der Gesamtergebnisrechnung (GuV) erfolgt der Ausweis der Veränderung zum Vorjahr unter den Umsatzerlösen. Im UGB wird die Veränderung im Posten Bestandsveränderungen erfasst.

2.6.2. Bewertung von Forderungen

Unter dem Posten Forderungen und sonstige Vermögensgegenstände sind auszuweisen:

- *Forderungen aus Lieferungen und Leistungen:* Dabei handelt es sich um Forderungen, deren Entgelte in der Gewinn- und Verlustrechnung als Umsatzerlöse zu zeigen sind (aber nicht gegenüber verbundenen Unternehmen). Sie entstehen aufgrund erbrachter Lieferungen oder Leistungen.
- *Forderungen gegenüber verbundenen Unternehmen:* Dieser Posten beinhaltet sämtliche kurzfristigen Forderungen gegen verbundene Unternehmen (inklusive jener Forderungen, die aus Lieferungen und Leistungen stammen).
- *Forderungen gegenüber Unternehmen, mit denen ein Beteiligungsverhältnis besteht:* Liegt kein verbundenes Unternehmen vor, sondern nur ein Beteiligungsverhältnis, sind Forderungen gegenüber diesen Unternehmen jeglicher Art unter diesem Posten auszuweisen, wie z.B. Anspruch auf Dividende.

- *Sonstige Forderungen:* Dabei handelt es sich um
  1. Forderungen, die nicht unmittelbar mit den Umsatzerlösen zusammenhängen, wie z.B. Forderungen aus Lieferungen und Leistungen aus dem Verkauf von Anlagevermögen oder Tauschgeschäften
  2. Forderungen infolge von Rücklieferungen an Lieferanten
  3. Rückforderungsansprüche gegenüber Finanzbehörden
  4. Ansprüche auf Versicherungsleistungen und Schadenersatz
  5. eingefordertes Kapital und sonstige Ansprüche aus Dividenden

Forderungen mit einer Restlaufzeit von über einem Jahr sind gesondert in der Bilanz auszuweisen.

Bewertung von Forderungen. Die Bewertung der Forderungen am Abschlussstichtag erfolgt zum *Nennwert* (Anschaffungskosten). Entsprechend dem strengen Niederstwertprinzip sind bei Forderungen jedoch Abschreibungen vorzunehmen, wenn ihr Wert am Bilanzstichtag niedriger ist. Davon ist auszugehen, wenn

- die gänzliche oder teilweise *Uneinbringlichkeit* vermutet wird oder bereits feststeht
- bei Fremdwährungsforderungen Kursverluste vorliegen.

Die gänzliche oder teilweise Uneinbringlichkeit einer Forderung liegt dann vor, wenn

- der Schuldner bereits erfolglos gepfändet wurde
- über das Vermögen des Schuldners das Insolvenzverfahren eröffnet wurde
- die Quote aus dem Sanierungs- oder Konkursverfahren bereits feststeht
- oder das Insolvenzverfahren mangels kostendeckenden Vermögens abgewiesen wurde.

Für die Bewertung von Forderungen gibt es nun drei Möglichkeiten:

- Eine Forderung ist zur Gänze einbringlich, sie ist mit ihrem Nennwert (Anschaffungskosten) in die Bilanz zu übernehmen,
- eine Forderung ist zweifelhaft oder
- eine Forderung ist teilweise oder gänzlich uneinbringlich.

Zweifelhafte Forderungen. Für zweifelhafte Forderungen ist eine *Wertberichtigung* zu bilden. Diese Wertberichtigungen werden von den Forderungen abgezogen und scheinen nicht explizit in der Bilanz auf. Ist eine Forderung dagegen teilweise oder gänzlich uneinbringlich, ist der uneinbringliche Betrag abzuschreiben. In diesem Fall ist auch eine *Korrektur der Umsatzsteuer* erforderlich. Die Buchungssätze für die Vornahme einer Wertberichtigung bzw. der Abschreibung einer Forderung lauten:

Wertberichtigung einer zweifelhaften Forderung:

	7805	Zuweisung zu Einzelwertberichtigung zu Forderungen
an	2080	Einzelwertberichtigung zu Forderungen

bzw. wenn der Saldo des Kontos Einzelwertberichtigungen aus dem Vorjahr größer als die zu bildende Einzelwertberichtigung ist:

	2080	Einzelwertberichtigung zu Forderungen
an	4870	Erträge aus der Auflösung von Wertberichtigungen

Der Stand des Kontos Einzelwertberichtigung wird im Rahmen der jährlichen Abschlussarbeiten angepasst (entweder erfolgt durch Einbuchen weiterer Zuweisungen eine Erhöhung oder durch Auflösung von Zuweisungen eine Herabsetzung). Einzelwertberichtigungen sind für den Bilanzausweis von den entsprechenden Forderungen abzuziehen.

Die vollständige oder teilweise Abschreibung einer Forderung ist zu buchen:

	7802	Abschreibungen von Forderungen 20 %
	3500	Umsatzsteuer
an	2...	Kundenforderung

Grundsätzlich kommt bei der Bewertung von Forderungen der *Grundsatz der Einzelbewertung* zur Anwendung. Um jedoch auch für noch nicht erfassbare Ausfallrisiken Vorsorge zu treffen und somit dem strengen Niederstwertprinzip Rechnung zu tragen, erlaubt das Unternehmensrecht neben der Bildung von Einzelwertberichtigungen auch die Bildung einer *Pauschalwertberichtigung*. Bei der Pauschalwertberichtigung wird der voraussichtliche Forderungsausfall aufgrund der bisherigen Erfahrung festgestellt – dazu werden Forderungen in Abhängigkeit von dem ihnen anhaftenden Dubiosenrisiko in Gruppen zusammengefasst (z.B. nach Regionen, Abnehmergruppen). Der Pauschalsatz beträgt dabei einen bestimmten Prozentsatz der zum Bilanzstichtag bestehenden Forderungen. Bei der Bildung von Pauschalwertberichtigungen ist keine Umsatzsteuerberichtigung vorzunehmen.

Das Einkommensteuergesetz erlaubt keine pauschalen Wertberichtigungen! (Aus diesem Grund wird auf die Pauschalwertberichtigung auch nicht weiter eingegangen.)

Sehen wir uns die praktische Umsetzung der Einzelwertberichtigung von Forderungen anhand eines Beispiels an:

Einzel- und Pauschalbewertung von Forderungen

	Salden per 31.12.	Soll	Haben
2000	Lieferforderungen	90.200	
2080	Einzelwertber. zu Lieferford. Inland		600

Tabelle 18: Auszug aus der Saldenliste per 31.12.

Die Forderung in Höhe von € 7.200,00 gegen den Kunden Leone (20036) ist vollkommen uneinbringlich. Die Forderung von € 7.920,00 gegen den Kunden Tomaselli (20069) ist voraussichtlich nur zu 40 % einbringlich. Die Forderungen enthalten einheitlich 20 % USt.

Zunächst ist der Nettobetrag der zu berichtigenden bzw. abzuschreibenden Forderungen zu ermitteln.

Kunde	Bruttoforderung	Nettoforderung
Leone	7.200	6.000
Tomaselli	7.920	6.600

Da die Forderung gegenüber dem Kunden Leone als vollkommen uneinbringlich eingestuft wird, ist sie – mit Umsatzsteuerberichtigung – abzuschreiben.

	7802	Abschreibungen von Forderungen 20 %	6.000	
	3500	Umsatzsteuer	1.200	
an	20036	Kunde Leone		7.200

Die Einbringlichkeit der Forderung gegenüber dem Kunden Tomaselli wird mit 40 % eingestuft, d.h. 60 %, das entspricht € 3.960, werden als zweifelhaft angesehen und somit wertberichtigt. Bevor die Buchung vorgenommen wird, ist die Höhe der Wertberichtigung mit dem Saldo des Kontos Einzelwertberichtigung abzustimmen.

Nettoforderung Kunde Tomaselli	6.600
davon sind 60 % als zweifelhaft anzusehen	3.960
Stand des Kontos Einzelwertberichtigung	600
Zuweisung	**3.360**

Die Zuweisung erfolgt mit dem Buchungssatz:

	7805	Zuweisung zu Einzelwertberichtigung zu Forderungen	3.360	
an	2080	Einzelwertberichtigung zu Forderungen		3.360

Das Konto Einzelwertberichtigung zu Forderungen weist einen Saldo in Höhe von € 3.960 auf. Dieser Saldo scheint in der Bilanz nicht auf, er wird mit dem Konto Forderungen aus Lieferungen und Leistungen saldiert.

Fremdwährungsforderungen. Bei Fremdwährungsforderungen ist neben einer Abschreibung aufgrund von Uneinbringlichkeit bzw. Zweifelhaftigkeit eine Abschreibung bei *Kursverlusten* vorzunehmen. Dies erfolgt mit dem Buchungssatz:

	7815	Fremdwährungs-Kursverluste
an	2...	Kundenkonto

Ergibt sich bei der Umrechnung der Fremdwährungsforderung ein *Kursgewinn*, darf dieser aufgrund des Realisationsprinzips nicht ausgewiesen werden.

Wesentliche Unterschiede IFRS. Forderungen werden im IFRS unter die Finanzinstrumente eingeordnet. Diese sind bei der erstmaligen Erfassung (d.h. der Entstehung der Forderung) zum Transaktionspreis zu bewerten. Dieser entspricht bei Forderungen im Regelfall den Anschaffungskosten. Die weitere Bewertung der im Umlaufvermögen ausgewiesenen Forderungen erfolgt grundsätzlich zu fortgeführten Anschaffungskosten.

Die Berechnung der Wertminderung (Wertberichtigung) der Forderungen aus Lieferungen und Leistungen kann vereinfacht mit dem erwarteten Ausfall während der gesamten Laufzeit erfolgen. Eine pauschale Wertberichtigung wie im UGB ist nicht zulässig. Die Wertberichtigung in den IFRS hat sich entweder an konkreten Informationen oder an Erfahrungswerten zu orientieren.

Fremdwährungsforderungen sind mit dem Umrechnungskurs zum Stichtag zu bewerten, ein Kursgewinn ist abweichend vom UGB zu realisieren.

2.6.3. Sonstiges Umlaufvermögen

Wertpapiere des Umlaufvermögens. Wertpapiere des Umlaufvermögens unterscheiden sich von jenen des Anlagevermögens durch ihre Zweckbestimmung.

Der Zweck der Wertpapiere des Umlaufvermögens liegt vor allem in der kurzfristigen rentablen Anlage oder der Liquiditätssicherung. Liegt der Kurs der Wertpapiere am Abschlussstichtag unter jenem des Anschaffungstages, ist zwingend eine Abwertung vorzunehmen.

Sehen wir uns die Bewertung der Wertpapiere des Umlaufvermögens anhand eines Beispiels an:

Am 20. Juli 20X1 wurden 3.000 Aktien zum Kurs von € 21,00/Stück von der EDV-AG angeschafft. Am 31. Dezember 20X1 beträgt der Kurs € 24,00; am 31. Dezember 20X2 € 17,00. Am 31. Dezember 20X3 beträgt der Kurs € 25,00.

Wie entwickeln sich die Bilanzansätze per 31. Dezember 20X1, 20X2 und 20X3, wenn die Aktien zum Umlaufvermögen gehören?

Anzahl Aktien: 3.000

Datum	Kurs der Aktie	Anschaffungswert	Bilanzansatz
20.07.20X1	21	63.000	
31.12.20X1	24		63.000
31.12.20X2	17		51.000
31.12.20X3	25		63.000

Tabelle 19: Entwicklung der Bilanzansätze

Das UGB sieht für das Umlaufvermögen eine Zuschreibungspflicht vor, wenn der beizulegende Zeitwert am Bilanzstichtag über dem Bilanzansatz des Vorjahres liegt. Eine Aufwertung über die Anschaffungs- bzw. Herstellungskosten ist nicht erlaubt.

Beim *Kassenbestand* und *Guthaben bei Kreditinstituten* wird jener Wert in die Bilanz aufgenommen, der dem aktuellen Kassenbestand am Bilanzstichtag entspricht, bzw. bei Bankguthaben erfolgt der Ansatz gemäß dem vorliegenden Bankauszug. Abwertungen können sich nur ergeben, wenn ausländische Währungen bzw. Bankguthaben in Fremdwährungen am Bilanzstichtag vorhanden sind, denn entsprechend dem strengen Niederstwertprinzip ist ein niedrigerer Vergleichswert, der sich aus dem zum Bilanzstichtag geltendem Valuten- bzw. Devisenkurs ergeben kann, zwingend anzusetzen. Eine Aufwertung über die Anschaffungskosten ist nicht zulässig.

Wesentliche Unterschiede IFRS. Wertpapiere des Umlaufvermögens sowie der Kassenbestand und Guthaben bei Kreditinstituten werden zu den Finanzinstrumenten gezählt. Da bei diesen Posten eine kurzfristige Realisierung unterstellt wird, erfolgt in den IFRS eine Bewertung zum Tageswert (unabhängig von den ursprünglichen Anschaffungskosten). Sämtliche Wertänderungen werden in der Gesamtergebnisrechnung (GuV) ergebniswirksam erfasst.

2.6.4. Rechnungsabgrenzungsposten

Aktive und passive Rechnungsabgrenzungsposten. Eine Rechnungsabgrenzung wird immer dann erforderlich, wenn Erträge und Einzahlungen bzw. Aufwendungen und Auszahlungen zeitlich auseinanderfallen. Rechnungsabgrenzungen dienen somit der periodenreinen Abgrenzung von Erträgen und Aufwendungen, wenn Leistung und Gegenleistung zeitlich auseinanderfallen und über den Bilanzstichtag hinausreichen. Unter einer *aktiven Rechnungsabgrenzung* sind Auszahlungen vor dem Abschlussstichtag zu verstehen, die eigentlich bereits die nächste Periode betreffen (z.B. Vorauszahlung der Versicherungsprämie im Oktober für ein Jahr im Voraus). Der Teil der Vorauszahlung, der das nächste Geschäftsjahr betrifft, ist unter dem Posten Rechnungsabgrenzung in der Bilanz auszuweisen. Das betrifft jedoch nicht geleistete Anzahlungen auf Vermögensgüter, diese sind unter den jeweiligen Posten im Anlage- bzw. Umlaufvermögen auszuweisen!

Als Buchungen ergeben sich:

	2900	Aktive Rechnungsabgrenzung
an	7...	Aufwandskonto

Bei Auflösung der aktiven Rechnungsabgrenzung am Beginn des nächsten Geschäftsjahres ist zu buchen:

	7...	Aufwandskonto
an	2900	Aktive Rechnungsabgrenzung

Beispiel für eine aktive Rechnungsabgrenzung:

Die Versicherungsprämie in Höhe von € 6.000 (= € 500 p.m.) für den Zeitraum 1.4.20X1 bis 31.3.20X2 wird Ende März 20X1 von uns an die Versicherung bezahlt.

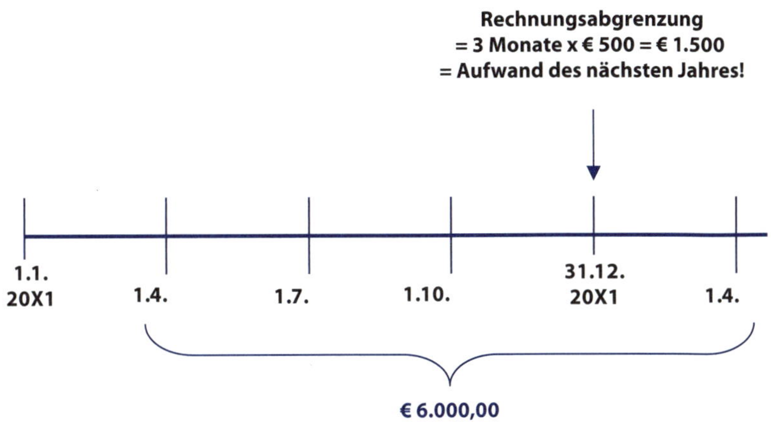

Abbildung 46: Beispiel für aktive Rechnungsabgrenzung

1.4.20X1

	7700	Versicherungsaufwand	4.500	
	2900	Aktive Rechnungsabgrenzung	1.500	
an	2700	Kassa		6.000

1.1.20X2

	7700	Versicherungsaufwand	1.500	
an	2900	Aktive Rechnungsabgrenzung		1.500

Umgekehrt kann es auch vorkommen, dass unser Unternehmen Einnahmen erzielt, die ganz oder teilweise das neue Geschäftsjahr betreffen. In diesem Fall handelt es sich um eine *passive Rechnungsabgrenzung*, die dann auch auf der Passivseite der Bilanz ausgewiesen wird (z.B. ein im Voraus erhaltener Mietertrag). Auch hier gilt analog zur Aktivseite, dass erhaltene Anzahlungen auf Bestellungen unter den Verbindlichkeiten auszuweisen sind!

Die Buchung dafür lautet:

	4...	Ertragskonto
an	3900	Passive Rechnungsabgrenzung

Zu Beginn des neuen Geschäftsjahres ist die passive Rechnungsabgrenzung mit dem Buchungssatz

	3900	Passive Rechnungsabgrenzung
an	4...	Ertragskonto

aufzulösen.

Beispiel für eine passive Rechnungsabgrenzung:
Wir erhalten die Miete für ein von uns vermietetes Grundstück in Höhe von € 12.000 (= € 1.000 p.m.) für den Zeitraum von 1.7.20X1 bis 30.6.20X2 im Voraus bezahlt.

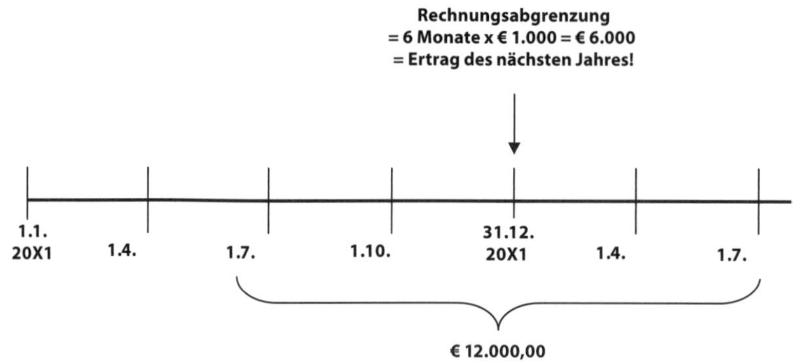

Abbildung 47: Beispiel für passive Rechnungsabgrenzung

1.7.20X1

	2700	Kassa	12.000	
an	4810	Mieterträge		6.000
an	3900	Passive Rechnungsabgrenzung		6.000

1.1.20X2

	3900	Passive Rechnungsabgrenzung	6.000	
an	4810	Mieterträge		6.000

Wesentliche Unterschiede IFRS. Die IFRS kennen keinen gesonderten Ausweis von Rechnungsabgrenzungsposten. Diese werden grundsätzlich unter den Forderungen oder Verbindlichkeiten erfasst.

2.6.5. Aktive latente Steuern

§ 198 Abs 9 und 10 UGB sehen für aktive latente Steuern eine Ansatzpflicht für mittelgroße und große Kapitalgesellschaften vor, für kleine Kapitalgesellschaften besteht ein Ansatzwahlrecht. Für aktive latente Steuern aus Verlustvorträgen besteht unabhängig von der Größe ein generelles Ansatzwahlrecht.

Latente Steuern ergeben sich aufgrund von unterschiedlichen Wertansätzen im Unternehmens- und Steuerrecht, soweit sich diese in späteren Geschäftsjahren voraussichtlich wieder auflösen. Die Ermittlung dieser temporären Differenzen erfolgt durch Gegenüberstellung der Bilanzansätze in Unternehmens- und Steuerbilanz und resultiert sowohl aus Bewertungs- als auch aus Ansatzunterschieden. Die Bewertung erfolgt mit dem Steuersatz der steuerlichen Be- oder Entlastung künftiger Geschäftsjahre. Eine Abzinsung des ermittelten Betrages ist nicht zulässig.

Aktive und passive latente Steuern sind zu saldieren. Ein passiver Überhang ist in der Bilanz unter den Rückstellungen zu erfassen. Der aktive Überhang ist, wie bereits oben erläutert, je nach Größenklasse der Gesellschaft verpflichtend oder wahlweise zu aktivieren. In Anlehnung an IAS 12 ist eine Saldierung nur dann möglich, wenn die latenten Steuern mit Ertragsteuern in Verbindung stehen und von derselben Steuerbehörde erhoben werden. Unterschiedliche Fristigkeiten stehen einer Saldierung nicht entgegen.

Die aktiven latenten Steuern werden in der Bilanz unter einem gesonderten Posten erfasst.

In der Gewinn- und Verlustrechnung sind die latenten Steuern – gesondert – unter dem Posten „Steuern aus Einkommen und Ertrag" darzustellen.

Gemäß § 238 Abs 1 Z 3 UGB ist im Anhang anzugeben, auf welchen Differenzen oder steuerlichen Verlustvorträgen die latenten Steuern beruhen und mit welchem Steuersatz die Bewertung erfolgt ist. Ebenfalls angeführt werden müssen die im Laufe des Geschäftsjahres erfolgten Veränderungen (Auflösung, Dotierung) der latenten Steuern.

Wenn kleine Kapitalgesellschaften von ihrem Wahlrecht zur Aktivierung von latenten Steuern Gebrauch machen, sind auch sie verpflichtet, diese Angaben im Anhang darzustellen.

Wesentliche Unterschiede IFRS. Die Berechnung der latenten Steuern ist grundsätzlich vergleichbar. Für aktive latente Steuern besteht jedoch eine generelle Ansatzpflicht, wenn die Voraussetzungen erfüllt sind. Die Angabepflichten sind im IFRS wesentlich umfangreicher.

2.7. Eigenkapital

Wenden wir uns nun der Passivseite der Bilanz zu.

Werfen wir zuerst nochmals einen Blick auf die Bilanz:

Aktiva		**Passiva**	
A.	**Anlagevermögen**	**A.**	**Eigenkapital**
I.	Immaterielle Vermögensgegenstände	I.	Nennkapital (Grund-, Stammkapital)
II.	Sachanlagen	II.	Kapitalrücklagen
III.	Finanzanlagen	III.	Gewinnrücklagen
		IV.	Bilanzgewinn (Bilanzverlust)
B.	**Umlaufvermögen**		*davon Gewinnvortrag/Verlustvortrag*
I.	Vorräte		
II.	Forderungen und sonstige Vermögensgegenstände		
III.	Wertpapiere und Anteile	**B.**	**Rückstellungen**
IV.	Kassenbestand, Guthaben bei Kreditinstituten		
C.	**Rechnungsabgrenzungsposten**	**C.**	**Verbindlichkeiten**
D.	**Aktive latente Steuern**	**D.**	**Rechnungsabgrenzungsposten**
Σ	**Aktiva**	**Σ**	**Passiva**

Tabelle 20: Bilanzdarstellung

Die Passivseite gliedert sich in die Posten:

- Eigenkapital,
- Rückstellungen,
- Verbindlichkeiten,
- Passive Rechnungsabgrenzungsposten.

Zum Eigenkapital zählen jene Mittel, welche dem Unternehmen vom Eigentümer bzw. den Gesellschaftern zur Verfügung gestellt werden. Es dient zur Abdeckung von Verlusten und übernimmt eine Haftungsfunktion für Unternehmensschulden. Das Eigenkapital kann sich aus Sach- und Geldeinlagen und sonstigen Einlagen der Eigenkapitalgeber zusammensetzen. Stammen die finanziellen Mittel von außen, spricht man von Außenfinanzierung. Nicht entnommene Gewinne führen ebenso zu einer Erhöhung des Eigenkapitals. Stammen die Mittel daher aus dem Unternehmen selbst, handelt es sich um Innenfinanzierung. Je nach Rechtsform des Unternehmens sind der Ausweis und die Struktur des Eigenkapitals unterschiedlich. Bei Einzelunternehmen wird das Eigenkapital auf einem variablen Eigenkapitalkonto ausgewiesen, dem ein Verrechnungskonto (das Konto „Privat") vorgeschaltet ist. Die laufenden Einlagen und Entnahmen werden während des Jahres auf diesem Konto verbucht. Am Ende des Geschäftsjahres werden der Saldo des Privatkontos sowie der in der Gewinn- und Verlustrechnung ermittelte Erfolg des Unternehmens (Gewinn oder Verlust) auf das Eigenkapitalkonto übertragen.

Abbildung 48: Darstellung des Eigenkapitals bei Einzelunternehmen

Eigenkapital bei Personengesellschaften. Für jeden Gesellschafter ist ein eigenes Kapitalkonto zu führen. Dieses kann für die unbeschränkt haftenden Gesellschafter variabel (ähnlich dem Eigenkapitalkonto des Einzelunternehmers) oder fest sein. In diesem Fall sind die Entnahmen bzw. Einlagen und die Gewinne bzw. Verluste über eigene Konten zu führen. Für den Kommanditisten gibt es nur ein festes Kapitalkonto, auf dem seine Einlage ausgewiesen ist. Solange der Kommanditist diese zugesagte (und eingeforderte) Einlage nicht voll einbezahlt hat, ist diese auf der Aktivseite der Bilanz als Forderung der Gesellschaft gegenüber dem Kommanditisten auszuweisen. Eine nicht eingeforderte ausstehende Einlage ist demgegenüber offen von der Einlage des Kommanditisten abzusetzen. Der Kommanditist kann nur von den ihm zustehenden Gewinnanteilen Entnahmen tätigen. Fällige ausstehende Einlagen können mit diesen Gewinnanteilen verrechnet werden. Der Gewinnausschüttungsanspruch der Gesellschafter entsteht mangels gesellschaftsvertraglicher Regelung mit der Feststellung des Jahresabschlusses. Zu diesem Zeitpunkt ist der Anspruch auf Verbindlichkeiten umzubuchen. Verlustanteile sind offen von der Einlage des Kommanditisten abzusetzen.

Eigenkapital bei Kapitalgesellschaften. Bei Kapitalgesellschaften (Gesellschaften mit beschränkter Haftung und Aktiengesellschaften) umfasst das Eigenkapital folgende Posten:

Bilanz per 31.12.

Aktiva	Passiva
Anlagevermögen	**Eigenkapital**
	Nennkapital
	(= Grund- oder Stammkapital)
	Kapitalrücklagen
Umlaufvermögen	Gebundene (z.B. Agio)
	Nicht gebundene
	Gewinnrücklagen
	Gesetzliche
	Satzungsmäßige
	Freie
	Bilanzgewinn
	Fremdkapital

Abbildung 49: Darstellung des Eigenkapitals bei einer Kapitalgesellschaft

Eigenkapital bei einer GmbH. Bei einer Gesellschaft mit beschränkter Haftung (GmbH) wird das Nennkapital als „Stammkapital“ bezeichnet. Es beinhaltet die Stammeinlagen aller Gesellschafter. Die Höhe des Mindeststammkapitals beträgt € 35.000,00. Mit dem Abgabenänderungsgesetz 2014 wurde die Möglichkeit der Gründung einer so genannten „gründungsprivilegierten GmbH“ geschaffen. Durch die Inanspruchnahme der Gründungsprivilegierung gemäß § 10b GmbHG ist die Gründung einer GmbH mit dem reduzierten Startkapital von € 10.000,00 möglich, davon muss man € 5.000,00 bar einbezahlen. Sacheinlagen sind nicht erlaubt. In einer Zeitspanne von 10 Jahren muss das Stammkapital jedoch auf € 35.000,00 aufgestockt werden.

Eigenkapital bei einer AG. Bei einer Aktiengesellschaft (AG) handelt es sich, wie auch bei einer GmbH, um eine Gesellschaft mit eigener Rechtspersönlichkeit (juristische Person). Die Gesellschafter sind mit Einlagen auf das in Aktien zerlegte „Grundkapital“ beteiligt. Eine persönliche Haftung für die Verbindlichkeiten der Gesellschaft besteht nicht. Der Mindestnennbetrag des Grundkapitals beläuft sich auf € 70.000,00.

Ausstehende, noch nicht eingeforderte Einlagen sind offen vom Grund- oder Stammkapital abzusetzen. Dagegen sind ausstehende, aber bereits eingeforderte Einlagen unter den Forderungen auszuweisen (§ 229 Abs. 1 UGB).

Abbildung 50: Zusammensetzung der Kapitalrücklagen und der Gewinnrücklagen bei einer Kapitalgesellschaft

Unter den *Kapitalrücklagen* wird von außen (durch die Gesellschafter, Aktionäre) zugeführtes Eigenkapital ausgewiesen. Je nach Zweck der Bildung unterscheidet man zwischen gebundenen und nicht gebundenen Kapitalrücklagen. Während die gebundenen Kapitalrücklagen nur zum Ausgleich eines sonst auszuweisenden Bilanzverlustes verwendet werden dürfen, besteht bei den ungebundenen Kapitalrücklagen keine derartige Beschränkung. Diese können auch zur Erhöhung des Gewinns aufgelöst werden, was folglich eine Erhöhung der Ausschüttungsbasis bewirkt.

In den *Gewinnrücklagen* dagegen werden nicht ausgeschüttete Gewinne ausgewiesen (Innenfinanzierung). Ihre Bildung erfolgt im Rahmen der Ergebnisverwendung (nach dem Jahresüberschuss). Gewinnrücklagen können demnach über die vergangene Entwicklung des Unternehmens Auskunft geben. Zuweisungen zu Gewinnrücklagen schmälern den ausgewiesenen Gewinn einer Kapitalgesellschaft, Auflösungen erhöhen ihn. Zuweisungen zu und Auflösungen von Gewinnrücklagen beeinflussen die Gewinnverwendung, da sie zu einer Veränderung des ausgewiesenen Bilanzergebnisses führen und folglich zur Steuerung des Ausschüttungspotenzials herangezogen werden können. Steuerlich ist es unerheblich, ob der Gewinn ausgeschüttet wird oder nicht, da Zuweisungen zu Gewinnrücklagen keinen steuerlichen Aufwand (Betriebsausgabe) darstellen, ebenso wie die Auflösung nicht steuerpflichtig ist, da Gewinnrücklagen bereits aus versteuerten Gewinnen gebildet wurden.

Aktiengesellschaften und große GmbHs müssen gebundene Rücklagen ausweisen, die aus den gebundenen Kapitalrücklagen und der gesetzlichen Rücklage (Gewinnrücklage) bestehen (§ 229 Abs. 2 Z 4 UGB). Diese gebundenen Rücklagen dürfen nur zum Ausgleich von Verlusten, nicht jedoch für Ausschüttungen verwendet werden.

Eröffnungsbilanz AG

Aktiva	Passiva	
	Grundkapital	1.000
	Kapitalrücklagen	200

Der Jahresüberschuss (= Gewinn nach Steuern) beträgt 300. Davon sind 5 % in die gesetzliche Gewinnrücklage einzustellen (= 15). Die geplante Dividende beträgt 10 % des Grundkapitals (= 100). Der restliche Gewinn soll im Unternehmen verbleiben (Thesaurierung = 185, d.h. er wird einer Gewinnrücklage zugeführt).

Schlussbilanz AG

Aktiva	Passiva	
	Grundkapital	1.000
	Kapitalrücklagen	200
	Gewinnrücklage	200
	Bilanzgewinn	100

Abbildung 51: Beispiel für die Entwicklung des Eigenkapitals bei einer Aktiengesellschaft

Bilanzgewinn/-verlust. Der Bilanzgewinn/-verlust errechnet sich aus dem Jahresüberschuss/-fehlbetrag des laufenden Geschäftsjahres zuzüglich der Veränderung bei den Rücklagen sowie zuzüglich eines vorhandenen Gewinnvortrages (bzw. abzüglich eines Verlustvortrages). Der Bilanzgewinn/-verlust des Vorjahres bildet – sofern keine Ausschüttungen stattgefunden haben – den Gewinn-/Verlustvortrag im laufenden Geschäftsjahr.

Die im Eigenkapital von Kapitalgesellschaften ausgewiesenen Gewinnrücklagen werden aus versteuerten Gewinnen gebildet.

Eigene Aktien sind offen vom Eigenkapital (Nennbetrag und den nicht gebundenen Kapitalrücklagen oder freien Gewinnrücklagen) abzusetzen.

Wesentliche Unterschiede IFRS. Eigenkapital wird in den IFRS als der Saldo aus Vermögenswerten und Schulden gesehen. Die aus der Neubewertung von Sachanlagen und immateriellen Vermögenswerten resultierenden Aufwertungsbeträge sind als gesondert darzustellende Rücklagen im Eigenkapital zu erfassen. Für die Abgrenzung zwischen Eigenkapital und Fremdkapital existieren komplizierte Regelungen.

2.8. Fremdkapital

Wenden wir uns nun dem Fremdkapital im Unternehmen zu. Zum Fremdkapital zählen:

- Rückstellungen
- Verbindlichkeiten und
- passive Rechnungsabgrenzungsposten (siehe dazu 2.6.4. Rechnungsabgrenzungsposten).

2.8.1. Rückstellungen

Rückstellungen sind für *ungewisse Verbindlichkeiten* und *drohende Verluste* aus schwebenden Geschäften zu bilden, die am Abschlussstichtag wahrscheinlich oder sicher, aber hinsichtlich ihrer *Höhe* oder des *Zeitpunkts ihres Eintritts unbestimmt* sind. Die Dotation einer Rückstellung stellt einen Aufwand dar, dem zunächst keine Auszahlung gegenübersteht. Die Rückstellungsbildung vermindert im Jahr der Bildung den Gewinn bzw. erhöht den Verlust.

Der Buchungssatz für die Bildung einer Rückstellung lautet:

	78...	Dotation Rückstellung für ...
an	3...	Rückstellung für ...

Mit Bildung dieser Rückstellung wird der zukünftig erwartete Aufwand aus dem Eintritt des Verlustes in der Bilanz *passiviert.*

Tritt dann der Zahlungsmittelabfluss aus dem Verlust in einer späteren Periode tatsächlich ein, sind drei Varianten zu unterscheiden.

Entspricht die tatsächliche Zahlung exakt der Höhe der für diesen Schadensfall gebildeten Rückstellung, ist diese mit dem Buchungssatz

	3...	Rückstellung für ...
an	2.../3...	Zahlungsmittel bzw. Verbindlichkeit

zu erfassen. Man spricht von einem **„Verbrauch der Rückstellung“**. Unterliegt der zu zahlende Betrag der Umsatzsteuer, kommt im Soll noch das Konto 2500 Vorsteuer dazu. Auf den Erfolg des Unternehmens wirkt sich diese Buchung nicht aus.

Hat das Unternehmen den Schaden zu hoch geschätzt (demnach eine zu hohe Rückstellung gebildet), lautet der Buchungssatz:

	3...	Rückstellung für ...
an	2.../3...	Zahlungsmittel bzw. Verbindlichkeit
an	4700	Erträge aus der Auflösung von RST

Hier wird von einer **„Auflösung der Rückstellung“** gesprochen. Bei einem umsatzsteuerpflichtigen Sachverhalt ist im Soll noch zusätzlich das Konto 2500 Vorsteuer zu bebuchen.

Hat das Unternehmen dagegen den erwarteten Schaden zu gering eingeschätzt und dafür eine zu niedrige Rückstellung gebildet, ist zu buchen:

	3...	Rückstellung für ...
	7...	Aufwand für ...
an	2.../3...	Zahlungsmittel bzw. Verbindlichkeit

Zusätzlich ist im Soll wieder die Vorsteuer zu buchen, wenn der zu zahlende Betrag der Umsatzsteuer unterliegt.

Natürlich kann es auch vorkommen, dass eine Rückstellung nicht mehr benötigt wird. Da die Bildung der Rückstellung gewinnmindernd vorgenommen wurde, ist in diesem Fall die nicht mehr benötigte Rückstellung gewinnerhöhend mit dem Buchungssatz

	3...	Rückstellung für ...
an	4700	Erträge aus der Auflösung von RST

aufzulösen.

Die Rückstellung selbst ist daher ein Passivposten in der Bilanz – sozusagen eine „ungewisse Verbindlichkeit“, die so lange bestehen bleibt, bis die endgültige Höhe der Verbindlichkeit feststeht.

Folgende Rückstellungen sind in der Bilanzgliederung nach UGB vorgesehen:

1. Rückstellungen für Abfertigungen
2. Rückstellungen für Pensionen
3. Steuerrückstellungen: Diese sind für noch nicht festgesetzte Steuern zu bilden, soweit sie nicht schon durch Vorauszahlungen beglichen wurden.
4. Sonstige Rückstellungen: Dazu zählen Rückstellungen für drohende Verluste aus schwebenden Geschäften, Prozesskosten, Gewährleistungen, Garantien, nicht konsumierte Urlaube, Jubiläumsgelder, Produkthaftung sowie Aufwandsrückstellungen.

Abfertigungsrückstellung. Bei der Aufzählung der unternehmens- und steuerrechtlich anerkannten Rückstellungen ist auch die Abfertigungsrückstellung angeführt. Die *Abfertigung nach altem Recht* ist eine Zahlung des Arbeitgebers an den Arbeitnehmer bei Beendigung des Dienstverhältnisses unter folgenden Voraussetzungen:

- Kündigung durch den Arbeitgeber
- Ungerechtfertigte und unverschuldete Entlassung
- Berechtigter vorzeitiger Austritt des Arbeitnehmers
- Ablauf eines befristeten Dienstverhältnisses (Zeitablauf)

Die Höhe des Abfertigungsanspruchs beträgt nach Vollendung einer ununterbrochenen Dienstzeit von:

- 3 Jahren 2 Monatsentgelte
- 5 Jahren 3 Monatsentgelte
- 10 Jahren 4 Monatsentgelte
- 15 Jahren 6 Monatsentgelte
- 20 Jahren 9 Monatsentgelte
- 25 Jahren 12 Monatsentgelte

Bei der *Abfertigung nach dem neuen System* wird die Abfertigung in Mitarbeitervorsorgekassen ausgelagert. Ab dem zweiten Monat des Arbeitsverhältnisses muss der Arbeitgeber monatlich 1,53 Prozent des Bruttoentgeltes (auch von Urlaubs- und Weihnachtsgeld) mit dem Sozialversicherungsbeitrag an die Krankenkasse zahlen. Die Krankenkasse prüft diesen Beitrag und leitet ihn an die jeweilige Mitarbeitervorsorgekasse weiter.

- Hinsichtlich der Abfertigungsrückstellung ist Folgendes anzumerken: Unternehmensrechtlich waren für zum 31.12.2002 aufrechte Dienstverhältnisse in der Bilanz Rückstellungen für Abfertigungen zu bilden. Dabei wurden die Altersstruktur der Belegschaft, die Fluktuation, das Geschlecht sowie die Sterbewahrscheinlichkeit berücksichtigt. Vereinfachend konnte auch ein bestimmter Prozentsatz der fiktiven Ansprüche angesetzt werden. Die fiktiven Ansprüche sind jene Abfertigungsbeträge, die bei Auflösung aller Dienstverhältnisse zum jeweiligen Bilanzstichtag theoretisch anfallen.

Betriebliches Mitarbeitervorsorgegesetz. Das betriebliche Mitarbeitervorsorgegesetz – BMVG ist mit 1. Juli 2002 in Kraft getreten. Es ist jedoch erst auf Arbeitsverhältnisse anzuwenden, deren vertraglich vereinbarter Beginn nach dem 31. Dezember 2002 liegt. Durch die steuerlichen Begleitmaßnahmen ergaben sich ab dem Wirtschaftsjahr 2003 einschneidende Änderungen bei der Bildung der steuerrechtlichen Abfertigungsrückstellung. Es war eine Reduktion der Abfertigungsrückstellung und ein sukzessiver Abbau der Wertpapierdeckung für Altrückstellungen sowie eine wirklich „steuerfreie“ Auflösung der steuerrechtlichen Abfertigungsrückstellung auf das Kapitalkonto bzw. auf eine als versteuert geltende Rücklage möglich, um den Umstieg in das System der Abfertigung Neu für Arbeitgeber attraktiver zu gestalten. Zusätzlich können Aufwendungen, die nach der Auflösung der Abfertigungsrückstellung entstehen, verteilt über fünf Jahre als Betriebsausgabe abgesetzt werden.

Für Arbeitnehmer, deren Arbeitsverhältnis schon vor dem 1.1.2003 bestand, bestehen folgende Möglichkeiten:

- Sie bleiben zur Gänze im alten System
- Arbeitgeber und Arbeitnehmer können durch eine schriftliche Einzelvereinbarung einen Übertritt des Arbeitnehmers in das neue System vorsehen. Zwei Varianten stehen zur Auswahl:
  - Teilübertritt (die bis zum Übertrittstag erworbenen Ansprüche im System Abfertigung „alt“ werden eingefroren, ab dem Tag des Übertritts befindet sich der Arbeitnehmer im System Abfertigung „neu“) und
  - Vollübertritt (der Arbeitnehmer wechselt zur Gänze in das System „neu“, wobei aufgrund einer individuellen Vereinbarung zwischen Arbeitnehmer und Arbeitgeber die Höhe der vom Arbeitnehmer im alten System erworbenen Ansprüche, die vom Arbeitgeber in die MV-Kasse einzuzahlen sind, geregelt werden muss).

Für alle nicht in das neue Abfertigungssystem übergetretenen Arbeitnehmer gelten unternehmensrechtlich nach wie vor die Regeln der finanzmathematisch errechneten Abfertigungsrückstellung.

Bewertung von Rückstellungen. Rückstellungen sind in der Bilanz auf Basis einer bestmöglichen Schätzung mit dem Erfüllungsbetrag anzusetzen. Rückstellungen mit einer Restlaufzeit über ein Jahr sind abzuzinsen. Sie sind mit jenem Betrag anzusetzen, mit dem das Unternehmen voraussichtlich in Anspruch genommen wird bzw. den es zur Abdeckung des Risikos benötigt. Dabei muss sich die Bewertung auf objektiv nachprüfbare Sachverhalte stützen. Stellt sich in einem späteren Geschäftsjahr heraus, dass die Rückstellung zu hoch oder zu niedrig gebildet wurde, ist eine Anpassung an den neuen Wert zwingend vorzunehmen.

Für die Bewertung der einzelnen Rückstellungsarten gilt Folgendes:

- *Rückstellungen für Abfertigungen, Pensionen und Jubiläumsgelder* sind nach versicherungsmathematischen Grundsätzen zu bilden.
- *Rückstellungen für ungewisse Verbindlichkeiten* sind mit ihrem voraussichtlichen Erfüllungsbetrag zu bewerten. Beispiele für ungewisse Verbindlichkeiten sind, nicht konsumierte Urlaube, Produkthaftungsrisiken, Kosten für die Aufstellung, Prüfung und Veröffentlichung des Jahresabschlusses, Prozesskosten für am Abschlussstichtag laufende bzw. drohende Prozesse, aber auch Gewährleistungen bzw. Garantien für ausgelieferte Produkte bzw. für erbrachte Leistungen.

- *Rückstellungen für drohende Verluste aus schwebenden Geschäften* sind in Höhe des voraussichtlichen Verlustes anzusetzen. Ein schwebendes Geschäft liegt dann vor, wenn zwischen dem Unternehmen und einem Dritten eine vertragliche Beziehung vorliegt, die im Geschäftsjahr abgeschlossen, am Bilanzstichtag jedoch noch nicht erfüllt worden ist.
  Für Rückstellungen für ungewisse Verbindlichkeiten und für drohende Verluste aus schwebenden Geschäften besteht eine Ansatzpflicht.
- *Aufwandsrückstellungen* liegen weder rechtliche noch faktische Verpflichtungen Dritten gegenüber zugrunde, sondern es liegt eine Verpflichtung nach innen vor. Aufwandsrückstellungen haben eine Art „Vorsorgecharakter" im Rahmen der betrieblichen Innenfinanzierung, da sie für eine Ausschüttungssperre sorgen. Ein typischer Anwendungsfall einer Aufwandsrückstellung zeigt sich bei jährlich vorgeschriebenen, aber unterlassenen Instandhaltungsmaßnahmen. Die Bildung eine Aufwandsrückstellung ist zulässig, weil der Aufwand wirtschaftlich der Abschlussperiode zurechenbar ist. Für Aufwandsrückstellungen besteht ein Ansatzwahlrecht (§ 198 Abs. 8 Z 2 UGB). Steuerlich werden Aufwandsrückstellungen nicht anerkannt (§ 9 Abs. 1 EStG).

Gebildete Rückstellungen sind so lange beizubehalten, wie der Grund für ihre Bildung besteht. Nicht mehr benötigte Rückstellungen sind aufzulösen.

Wesentliche Unterschiede IFRS. In den IFRS bestehen spezielle Regelungen für Rückstellungen im Zusammenhang mit Leistungen für Mitarbeiter (Rückstellung für Abfertigungen, Pensionen, Jubiläumsgelder usw.). Diese sind nach versicherungsmathematischen Grundsätzen zu ermitteln. Teile der Veränderungen der Rückstellungen für Abfertigungen und Pensionen sind ergebnisneutral im Eigenkapital zu erfassen.

Rückstellungen, die eher einen Abgrenzungscharakter aufweisen (z.B. Rückstellungen für Prüfung und Veröffentlichung von Jahresabschlüssen), werden in den IFRS unter den Verbindlichkeiten erfasst.

Aufwandsrückstellungen sind in den IFRS nicht zulässig. Rückstellungen sind insgesamt nur dann in der Bilanz zu berücksichtigen, wenn die Wahrscheinlichkeit des Eintrittes der Verpflichtung über 50 % liegt, darunter sind diese möglichen Verpflichtungen grundsätzlich nur im Anhang zu beschreiben.

Eine Sonderstellung nehmen Ertragsteuern (zB Körperschaftsteuer) ein. Wie im UGB sind laufende Steuern zu bilanzieren. Für fast sämtliche Unterschiede in den Wertansätzen der Vermögenswerte und Schulden nach IFRS und der Steuerbilanz sind sogenannte „latente Steuern" zu bilden. Diese sind gesondert in der Bilanz auszuweisen. Ebenso sind unter gewissen Voraussetzungen für steuerliche Verlustvorträge aktive latente Steuern in der Bilanz zu erfassen. Im UGB besteht für diesen Posten ein generelles Wahlrecht.

2.8.2. Verbindlichkeiten

Im Unterschied zu den Rückstellungen sind bei Verbindlichkeiten Höhe und Fälligkeit der Schulden bekannt. Als Verbindlichkeit bezeichnet man somit jene Verpflichtungen des Unternehmens, die am Bilanzstichtag sowohl dem Grunde als auch der Höhe nach feststehen. Verbindlichkeiten sind in der Bilanz wie folgt zu gliedern:

- Anleihen (in festverzinslichen Wertpapieren verbriefte Verbindlichkeiten)
- Verbindlichkeiten gegenüber Kreditinstituten (Darlehen und Kredite bei in- und ausländischen Kreditinstituten)
- Erhaltene Anzahlungen auf Bestellungen
- Verbindlichkeiten aus Lieferungen und Leistungen (Verbindlichkeiten aus der Anschaffung von Roh-, Hilfs- und Betriebsstoffen, Waren, Sachanlagen etc.)
- Verbindlichkeiten aus der Annahme gezogener Wechsel und der Ausstellung eigener Wechsel
- Verbindlichkeiten gegenüber verbundenen Unternehmen
- Verbindlichkeiten gegenüber Unternehmen, mit denen ein Beteiligungsverhältnis besteht
- Sonstige Verbindlichkeiten
- Verbindlichkeiten aus Steuern (Umsatzsteuer-Zahllast, Lohnsteuer, Kommunalsteuer)
- Verbindlichkeiten im Rahmen der sozialen Sicherheit (d.h. gegenüber Sozialversicherungsträgern)
- Übrige

Anleihen. Bei Anleihen handelt es sich um Fremdkapital, das große Unternehmen durch Inanspruchnahme des öffentlichen Kapitalmarktes aufbringen. Anleihen stellen langfristiges Fremdkapital dar.

Verbindlichkeiten gegenüber Kreditinstituten. In den Verbindlichkeiten gegenüber Kreditinstituten sind sowohl Kontokorrentkredite als auch langfristige Investitionskredite zur Finanzierung des Anlagevermögens enthalten (siehe dazu auch Kapitel 1.10.7. Verbuchung von sonstigen Aufwendungen).

Anzahlungen. Anzahlungen werden vor allem im Großanlagenbau vom Auftraggeber geleistet. Diesen steht die im Umlaufvermögen ausgewiesene Posten „Halbfertige und fertige Erzeugnisse“ gegenüber. Bei der Betrachtung der Bilanz sollte man die Höhe der erhaltenen Anzahlungen mit den halbfertigen und fertigen Erzeugnissen vergleichen. Sind die vom Auftraggeber geleisteten Anzahlungen höher als die Posten der halbfertigen und fertigen Erzeugnisse, ist mit einer Verschlechterung der Liquidität im kommenden Jahr zu rechnen, da die bereits bezahlten Leistungen erst erbracht werden müssen. Anzahlungen stellen einen unverzinsten Kredit dar.

Verbindlichkeiten aus Lieferungen und Leistungen. Lieferverbindlichkeiten entstehen, wenn gelieferte Waren oder erbrachte Leistungen nicht sofort bezahlt werden. In der Regel wird der Lieferantenkredit mit bestimmten Konditionen gewährt, z.B.: „Bei Zahlung innerhalb von 30 Tagen kann ein Skonto von 3 % abgezogen werden, das Zahlungsziel beträgt 60 Tage." Eine optimale Ausnützung der Skonti kann zu einer Verbesserung der finanziellen Situation im Unternehmen beitragen.

Wechselverbindlichkeiten. Unter dem Posten Wechselverbindlichkeiten werden Verbindlichkeiten, die wechselmäßig verbrieft wurden, verrechnet.

Verbindlichkeiten gegenüber verbundenen Unternehmen. In den Verbindlichkeiten gegenüber verbundenen Unternehmen und in den Verbindlichkeiten gegenüber Unternehmen, mit denen ein Beteiligungsverhältnis besteht, sollen sämtliche Verbindlichkeiten aus dem Waren-, Leistungs- und Finanzverkehr gegenüber verbundenen Unternehmen ausgewiesen werden (z.B. von der Konzernmutter gewährte Lieferantenkredite).

Sonstige Verbindlichkeiten. Bei dem Posten „Sonstige Verbindlichkeiten" handelt es sich um einen Sammelposten, in dem all jene Verbindlichkeiten aufgenommen sind, deren gesonderter Ausweis nicht verlangt wird, wie z.B. Steuerschulden, Schulden gegenüber der Krankenkasse, Schadenersatzverbindlichkeiten, noch nicht ausbezahlte Dividenden, Gesellschafterdarlehen.

Verbindlichkeiten sind in der UGB-Bilanz hinsichtlich ihrer Fristigkeit aufzuteilen. In der Bilanz sind Verbindlichkeiten mit einer Restlaufzeit bis zu einem Jahr und mehr als einem Jahr gesondert auszuweisen.

Bewertung von Verbindlichkeiten. Bei der Bewertung von Verbindlichkeiten ist nach dem *strengen Höchstwertprinzip* vorzugehen. Der Anschaffungswert stellt die Untergrenze dar, ein höherer Tageswert am Bilanzstichtag ist auszuweisen, dies gilt vor allem bei Verbindlichkeiten in fremder Währung. Grundsätzlich sind Verbindlichkeiten mit ihrem *Erfüllungsbetrag* zu bewerten.

Wesentliche Unterschiede IFRS. Der überwiegende Teil der Verbindlichkeiten wird in den IFRS als Finanzinstrumente eingestuft. Diese sind grundsätzlich zu den fortgeführten Anschaffungskosten zu bilanzieren. Fremdwährungsverbindlichkeiten sind jedenfalls zum Stichtagskurs (unabhängig von den ursprünglichen Anschaffungskosten) zu bewerten.

2.9. Struktur und Inhalte der Gewinn- und Verlustrechnung

In der Gewinn- und Verlustrechnung (GuV) wird der Erfolg des Unternehmens in einer Rechnungsperiode ermittelt. Man spricht daher auch von der Erfolgsrechnung. Der Erfolg kann ein Gewinn oder ein Verlust sein.

Alle Erträge und Aufwendungen, die sich während der Abrechnungsperiode ergeben, werden einander gegenübergestellt. Sind die Erträge größer als die Aufwendungen, ergibt sich ein Gewinn, überwiegen jedoch die Aufwendungen gegenüber den Erträgen, handelt es sich um einen Verlust.

Hinsichtlich der formalen Kriterien sind zwei Fragen zu beantworten:

- Kontoform versus Staffelform (siehe Abbildung 52 bzw. Tabelle 21)
- Gesamtkostenverfahren versus Umsatzkostenverfahren.

Die erste Frage beantwortet sich aufgrund gesetzlicher Vorschriften. Denn es gibt auch in der Gewinn- und Verlustrechnung bezüglich der Gliederung eine *formelle Unterscheidung* zwischen Einzelunternehmen und Personengesellschaften (geregelt in § 200 UGB) und Kapitalgesellschaften (§ 231 UGB). Während die Kapitalgesellschaften die Vorschriften des § 231 UGB einzuhalten und somit bei der Ermittlung des Erfolges zwingend die *Staffelform* anzuwenden haben, können Einzelunternehmen und Personengesellschaften Erträge und Aufwendungen unter Bedachtnahme auf die Grundsätze des § 195 UGB gliedern.

Beim Ausweis der Gewinn- und Verlustrechnung in *Kontoform* sind die Erträge auf der rechten Seite und die Aufwendungen auf der linken Seite zu finden.

Aufwendungen	**Erträge**
Betriebsaufwendungen	Betriebserträge
Finanzaufwendungen	Finanzerträge
Steueraufwand	
Gewinn	

Abbildung 52: Gewinn- und Verlustrechnung in Kontoform

Im Falle, dass die Aufwendungen die Erträge übersteigen, befindet sich der Saldo der Gewinn- und Verlustrechnung auf der rechten Seite. Es handelt sich dann um einen Verlust.

Der Vorteil dieser Darstellungsform liegt im *sofortigen Ausweis* der Aufwands- und Ertragssumme. Da aber der Zweck der Gewinn- und Verlustrechnung darin besteht, die Ursachen für das Zustandekommen des Jahresergebnisses aufzuzeigen, und aus der Kontoform die Erfolgsspaltung in Betriebsergebnis und Finanzergebnis nicht möglich ist, findet diese Darstellungsform in der Praxis kaum Anwendung.

Wie aus Tabelle 21 ersichtlich, werden bei der Gliederung der Gewinn- und Verlustrechnung in Staffelform die Aufwendungen von den Erträgen abgezogen, wobei sachlich zusammengehörige Aufwands- und Ertragspositionen zusammengefasst und davon Zwischensummen gebildet werden.

Zwischenergebnisse sind das *Betriebsergebnis* und das *Finanzergebnis*. Die Summe aus Betriebsergebnis und Finanzergebnis bezeichnet man als „Ergebnis vor Steuern.

Betriebsergebnis und Finanzergebnis abzüglich Ertragsteuern bilden das Jahresergebnis, das entweder ein *Jahresüberschuss* (bei Vorliegen eines Gewinnes) bzw. ein *Jahresfehlbetrag* (bei Vorliegen eines Verlustes) ist.

	Umsatzerlöse
+/–	Veränderung des Bestandes an fertigen und unfertigen Erzeugnissen
+	Andere aktivierte Eigenleistungen
+	Sonstige betriebliche Erträge
–	Aufwendungen für Material und sonstige bezogene Herstellungsleistungen
–	Personalaufwand
–	Abschreibungen
–	Sonstige betriebliche Aufwendungen
=	**Betriebsergebnis**
+	Erträge aus Beteiligungen
+	Erträge aus anderen Wertpapieren und Ausleihungen des Finanzanlagevermögens
+	sonstige Zinsen und ähnliche Erträge
+	Erträge aus dem Abgang von und der Zuschreibung zu Finanzanlagen und Wertpapieren des Umlaufvermögens
–	Aufwendungen aus Finanzanlagen und aus Wertpapieren des Umlaufvermögens
–	Zinsen und ähnliche Aufwendungen, davon betreffend verbundene Unternehmen
=	**Finanzergebnis**
=	**Ergebnis vor Steuern (= Betriebsergebnis + Finanzergebnis)**
–	Steuern vom Einkommen und vom Ertrag
=	**Ergebnis nach Steuern**
–	Sonstige Steuern
=	**Jahresüberschuss/Jahresfehlbetrag**
+	Auflösung von Kapital-/Gewinnrücklagen
–	Zuweisung zu Gewinnrücklagen
+/–	Gewinnvortrag/Verlustvortrag aus dem Vorjahr
=	**Bilanzgewinn (Bilanzverlust)**

Tabelle 21: Gewinn- und Verlustrechnung in Staffelform

2.9.1. Gesamtkostenverfahren versus Umsatzkostenverfahren

Wenden wir uns nun der zweiten Frage zu. Soll die Gewinn- und Verlustrechnung nach dem Gesamtkosten- oder dem Umsatzkostenverfahren erstellt werden? Vorweg soll bereits die zentrale Frage beantwortet werden. Gibt es einen Unterschied im Ergebnis, je nach Anwendung eines der beiden Verfahren? Nein, beide Systeme führen zum selben Ergebnis. Sie unterscheiden sich jedoch in ihrem Zugang und in ihrer Bezugsbasis.

Während das *Gesamtkostenverfahren* von den gesamten Aufwendungen der Periode und damit von der Produktionsmenge ausgeht, orientiert sich das *Umsatzkostenverfahren* an der Verkaufsmenge.

Gesamtkostenverfahren. Beim Gesamtkostenverfahren werden demnach die *gesamten Aufwände* der Abrechnungsperiode den *Umsatzerlösen* gegenübergestellt, unabhängig davon, ob sie für die verkauften oder auf Lager produzierten Waren angefallen sind. Um die Produktions- und Verkaufsmengen aufeinander abzustimmen, werden die Kosten für die auf Lager gelegten Produkte mit Hilfe des Erlöspostens „Bestandsveränderung" ausgeglichen. Bestandsmehrungen erhöhen die Leistung, Bestandsminderungen verringern sie:

- Werden mehr Waren produziert als verkauft, so sind die Aufwendungen der Periode in Relation zum Umsatz zu hoch. Die Herstellungskosten der auf Lager gelegten Produkte sind durch eine positive Bestandsveränderung den Umsätzen hinzuzurechnen.
- Können mehr Waren verkauft als produziert werden, so sind die Produktionskosten verhältnismäßig zu gering. Die Umsatzerlöse sind um die Herstellungskosten der vom Lager genommenen Produkte in Form einer negativen Bestandsveränderung zu korrigieren.

Das Gesamtkostenverfahren ist nach dem „Primärprinzip", d.h. nach den ursprünglichen Aufwandsarten wie Löhne, Material etc., gegliedert.

Umsatzkostenverfahren. Das Umsatzkostenverfahren nimmt als Bezugsbasis die abgesetzte Leistung. Den Umsatzerlösen werden nur diejenigen Aufwendungen gegenübergestellt, welche für die *verkauften* Produkte angefallen sind. Die Herstellungskosten der Absatzmenge werden unabhängig davon, ob sie in der laufenden Periode oder bereits früher angefallen sind, ausgewiesen. Im Gegenzug bleiben die Kosten für produzierte, jedoch noch nicht abgesetzte Leistungen unberücksichtigt. Alle verkauften Waren werden so betrachtet, als wären sie im betreffenden Zeitraum auch hergestellt worden. Verwaltungskosten und Forschungs- und Entwicklungskosten, die nicht direkt umsatzabhängig sind, sowie Vertriebskosten, die teils umsatz-, teils periodenbedingt sind, werden als Funktions- bzw. Bereichskosten nach ihrem tatsächlichen Anfall ausgewiesen.

Das Umsatzkostenverfahren ist im Gegensatz zum Gesamtkostenverfahren nicht nach Kostenarten, sondern nach Kostenstellen gegliedert. Kostenstellen sind betriebliche Verantwortungsbereiche, wie z.B. die Produktion, die Materialwirtschaft, Verwaltung, denen Kosten eindeutig zugerechnet werden können (mehr zu diesem Thema erfahren Sie im Band II Kosten- und Leistungsrechnung).

Beide Verfahren müssen zum selben Betriebsergebnis führen. Sie unterscheiden sich jedoch wesentlich in der Art und der Struktur, wie sie dieses Ergebnis ermitteln. Struktur und Höhe des Finanzergebnisses sind bei beiden Verfahren ident.

Die Aussagekraft beider Verfahren wird unterschiedlich bewertet. Das Gesamtkostenverfahren gibt in seiner Kostenartengliederung ein klares, produktionsorientiertes Bild der Kostenstruktur des Unternehmens. Durch die Unterteilung in Material-, Personalkosten, Abschreibung etc. werden Verschiebungen der Kostenanteile z.B. durch Fremdbezug anstatt Eigenfertigung erkennbar. Der explizite Ausweis der Bestandsveränderungen und aktivierten Eigenleistungen zeigt die Mengen- bzw. Wertrelation von Absatz und Produktion.

Demgegenüber spiegelt das Umsatzkostenverfahren die Kostenstruktur des Unternehmens nach funktionalen Bereichen wider. Die Zusammenfassung der informativen Einzelposten des Gesamtkostenverfahrens auf den dominanten, undurchsichtigen Pauschalblock Herstellungskosten im Umsatzkostenverfahren wird häufig kritisiert.

		Gesamtkostenverfahren		Umsatzkostenverfahren
Unterschiede		Umsatzerlöse		Umsatzerlöse
	+/–	Bestandsveränderungen	–	Herstellungskosten der abgesetzten Menge (Cost of Sales)
	+	andere aktivierte Eigenleistungen		
	+	sonstige betriebliche Erträge	=	Bruttoergebnis vom Umsatz
	=	Gesamtleistung	–	Vertriebskosten
	–	Materialaufwand	–	Verwaltungskosten
	–	Personalaufwand	+	sonstige betriebliche Erträge
	–	Abschreibungen	–	sonstige betriebliche Aufwendungen
	–	sonstiger betrieblicher Aufwand		
Gemeinsamkeiten	=	**Betriebsergebnis**		
	+/–	**Finanzergebnis**		
	=	**Ergebnis vor Steuern**		
	–	Steuern vom Einkommen und Ertrag		
	=	**Jahresüberschuss**		

Abbildung 53: Gegenüberstellung Gesamtkosten-/Umsatzkostenverfahren

Sofern das Umsatzkostenverfahren angewendet wird, müssen im Anhang nach § 237 Z 4 UGB zusätzliche Angaben zum Material- und Personalaufwand gemacht werden. Der Gesamtbetrag der in einem Jahr angefallenen Aufwendungen für diese beiden Aufwandsarten ist aus der nach dem Umsatzkostenverfahren erstellten Gewinn- und Verlustrechnung nicht mehr erkennbar. Diese Aufwendungen können auf andere Posten (z.B. auf die Herstellungskosten oder Vertriebskosten) verteilt sein.

Gesamtkostenverfahren	Umsatzkostenverfahren
• Keine Kostenstellen- und Kostenträgerrechnung notwendig, Kostenträgerrechnung für die Bewertung der Bestandsveränderung in Nebenrechnung erforderlich	• Kostenträgerrechnung erforderlich
• Gesamte Periodenkosten ersichtlich	• Nur die Kosten der Absatzmenge ersichtlich
• Kostenarten ersichtlich	• Funktionskosten, Produkterfolg ersichtlich
• Wertschöpfung, Fertigungstiefe, Cashflow etc. ableitbar	• Außenstehende benötigen Zusatzinformationen
• Produktionsorientiert	• Marktorientiert
• Außerhalb Europas wenig verbreitet	• International akzeptiert

Tabelle 22: Gesamtkosten- versus Umsatzkostenverfahren

§ 231 UGB: Bei Anwendung des Gesamtkostenverfahrens sind auszuweisen:

1. Umsatzerlöse
2. Veränderung des Bestands an fertigen und unfertigen Erzeugnissen sowie an noch nicht abrechenbaren Leistungen
3. Andere aktivierte Eigenleistungen
4. Sonstige betriebliche Erträge:

   a) Erträge aus dem Abgang vom und der Zuschreibung zum Anlagevermögen mit Ausnahme der Finanzanlagen

   b) Erträge aus der Auflösung von Rückstellungen

   c) Übrige
5. Aufwendungen für Material und sonstige bezogene Herstellungsleistungen:

   a) Materialaufwand

   b) Aufwendungen für bezogene Leistungen
6. Personalaufwand:

   a) Löhne

   b) Gehälter

   aa) Aufwendungen für Abfertigungen und Leistungen an betriebliche Mitarbeitervorsorgekassen

   bb) Aufwendungen für gesetzlich vorgeschriebene Sozialabgaben sowie vom Entgelt abhängige Abgaben und Pflichtbeiträge

7.	Abschreibungen:
	a) auf immaterielle Gegenstände des Anlagevermögens und Sachanlagen
	b) auf Gegenstände des Umlaufvermögens, soweit diese die im Unternehmen üblichen Abschreibungen überschreiten
8.	sonstige betriebliche Aufwendungen:
	a) Steuern, soweit sie nicht unter Z 18 fallen
	b) übrige
9.	**Zwischensumme aus Z 1 bis 8**
10.	Erträge aus Beteiligungen, davon aus verbundenen Unternehmen
11.	Erträge aus anderen Wertpapieren und Ausleihungen des Finanzanlagevermögens, davon aus verbundenen Unternehmen
12.	sonstige Zinsen und ähnliche Erträge, davon aus verbundenen Unternehmen;
13.	Erträge aus dem Abgang von und der Zuschreibung zu Finanzanlagen und Wertpapieren des Umlaufvermögens
14.	Aufwendungen aus Finanzanlagen und aus Wertpapieren des Umlaufvermögens, davon haben Gesellschaften, die nicht klein sind, gesondert auszuweisen:
	a) Abschreibungen
	b) Aufwendungen aus verbundenen Unternehmen
15.	Zinsen und ähnliche Aufwendungen, davon betreffend verbundene Unternehmen
16.	**Zwischensumme aus Z 10 bis 15**
17.	**Ergebnis vor Steuern (Zwischensumme aus Z 9 und Z 16)**
18.	Steuern vom Einkommen und vom Ertrag
19.	**Ergebnis nach Steuern**
20.	Sonstige Steuern, soweit nicht unter den Posten 1 bis 19 enthalten
21.	**Jahresüberschuss/-fehlbetrag**
22.	Auflösung von Kapitalrücklagen
23.	Auflösung von Gewinnrücklagen
24.	Zuweisung zu Gewinnrücklagen
25.	Gewinnvortrag/Verlustvortrag aus dem Vorjahr
26.	**Bilanzgewinn/Bilanzverlust**

Tabelle 23: Muster Gesamtkostenverfahren

Bei Anwendung des Umsatzkostenverfahrens sind auszuweisen:

1.	Umsatzerlöse
2.	Herstellungskosten der zur Erzielung der Umsatzerlöse erbrachten Leistungen
3.	**Bruttoergebnis vom Umsatz**
4.	Vertriebskosten
5.	Allgemeine Verwaltungskosten
6.	Sonstige betriebliche Erträge, wobei Gesellschaften, die nicht klein sind, folgende Beträge aufgliedern müssen: a) Erträge aus dem Abgang vom und der Zuschreibung zum Anlagevermögen mit Ausnahme der Finanzanlagen b) Erträge aus der Auflösung von Rückstellungen c) Übrige
7.	Sonstige betriebliche Aufwendungen
8.	**Zwischensumme aus Z 1 bis 7**
9.	Erträge aus Beteiligungen, davon aus verbundenen Unternehmen
10.	Erträge aus anderen Wertpapieren und Ausleihungen des Finanzanlagevermögens, davon aus verbundenen Unternehmen
11.	Sonstige Zinsen und ähnliche Erträge, davon aus verbundenen Unternehmen
12.	Erträge aus dem Abgang von und der Zuschreibung zu Finanzanlagen und Wertpapieren des Umlaufvermögens
13.	Aufwendungen aus Finanzanlagen und aus Wertpapieren des Umlaufvermögens, davon sind gesondert auszuweisen: a) Abschreibungen b) Aufwendungen aus verbundenen Unternehmen
14.	Zinsen und ähnliche Aufwendungen, davon betreffend verbundene Unternehmen
15.	**Zwischensumme aus Z 9 bis 14**
16.	**Ergebnis vor Steuern**
17.	Steuern vom Einkommen und vom Ertrag
18.	**Ergebnis nach Steuern**
19.	Sonstige Steuern, soweit nicht unter Posten 1 bis 18 enthalten
20.	**Jahresüberschuss/-fehlbetrag**
21.	Auflösung von Kapitalrücklagen
22.	Auflösung von Gewinnrücklagen
23.	Zuweisung zu Gewinnrücklagen
24.	Gewinnvortrag/Verlustvortrag aus dem Vorjahr
25.	**Bilanzgewinn/Bilanzverlust**

Tabelle 24: Muster Umsatzkostenverfahren

Bei beiden Verfahren besteht das gesetzliche Wahlrecht, die Zuweisung und Auflösung von Rücklagen im Anhang darzustellen. Damit endet die Gewinn- und Verlustrechnung mit dem Jahresüberschuss/Jahresfehlbetrag.

Wesentliche Unterschiede IFRS. Während das UGB ein verpflichtendes Gliederungsschema für die Darstellung der GuV vorgibt, bestehen nach den IFRS keine normierten Gliederungsvorschriften. In den Standards sind lediglich Posten vorgeschrieben, die jedenfalls gesondert darzustellen sind. Die Bezeichnung der Gewinn- und Verlustrechnung lautet in den IFRS „Gesamtergebnisrechnung". Das liegt daran, dass neben der im UGB gebräuchlichen Darstellung der Posten bis zum Jahresüberschuss (Jahresgewinn) noch die Veränderungen der im Eigenkapital gesondert dargestellten Rücklagen für die Neubewertung im so genannten „sonstigen Ergebnis" dargestellt werden.

In den IFRS sind ebenfalls das Gesamt- und das Umsatzkostenverfahren zulässig, wobei international das Umsatzkostenverfahren vorrangig angewendet wird.

Für die Erfassung von Umsatzerlösen existieren in den IFRS spezielle Regelungen, die strengere Anforderungen für eine Erfassung vorsehen.

2.10. Blick in die Praxis

Eine von Ocean Tomo im Jahr 2017 durchgeführte Studie zeigt, dass die in Bilanzen erfassten Vermögenswerte ein stetig rückläufiges Element des Shareholder Value darstellen. Während 1975 die Nettovermögenswerte der S&P-500-Unternehmen[2] noch 83 % betrugen, entsprachen sie im Jahr 2015 nur noch 16 % ihrer Marktkapitalisierung. Immaterielle Faktoren wie Vertrauen, Reputation und langfristige Lebensfähigkeit des Geschäftsmodells, die nicht unbedingt in den Bilanzen erfasst werden, haben sich zu zentralen Faktoren für die Wertschöpfung entwickelt. Integrierte Berichterstattung steht dabei an der Spitze dieser Ideen.

2 Der S&P 500 ist ein Aktienindex, der die Aktien von 500 der größten börsennotierten US-amerikanischen Unternehmen umfasst. Der S&P 500 ist nach der Marktkapitalisierung gewichtet und gehört zu den meistbeachteten Aktienindizes der Welt (Quelle: Wikipedia).

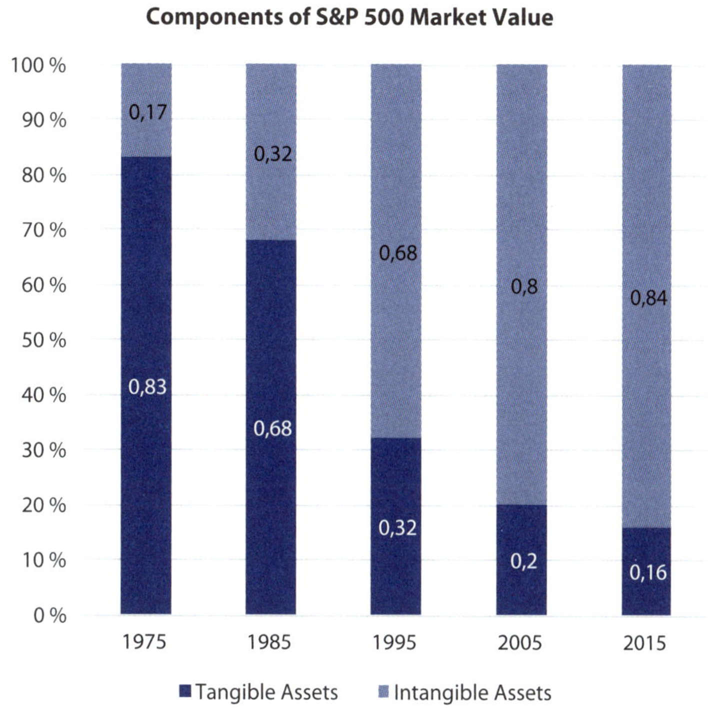

Abbildung 54: Zusammensetzung des Marktwerts der S&P-500-Unternehmen [Quelle: Jährliche Studie über den immateriellen Marktwert 2015, Ocean Tomo; https://www.oceantomo.com/intangible-asset-market-value-study/]

In Geschäftsberichten sind neben den finanziellen Leistungsindikatoren (Kennzahlen zur finanziellen Lage des Unternehmens) auch nichtfinanzielle Leistungsindikatoren beispielsweise zu Umwelt- und Arbeitnehmerbelangen anzuführen, soweit sie für den Geschäftsverlauf relevant sind. Vorbildliche Unternehmen veröffentlichen Geschäfts- und Nachhaltigkeitsberichte mit inhaltlichen Verknüpfungen, verstärkt durch leserfreundliche Verweistechniken und Links. Zentrale Leistungsindikatoren, Schlüsselindikatoren für Nachhaltigkeit oder Key Performance Indicators (KPI), wie etwa Kundenzufriedenheit, spielen dabei sowohl für die Transparenz gegenüber Investoren als auch zur Unternehmenssteuerung eine wichtige Rolle. Integrierte Berichte sind sowohl ein Werkzeug als auch ein symbolisches Zeichen, wie ernsthaft sich Unternehmen zum Thema Nachhaltigkeit bekennen.

Eine Integrierte Berichterstattung („Integrated Reporting") hat zum Ziel, die klassische Finanzberichterstattung (den klassischen Jahresabschluss bzw. Konzernabschluss) und Berichte zu sogenannten „extra-finanziellen" oder „nichtfinanziellen" Aspekten miteinander zu verknüpfen. Zu Letzteren gehören beispielsweise Angaben zu Umwelt-, Sozial- und Governance-Aspekten, zur unternehmerischen Verantwortung (Corporate Social Responsibility), sowie zu nachhaltigem Wirtschaften.

Integrated Reporting soll besser die miteinander verbundenen Auswirkungen von finanziellen, ökologischen, sozialen und Governance-Faktoren auf den langfristigen Unternehmenserfolg und dessen Rahmenbedingungen reflektieren. Damit soll den Nutzern ein – im Vergleich zur klassischen Berichterstattung – umfassenderer Einblick in das Unternehmen ermöglicht werden, indem sie über soziale, ökologische und wirtschaftliche Leistungen ergänzend zu den finanziellen Leistungen informieren.

2.11. Zusammenfassung

Der Jahresabschluss eines Unternehmens stellt die zahlenmäßige Zusammenfassung der unternehmerischen Tätigkeit für eine abgelaufene Geschäftsperiode dar. Abhängig von der Rechtsform und Größe des Unternehmens umfasst der Jahresabschluss die Erstellung der Bilanz und Gewinn- und Verlustrechnung bis zur Kapitalflussrechnung bei kapitalmarktorientierten Unternehmen. Die Jahresabschlussarbeiten beinhalten die Anlagenverrechnung, Ermittlung und Bewertung des Waren-/Materialeinsatzes und Vorrats, Bewertung von Forderungen, Rechnungsabgrenzungen, Ermittlung von Rückstellungen sowie die Bewertung sonstigen Vermögens und der Schulden – alles unter Beachtung der unternehmens- und steuerrechtlichen Vorschriften.

Zunehmend an Bedeutung gewinnt auch die Internationalisierung der Rechnungslegung. Kapitalmarktorientierte Unternehmen haben ihren Konzernabschluss bereits auf IFRS umgestellt. Auch der Mittelstand erkennt zunehmend die Chancen, die sich aus einer Umstellung ergeben. Lediglich Klein- und Mittelbetriebe stehen aus Kosten-/Nutzenüberlegungen einer Umstellung noch skeptisch gegenüber. Die Adressaten der Jahresabschlüsse klein- und mittelständischer Unternehmen stellen in der Regel weniger umfangreiche Informationsanforderungen an die Rechnungslegung. Die IFRS kennen jedoch keine größenabhängigen Erleichterungen wie das UGB. Um IFRS auch für Klein- und Mittelbetriebe attraktiv zu machen, hat das IASB im Jahr 2009 spezielle Regelungen – IFRS for SMEs – veröffentlicht. Diese Regelungen bringen wesentliche Erleichterungen bei den Bilanzierungs- und Bewertungsvorschriften und beschränken ebenso die Angabe- und Erläuterungspflichten. Dennoch ist die Akzeptanz in den deutschsprachigen Ländern nicht gegeben, dies insbesondere, weil eine lange Tradition des Unternehmensrechts existiert. IFRS gewinnen hier durch die Übernahme von Einzelregelungen – beispielsweise der Bilanzierung latenter Steuern – an Bedeutung. Andere Länder – speziell solche mit keinen ausgeprägten lokalen Rechnungslegungsgrundsätzen – haben jedoch bereits diese Regelungen als nationale Rechnungslegungsgrundsätze übernommen. Aus einer Studie des IASB (International Accounting Standards Board) für das Jahr 2018 geht hervor, dass von insgesamt 166 Ländern 144 die IFRS für alle oder einzelne Gesellschaftsformen verlangen. Die IFRS for SMEs werden in 86 von 166 Ländern erlaubt oder verlangt.

2.12. Kontrollfragen

1. Nach welchen Verfahren kann die Gewinn- und Verlustrechnung erstellt werden? Stellen Sie Unterschiede und Gemeinsamkeiten dar.
2. Welche Bewertungsvorschriften gelten für die Erstellung des Jahresabschlusses?
3. Worin besteht der Zweck des Anhangs als Bestandteil des Jahresabschlusses?
4. Wie erfolgt die Bewertung von Fertigerzeugnissen im Rahmen der Bilanzerstellung? Welche Buchung ist bei einem Aufbau der Fertigerzeugnisse vorzunehmen? Welche Auswirkung ergibt sich dadurch?
5. Wie wirken sich Privateinlagen bzw. -entnahmen auf den Erfolg des Unternehmens aus?
6. Wo befinden sich Forderungen aus Lieferungen und Leistungen in der Bilanz und wie wirkt sich ein Forderungsverlust bilanziell aus?
7. Was ist der Unterschied zwischen Abschreibung und Wertberichtigung von Forderungen?
8. Wofür werden Rückstellungen gebildet? Wo finden Sie diese im Jahresabschluss? Wie wirkt sich die Bildung einer Rückstellung auf die Bilanz, die Gewinn- und Verlustrechnung sowie die Finanzplanung aus?
9. Definieren Sie den Begriff „Anschaffungskosten".
10. Worin besteht der Unterschied zwischen aktiven und passiven Rechnungsabgrenzungsposten?
11. Stellen Sie den Aufbau einer Bilanz dar.
12. Erklären Sie das Vorsichtsprinzip mit seinen Ausprägungsformen.
13. Stellen Sie das Eigenkapital einer Kommanditgesellschaft dar.
14. Welche Verfahren zur Bewertung der Vorräte sind Ihnen bekannt?
15. Wie werden Forderungen im Rahmen des Jahresabschlusses behandelt?
16. Wie errechnet sich das Eigenkapital bei einem Einzelunternehmen?
17. Aus welchen Posten setzt sich das Eigenkapital einer Kapitalgesellschaft zusammen?
18. Wie wird der Wertverlust von Anlagen in der Finanzbuchhaltung berücksichtigt? Welche Auswirkungen ergeben sich dadurch in der Bilanz, in der GuV und in der Finanzrechnung? Wie erfolgt die Buchung?
19. Wie erfolgt die Behandlung von Fremdwährungsforderungen/-verbindlichkeiten im Rahmen der Jahresabschlusserstellung?
20. Welche Funktion hat das Eigenkapital in einem Unternehmen?
21. Welche Inventurverfahren sind nach UGB zulässig?
22. Wie kann der Wareneinsatz ermittelt werden?
23. Was umfasst das Finanzanlagevermögen und wie wird es bewertet (Erst- und Folgebewertung)?

2.13. Tutorials

Schwierigkeitsgrad: •

Beispiel T05: Bewertung eines Grundstücks

Unser am 10.8.1972 angeschafftes Betriebsgrundstück hatte bei der Anschaffung einen Quadratmeterpreis von 109,00.

- Dieses Gebiet ist mittlerweile bestens aufgeschlossen worden, es wurde die bedeutendste Industriezone. Der Preis für dieses Grundstück ist daher auf 220,00 pro m^2 gestiegen.
- Die Lage des Grundstücks ist für unseren Betrieb nicht mehr günstig, da der für uns notwendige Bahnanschluss durch die ÖBB stillgelegt wurde. Die meisten anderen Industriebetriebe sind daher bereits abgewandert. Das Grundstück ist jedoch auch nicht für den Wohnbau geeignet. Daher ist der Quadratmeterpreis auf 70,00 gesunken.

Aufgabenstellung

- Zu welchem Quadratmeterpreis wird das Grundstück in den beiden Fällen bewertet?

Lösung

- 109,00
- 70,00

Schwierigkeitsgrad: •

Beispiel T06: Bewertung von Wertpapieren des Anlagevermögens (Beteiligungszwecke)

Aktien eines Partnerunternehmens wurden zum Kurs von 150,00 pro Aktie im Jahr 20X1 erworben.

- Ende 20X1 ist der Kurs auf 148,00 gefallen. Es wird jedoch mit einer baldigen Besserung des Kurses gerechnet.
- Ende 20X2 ist der Kurs auf 100,00 gefallen. Es ist mit einer dauernden Wertminderung zu rechnen.
- Ende 20X3 ist der Kurs wider Erwarten auf 120,00 gestiegen.
- Ende 20X4 beträgt der Kurs bereits 180,00.

Aufgabenstellung

- Mit welchem Kurs sind die Aktien in der Bilanz zu erfassen?

Jahr	Kurs Bilanzansatz
20X1	
20X2	
20X3	
20X4	

Lösung

Jahr	Bilanzansatz
20X1	148/150
20X2	100
20X3	120
20X4	150

Beispiel T07: Berechnung der aktivierungspflichtigen Anschaffungskosten, der Abschreibung und des Restbuchwertes

Schwierigkeitsgrad: •

Eine Zementfabrik in Wels bezieht am 16. Mai eine Maschine um 25.500,00 aus Wien, Frachtkosten 1.016,00 netto, Kosten der Aufstellung 368,00 netto. Die Maschine wird noch im selben Monat in Betrieb genommen. Die voraussichtliche Nutzungsdauer beträgt 4 Jahre.

Aufgabenstellung

- Es sind die aktivierungspflichtigen Anschaffungskosten zu ermitteln.
- Ermitteln und Verbuchen Sie die Abschreibung für das erste Jahr.
- Berechnen Sie den Restbuchwert für das erste Jahr.

Lösung

- Die aktivierungspflichtigen Anschaffungskosten betragen 26.884,00.
- Die Abschreibung im ersten Jahr beträgt 6.721,00.
- Der Restbuchwert am Ende des ersten Jahres beträgt 20.163,00.
- Der Buchungssatz für die Vornahme der Abschreibung lautet:

7010	Abschreibung von Sachanlagen/0400 Maschinen	6.721

Beispiel T08: Lineare Abschreibung

Schwierigkeitsgrad: •

10.3.20X1 ER 1056 Kauf eines Laserdruckers um 1.248,00 + 249,60 USt = 1.497,60; sofortige Inbetriebnahme, Nutzungsdauer vier Jahre, Abschreibung auf den Erinnerungseuro.

Aufgabenstellung

- Berechnung der linearen Abschreibung und Aufstellung der entsprechenden Buchungssätze für die einzelnen Geschäftsjahre und Ermittlung der Buchwerte für die gesamte Nutzungsdauer.

Lösung

Anschaffungskosten netto	1.248	
Nutzungsdauer		4 Jahre

	Abschreibung	Buchwert
Abschreibung 1. Jahr	312	936
Abschreibung 2. Jahr	312	624
Abschreibung 3. Jahr	312	312
Abschreibung 4. Jahr	311	1

Afa für das 1., 2. und 3. Jahr

	7010	Abschreibung von Sachanlagen	312	
an	0660	Betriebs- und Geschäftsausstattung		312

Afa im 4. Jahr

	7010	Abschreibung von Sachanlagen	311	
an	0660	Betriebs- und Geschäftsausstattung		311

Schwierigkeitsgrad: ••

Beispiel T09: Ermittlung und Bewertung des Wareneinsatzes nach dem Identitätspreisverfahren

PC Modell „Delta“

	Menge/Stk.	Preis
Anfangsbestand	6	300
Zukauf	15	350

Abfassungen	
vom Anfangsbestand	5
vom Zukauf	10

Endbestand	
vom Anfangsbestand	1
vom Zukauf	4 Stück (1 Stück wurde bei einem Einbruch gestohlen)
Preis am Abschluss-(Bilanz-)Stichtag	340

Aufgabenstellung

- Bewerten Sie nach dem Identitätspreisverfahren und stellen Sie die Buchungen per 31. Dez. auf, wenn die Wareneinkäufe auf dem Konto 1600 verbucht wurden.

Lösung

	Menge/ Stk.	Preis	Summe
Anfangsbestand	6	300	1.800
Zukäufe	15	350	5.250
	21		**7.050**

Abfassungen				
vom Anfangsbestand	–5	300	–1.500	Wareneinsatz € 5.000,00
vom Zukauf	–10	350	–3.500	
Sollendbestand	**6**		**2.050**	

Ist-Endbestand (zum Einstandspreis)			
vom Anfangsbestand	1	300	300
vom Zukauf	4	350	1.400
	5		**1.700**

Schwund	1	350	350
Abwertung	4	10	40

Bilanzansatz	1	300	300	Wert der Vorräte in der Bilanz € 1.660
	4	340	1.360	

5010 HW-Einsatz PC Modell „Delta"/1600 HW-Vorrat PC Modell „Delta" 5.000
7800 Abschreibungen von Vorräten/1600 HW-Vorrat PC Modell „Delta" 350
7800 Abschreibungen von Vorräten/1600 HW-Vorrat PC Modell „Delta" 40

Beispiel T10: Fertigerzeugnisse

Schwierigkeitsgrad: ••

Ein Produktionsbetrieb weist zum 31.12.20X1 folgende vereinfachte Bilanz auf (in TEUR):

Bilanz per 31.12.20X1

Aktiva		**Passiva**	
Anlagevermögen	10.000	Eigenkapital	8.000
Roh-, Hilfs-, Betriebsstoffe	2.000	Kontokorrentkredit	7.000
Fertigerzeugnisse	3.000		
Σ Aktiva	**15.000**	**Σ Passiva**	**15.000**

- Im Wirtschaftsjahr 20X2 werden Roh-, Hilfs- und Betriebsstoffe im Wert von 15.000 eingekauft. Die Personalaufwendungen belaufen sich auf 8.000, die Abschreibungen betragen 2.000; die sonstigen betrieblichen Aufwendungen 2.500.
- Insgesamt erzielt das Unternehmen Umsatzerlöse von 25.000.
- Alle Zahlungen laufen über den Kontokorrentkredit.
- Der Bestand an Roh-, Hilfs- und Betriebsstoffen zum 31.12.20X2 beträgt 3.500. Der Bestand an Fertigerzeugnissen (bewertet zu Herstellungskosten) beträgt 6.000.

Aufgabenstellung

- Erstellen Sie die Bilanz und Gewinn- und Verlustrechnung für das Jahr 20X2.
- Stellen Sie den Buchungssatz für die Bestandsveränderung dar.

Lösung

Gewinn- und Verlustrechnung für 20X2		Zahlungswirksam
Umsatzerlöse	25.000	25.000
Bestandsveränderung	3.000	0
Betriebsleistung	**28.000**	**25.000**
Materialaufwand	13.500	–15.000
Personalaufwand	8.000	–8.000
Abschreibungen	2.000	0
Sonstige Aufwendungen	2.500	–2.500
Gewinn	**2.000**	**–500**

Ermittlung Materialaufwand	
Anfangsbestand	2.000
Zukäufe	15.000
Endbestand	–3.500
Materialaufwand	**13.500**

Ermittlung Bestandsveränderung Fertigerzeugnisse	
Endbestand	6.000
Anfangsbestand	–3.000
Bestandsveränderung	**3.000**

Buchung der Bestandsveränderung

1500 Fertigerzeugnisse/4500 Bestandsveränderung 3.000

Bilanz per 31.12.20X2

Aktiva		Passiva	
Anlagevermögen	8.000	Eigenkapital	10.000
Roh-, Hilfs-, Betriebsstoffe	3.500	Kontokorrentkredit	7.500
Fertigerzeugnisse	6.000		
Σ Aktiva	**17.500**	**Σ Passiva**	**17.500**

Beispiel T11: Einzelwertberichtigung von Forderungen

Schwierigkeitsgrad: ••

31.12.20X1 Die Forderung gegen den3 Kunden Thomas Weber (20041) in Höhe von 6.600,00 (inkl. 10 % USt) ist zweifelhaft und voraussichtlich nur zu 60 % einbringlich. Auf dem Konto Einzelwertberichtigungen zu Lieferforderungen Inland sind 1.200,00 ausgewiesen.

Nächstes Jahr

20.3.20X2 Es wird eine Ausgleichsquote von 40 % rechtskräftig festgelegt.

15.10.20X2 Die Zahlung erfolgt mit 2.640,00 (BK 163).

31.12.20X2 Die Forderung gegen den Kunden Paulus GmbH (20096) in Höhe von 4.730,00 (inklusive 10 % USt) ist zweifelhaft; voraussichtlich sind 50 % uneinbringlich.

Aufgabenstellung

- Aufstellung der erforderlichen Buchungsanweisungen

Lösung

31.12.20X1		
Bruttoforderung	6.600	
Nettoforderung	6.000	
wertzuberichtigen	40 %	2.400
Konto Einzelwertberichtigung		1.200
Zuweisung		1.200

Buchungssatz

	7805	Zuweisung an Einzel-WB zu Forderungen	1.200	
an	2080	Einzel-WB zu Lieferforderungen Inland		1.200

20.3.20X2

uneinbringlich	60 %	
Nettobetrag		3.600
USt		360

Buchungssatz

	7802	Abschreibung von Lieferforderungen Inland 20 %	3.600	
	3500	USt	360	
an	20041	Thomas Weber		3.960

15.10.20X2

Buchungssatz

	2800	Bank	2.640	
an	20041	Thomas Weber		2.640

31.12.20X2

Bruttoforderung	4.730	
Nettoforderung	4.300	
wertzuberichtigen	50 %	2.150
Konto Einzelwertberichtigung		2.400
Auflösung		**–250**

Buchungssatz

	2080	Einzel-WB zu Lieferforderungen Inland	250	
an	4870	Erträge aus der Auflösung von Wertberichtigungen zu Forderungen		250

2.14. Übungsaufgaben

Schwierigkeitsgrad: •

Beispiel U16: Bewertung von Wertpapieren des Anlagevermögens (Beteiligungszwecke)

Aktien eines Partnerunternehmens wurden zum Kurs von 160,00 pro Aktie im Jahr 20X1 erworben.

- Ende 20X1 ist der Kurs auf 156,00 gefallen. Es wird jedoch mit einer baldigen Besserung des Kurses gerechnet.
- Ende 20X2 ist der Kurs auf 113,00 gefallen. Es ist mit einer dauernden Wertminderung zu rechnen.
- Ende 20X3 ist der Kurs wider Erwarten auf 132,00 gestiegen.
- Ende 20X4 beträgt der Kurs bereits 196,00.

Aufgabenstellung

- Mit welchem Kurs sind die Aktien in der Bilanz zu erfassen?

Jahr	Kurs Bilanzansatz
20X1	
20X2	
20X3	
20X4	

Beispiel U17: Bewertung von Wertpapieren des Umlaufvermögens (Spekulationszwecke)

Schwierigkeitsgrad: •

Am 12. April 20X1 wurden festverzinsliche Wertpapiere mit einem Nominalwert von 40.000,00 zum Kurs von 102,00 angeschafft. Die Papiere gehören zum Umlaufvermögen. Kurs am 31. Dezember 20X1 97, am 31. Dezember 20X2 101 und am 31. Dezember 20X3 104.

Wie hoch sind die entsprechenden Bilanzansätze per 31. Dezember 20X1, 20X2 und 20X3?

Aufgabenstellung

- Mit welchem Wert sind die Aktien zu den jeweiligen Bilanzstichtagen in der Bilanz zu erfassen?

Jahr	Bilanzansatz
20X1	
20X2	
20X3	

Beispiel U18: Bewertung von Fremdwährungsforderungen

Schwierigkeitsgrad: •••

Wir verkaufen am 12.11. Handelsware an eine US-amerikanische Firma um USD 1.000,00. Zahlungsziel 60 Tage netto Kassa.

Wechselkurse (EUR 1 = USD ?)

	12.11.	31.12.	
Kurs		Variante a	Variante b
Valuten Ankauf	1,12	1,22	1,07
Valuten Verkauf	1,07	1,15	1,02
Devisen Ankauf	1,10	1,20	1,05
Devisen Verkauf	1,08	1,17	1,03

Aufgabenstellung

- Mit welchem Wert ist die Forderung am 12.11. zu verbuchen?
- Mit welchem Wert ist die Forderung am 31.12. zu bilanzieren? (Treffen Sie Ihre Entscheidung jeweils getrennt für Variante a und Variante b und erläutern Sie diese.)
- Stellen Sie die erforderlichen Buchungssätze dar.

Schwierigkeitsgrad: •••

Beispiel U19: Bewertung von Fremdwährungsverbindlichkeiten

Wir kaufen am 12.11. Handelsware von einer norwegischen Firma um 10.000 norwegische Kronen (NOK). Zahlungsziel 60 Tage netto Kassa.

Wechselkurse (EUR 1 = NOK ?)

	12.11.	**31.12.**	
Kurs		Variante a	Variante b
Devisen Ankauf	8,25	8,18	8,34
Devisen Verkauf	8,20	8,13	8,29

Aufgabenstellung

- Mit welchem Wert ist die Verbindlichkeit am 12.11. zu verbuchen?
- Mit welchem Wert ist die Verbindlichkeit am 31.12. zu bilanzieren? (Treffen Sie Ihre Entscheidung jeweils getrennt für Variante a und Variante b und erläutern Sie diese; stellen Sie die erforderlichen Buchungssätze dar.)

Schwierigkeitsgrad: ••

Beispiel U20: Bewertung von Wertpapieren und Privatentnahmen

1. Am 31. August 20X1 wurden 2.000 Aktien zum Kurs von 22,00/Stück von der XY-AG angeschafft. Am 31. Dez. 20X1 beträgt der Kurs 24,00; am 31. Dez. 20X2 19,00 (ein Steigen der Kurse ist nicht zu erwarten). Am 31. Dez. 20X3 beträgt der Kurs 25,00.
   Ermitteln Sie die Bilanzansätze per 31. Dez. 20X1, 20X2 und 20X3, wenn die Aktien zum Anlagevermögen gehören!
2. Am 4. Juni 20X1 werden festverzinsliche Wertpapiere mit einem Nominale von 35.000,00 zum Kurs von 108,00 angeschafft. Die Papiere gehören zum Umlaufvermögen. Kurs am 31. Dez. 20X1 104,00, am 31. Dez. 20X2 109,00.
   - Wie hoch sind die entsprechenden Bilanzansätze per 31. Dez. 20X1 und 31. Dez. 20X2?
3. Private Warenentnahme am 12. September 20X1
   - Einstandspreis 940,00 netto; Verkaufspreis 1.800,00 (exkl. 20 % USt), Wiederbeschaffungspreis 920,00 netto.
   - Mit welchem Preis (exkl. 20 % USt) ist die private Warenentnahme zu bewerten?

Beispiel U21: Bewertung von Wertpapieren und Privatentnahmen

Schwierigkeitsgrad: ••

1. Aktien des Umlaufvermögens: 300 Stück zum Anschaffungskurs von 15,00 je Stück. Kurs am 31. Dez. 20X1 14,50; am 31. Dez. 20X2 16,50. Wie hoch sind die Bilanzansätze per 31. Dez. 20X1 und 31. Dez. 20X2?
2. Aktien des Anlagevermögens: 2.500 Stück, Anschaffungskosten 24,00/Stück; Kurs 31. Dez. 20X1 25,00; Kurs 31. Dez. 20X2 22,00 (es wird vermutet, dass die Kurse wieder steigen werden); Kurs 31. Dez. 20X3 26,00. Mit welchen Beträgen sind die Wertpapiere zu den Abschluss-(Bilanz-)Stichtagen 20X1, 20X2 und 20X3 auszuweisen?
3. Private Warenentnahme am 23. September 20X1
   Einstandspreis 240,00 netto; Verkaufspreis am 23. September 20X1 430,00 (exkl. 20 % USt), Wiederbeschaffungspreis am 23. September 20X1 250,00 netto.
   - Mit welchem Preis (exkl. 20 % USt) ist die private Warenentnahme zu bewerten?

Aufgabenstellung

- Führen Sie die Bewertungen durch!

Beispiel U22: Bewertung von Fremdwährungsforderungen

Schwierigkeitsgrad: •••

Wir verkaufen am 30.11. Handelsware an eine kanadische Firma um 10.000 CAD. Zahlungsziel 60 Tage netto Kassa.

Wechselkurse (EUR 1 = CAD ?)

	30.11.	31.12.
Kurs		
Valuten Ankauf	1,3379	1,3459
Valuten Verkauf	1,4017	1,3787
Devisen Ankauf	1,3675	1,4127
Devisen Verkauf	1,4239	1,3657

Aufgabenstellung

- Mit welchem Wert ist die Forderung am 30.11. zu verbuchen? Stellen Sie auch den Buchungssatz auf!
- Mit welchem Wert ist die Forderung am 31.12. zu bilanzieren? Falls erforderlich, stellen Sie auch den Buchungssatz auf!
- Begründen Sie Ihre Entscheidung!

Schwierigkeitsgrad: •••

Beispiel U23: Bewertung von Fremdwährungsverbindlichkeiten

Wir kaufen am 12. Dezember von der britischen Firma York Ltd. Handelswaren um 5.000 GBP (Britische Pfund). Zahlungsziel 30 Tage netto Kassa.

Wechselkurse (EUR 1 = GBP?)

	12.12.	**31.12.**
Kurs		
Devisen Ankauf	1,3675	1,4127
Devisen Verkauf	1,4239	1,3657

Aufgabenstellung

- Mit welchem Kurs (Wert) ist die Verbindlichkeit zum 12.12. umzurechnen und zu verbuchen (inkl. Buchungssatz, ohne Berücksichtigung der Vorsteuer aus innergemeinschaftlichem Erwerb)?
- Mit welchem Wert ist die Verbindlichkeit am 31.12. zu bilanzieren (inkl. Buchungssatz, falls nötig)?
- Begründen Sie Ihre Entscheidung!

Schwierigkeitsgrad: •

Beispiel U24: Berechnung der aktivierungspflichtigen Anschaffungskosten, Verbuchung der Abschreibung

Anschaffung eines Heizkessels durch die Firma Sebastian Müller GmbH, Handel mit Büromaschinen, Linz:

03.09. ER 621	Kauf des Heizkessels von der Robert Bosch AG (33056), Wien, um 11.875,00 – 2.375,00 Rabatt = 9.500,00 + 1.900,00 USt = 11.400,00; Zahlung innerhalb von 30 Tagen ohne Abzug.
19.09. ER 635	Für den Transport des Heizkessels stellt die Spedition Mayer (33211) 600,00 + 120,00 USt = 720,00 in Rechnung.
29.09., KA 541	Für den Einbau des Kessels in das bestehende Heizungssystem werden an die Firma Hofer GmbH 940,00 + 188,00 USt = 1.128,00 bezahlt.
04.10. BK 890	Bankausgang 11.400,00; Ausgleich der ER 621
31.12. BA 104	Abschreibung des Heizkessels: Nutzungsdauer 15 Jahre

Aufgabenstellung

- Berechnung der aktivierungspflichtigen Anschaffungskosten
- Aufstellung der Buchungssätze (die Anschaffungskosten des Heizkessels sind auf dem Konto 0450 Sonstige Betriebsanlagen zu erfassen)
- Berechnung und Verbuchung der Abschreibung

Beispiel U25: Kontierung von Abschlussbuchungen

Schwierigkeitsgrad: ••

Auszug aus der Saldenbilanz der Fa. Moltene GmbH per 31. Dezember:

		Soll	Haben
0210	Bebaute Grundstücke (Grundwert)	62.000	
0300	Gebäude	140.000	
0640	LKW	94.500	
0660	Betriebs- und Geschäftsausstattung	53.980	

Abschlussangaben

1. Abschreibung des Gebäudes 3 % p.a. direkt. Die Anschaffungskosten des Gebäudes betrugen 200.000,00.
2. Auf dem Konto 0610 Betriebs- und Geschäftsausstattung wurden im Abschlussjahr folgende Anlagenzugänge verbucht (Abschreibung direkt):

27.6.	ER 379	Computer und Drucker	3.200
18.8.	KA 2110	Garderobenständer	390
14.9.	ER 521	Schreibtisch	1.400

   Der Computer und Drucker wurden am 2. Juli in Betrieb genommen, Nutzungsdauer vier Jahre; der Garderobenständer ist voll abzuschreiben; Nutzungsdauer des Schreibtisches fünf Jahre. Abschreibung der restlichen Geschäftsausstattung laut Anlagenkartei 10.599,00.
3. Abschreibung der Fahrzeuge 20 % p.a. direkt. Die Fahrzeuge gliedern sich wie folgt:

	Anschaffungskosten	BW am 1.1. des Abschlussjahres
LKW 1	20.000	2.000
LKW 2	16.000	8.000
LKW 3	58.500	0

Der LKW 1 verbleibt weiterhin im Betrieb (Abschreibung auf den Erinnerungseuro). Der LKW 3 wurde am 15. März des Abschlussjahres angeschafft und in Betrieb genommen.

Aufgabenstellung

- Aufstellung der erforderlichen Um- und Nachbuchungen

Schwierigkeitsgrad: ••

Beispiel U26: Anlagenverkauf, direkte Abschreibung

- 13.5. AR 2651 Verkauf einer Maschine um 9.500,00 + 1.900,00 USt = 11.400,00 an die Fa. Mülleder (Konto 20689)
- Daten laut Anlageneinzelkonto: Anschaffungskosten 56.000,00; BW am 1.1. des Verkaufsjahres 11.200,00; Abschreibungssatz 20 %
- 12.7. BK 692 Der Käufer hat 11.400,00 überwiesen.

Aufgabenstellung

- Berechnen Sie den Buchwert zum Zeitpunkt des Ausscheidens.
- Erstellen Sie die Buchungen, die sich beim Verkauf der Maschine ergeben (ohne Saldierungsbuchungen).

Schwierigkeitsgrad: ••

Beispiel U27: Anlagenverkauf, direkte Abschreibung

10.8. KA 697 Verkauf einer Registrierkasse um 1.150,00 + 230,00 USt = 1.380,00 gegen Barzahlung
Daten laut Anlagenverzeichnis: Anschaffungskosten 6.200,00, Buchwert am 1.1. des Verkaufsjahres 1.937,50, Nutzungsdauer der Registrierkasse 8 Jahre

Aufgabenstellung

- Berechnen Sie den Buchwert zum Zeitpunkt des Ausscheidens.
- Erstellen Sie die Buchungen, die sich beim Verkauf der Registrierkasse und per 31.12. ergeben (ohne Saldierungsbuchungen).

Schwierigkeitsgrad: ••

Beispiel U28: Aufstellung von Um- und Nachbuchungen

Auszug aus der Saldenbilanz eines Handelsunternehmens per 31. Dezember

		Soll	Haben
0640	Lkw	118.500,00	
0660	Betriebs- und Geschäftsausstattung	35.691,99	

Abschlussangaben

1. Abschreibung der Geschäftsausstattung laut Anlagenverzeichnis:

Anlagengegenstand	Anschaffungskosten	ND	Nutzung bis 1.1. des Abschlussjahres
Computer	1.300	5 Jahre	5 Jahre
Server	16.200	4 Jahre	31/2 Jahre
Kopierer	4.200	5 Jahre	3 Jahre
Schreibtisch	2.600	10 Jahre	am 10.4. dieses Jahres angeschafft
Tischrechner	180		am 2.11. dieses Jahres angeschafft

Der Computer wurde im Vorjahr auf den Erinnerungseuro abgeschrieben und ist heuer aus dem Betrieb ausgeschieden. Der Server verbleibt im Betrieb. Der Tischrechner ist voll abzuschreiben. Abschreibung lt. Anlagenverzeichnis für diverse weitere Einrichtungsgegenstände 3.980,00.

2. Abschreibung der Fahrzeuge laut Anlagenverzeichnis:

   LKW I: Anschaffungskosten 36.000,00 netto, Nutzungsdauer vier Jahre, Buchwert am 1.1. des Abschlussjahres 4.500,00. Das Fahrzeug verbleibt weiter im Betrieb (Abschreibung auf den Erinnerungseuro)

   LKW II: Anschaffungskosten 80.000,00 netto, Nutzungsdauer vier Jahre, Nutzung bis 1.1. des Abschlussjahres zwei Jahre

   LKW III: LKW III wurde vor sieben Jahren um 38.000,00 (netto) angeschafft und ist bereits völlig abgeschrieben. Im Abschlussjahr ist der LKW als völlig wertlos aus dem Unternehmen ausgeschieden.

   LKW IV: LKW IV wurde am 6.8. dieses Jahres um 74.000,00 + 14.800,00 USt angeschafft; sofortige Inbetriebnahme; Nutzungsdauer fünf Jahre

Aufgabenstellung

- Stellen Sie die Um- und Nachbuchungen per 31. Dezember auf!

Beispiel U29: Ermittlung und Bewertung des Wareneinsatzes nach dem FIFO-Verfahren

Schwierigkeitsgrad: ••

Ware A (Konten 1600 und 5010)

Anfangsbestand	3.000 l à 1,60
Zukäufe	
26.4.	8.000 l à 1,30
7.9.	2.200 l à 1,40
Verkäufe	12.000 l
Endbestand	1.100 l
Preis am Abschluss-(Bilanz-)Stichtag	1,35

Aufgabenstellung

- Bewerten Sie nach dem FIFO-Verfahren und stellen Sie die Buchungsanweisungen per 31. Dezember auf. Die Wareneinkäufe wurden auf dem Konto 1600 verbucht.

Lösung

5010	HW-Einsatz Ware A / 1600 HW-Vorrat Ware A	16.600
7800	Abschreibungen von Vorräten / 1600 HW-Vorrat	195

Schwierigkeitsgrad: ••

Beispiel U30: Ermittlung und Bewertung des Wareneinsatzes nach dem FIFO-Verfahren

Der Lagerleiter übermittelt Ihnen folgende Inventurdaten zum Produkt B:

Ware B (Konten 1600 und 5010)	Menge/Stk.	Preis/Stk.
Anfangsbestand	20	250
Zukäufe		
23.02.	60	275
04.06.	30	250
01.10.	25	300
	135	
Verkäufe	90	
Endbestand	42	
Preis am Abschluss-(Bilanz-) Stichtag		280

Aufgabenstellung

- Bewerten Sie nach dem FIFO-Verfahren und stellen Sie die Buchungsanweisungen per 31. Dezember auf. Die Wareneinkäufe wurden auf dem Konto 1600 verbucht.

Lösung

5010 HW-Einsatz Produkt B / 1600 HW-Vorrat Produkt B	24.000	
7800 Abschreibungen von Vorräten / 1600 HW-Vorrat	1.250	→ Schwund und Abwertung

Schwierigkeitsgrad: ••

Beispiel U31: Ermittlung und Bewertung des Wareneinsatzes nach dem gleitenden Durchschnittspreisverfahren

Der Lagerleiter übermittelt Ihnen folgende Inventurdaten zum Produkt B:

Ware B (Konten 1600 und 5010)	Menge/Stk.	Preis/Stk.
Anfangsbestand	20	250,0
Zukäufe:		
23.02.	60	275,0
04.06.	30	250,0
01.10.	25	300,0
	135	

Abfassungen		
März	25	
Juli	45	
November	20	
Verkäufe	90	
Endbestand	42	
Preis am Abschluss-(Bilanz-)Stichtag		270

Aufgabenstellung

- Bewerten Sie nach dem gleitenden Durchschnittspreisverfahren und stellen Sie die Buchungsanweisungen per 31. Dezember auf. Die Wareneinkäufe wurden auf dem Konto 1600 verbucht.

Lösung

5010	HW-Einsatz Produkt B / 1600 HW-Vorrat Ware B	24.048,64	
7800	Abschreibungen von Vorräten / 1600 HW-Vorrat	1.111,36	→ Schwund und Abwertung

Beispiel U32: Ermittlung und Bewertung des Wareneinsatzes nach dem gleitenden Durchschnittspreisverfahren

Schwierigkeitsgrad: ••

Die Materialbuchhaltung eines Industriebetriebes weist für den Rohstoff A im Monat November folgende Bestände und Bewegungen aus:

Datum	Text	Menge in kg	Preis/kg in €
02. Nov.	Anfangsbestand	100	25,00
03. Nov.	Zukauf 1	300	28,00
10. Nov.	Zukauf 2	200	26,50
12. Nov.	Abfassung 1	400	
15. Nov.	Zukauf 3	100	28,50
18. Nov.	Abfassung 2	200	
28. Nov.	Zukauf 4	300	30,50

Ist-EB per 30. November: 380 kg, Preis des Rohstoffes per 30. November: 31,00

Aufgabenstellung

- Führen Sie die Materialkartei für diesen Rohstoff nach dem gleitenden Durchschnittspreisverfahren und stellen Sie die Buchungsanweisungen per 30. November auf. Die Wareneinkäufe wurden auf dem Konto 1600 verbucht.

Lösung

5100	Verbrauch Rohstoff A/1100 Rohstoff A	16.300
7800	Abschreibungen von Vorräten/1100 Rohstoff A	595

Schwierigkeitsgrad: ••

Beispiel U33: Ermittlung und Bewertung des Wareneinsatzes nach dem Identitätspreisverfahren

Für das Produkt C liegen folgende Inventurdaten vor:

Produkt C (Konten 1600 und 5010)	Menge/Stk.	Preis/Stk.
Anfangsbestand	30	80,0
Zukäufe		
23.02.	60	75,0
04.06.	30	77,0
01.10.	25	81,0
	145	

Abfassungen	
März vom Anfangsbestand	25
Mai – Rest AB, Zukauf 23.02.	45
November Zukauf 01.10.	20

Endbestand	42
vom Zukauf 23.02.	20
vom Zukauf 04.06.	28
vom Zukauf 01.10.	4

Preis am Abschluss-(Bilanz-)Stichtag	79

Aufgabenstellung

- Bewerten Sie nach dem Identitätspreisverfahren und stellen Sie die Buchungsanweisungen per 31. Dezember auf. Die Wareneinkäufe wurden auf dem Konto 1600 verbucht.
- Stellen Sie auch den Bilanzansatz dar!

Lösung

Bilanzansatz: 3.972,00

5010	HW-Einsatz Produkt C/ 1600 HW-Vorrat Produkt C	7.020	
7800	Abschreibungen von Vorräten/ 1600 HW-Vorrat	243	→ Schwund und Abwertung

Beispiel U34: Ermittlung und Bewertung des Wareneinsatzes nach dem FIFO-Verfahren

Schwierigkeitsgrad: ••

Für den Rohstoff Z liegen folgende Daten vor:

Rohstoff Z (Konten 1100 und 5100)	Menge/kg	Preis/kg
Anfangsbestand	1.500	3,0
Zukäufe:		
14.03.	12.000	4,0
18.09.	2.100	3,6
Σ	**15.600**	
Verkäufe	13.000	
Endbestand lt. Inventur	2.550	
Preis am Abschluss-(Bilanz-)Stichtag		3,8

Aufgabenstellung

- Bewerten Sie nach dem FIFO-Verfahren und stellen Sie die Buchungsanweisungen per 31. Dezember auf. Die Rohstoffeinkäufe wurden auf dem Konto 1100 verbucht.
- Stellen Sie den Bilanzansatz dar!

Lösung

Bilanzansatz: 9.270,00

5100	HW-Einsatz Rohstoff Z/ 1100 Rohstoffvorrat	50.500	
7800	Abschreibungen von Vorräten/ 1100 Rohstoffvorrat	290	→ Schwund und Abwertung

Beispiel U35: Fertigerzeugnisse

Schwierigkeitsgrad: •••

Ein Produktionsbetrieb weist zum 31.12.20X1 folgende vereinfachte Bilanz auf (in TEUR):

Aktiva		Passiva	
Anlagevermögen	10.000	Eigenkapital	8.000
Roh-, Hilfs-, Betriebsstoffe	2.000	Kontokorrentkredit	4.000
Σ Aktiva	**12.000**	**Σ Passiva**	**12.000**

Jahr 20X2

- Es werden Roh-, Hilfs- und Betriebsstoffe im Wert von 15.000 eingekauft. Die Personalaufwendungen belaufen sich auf 8.000, die Abschreibungen betragen 2.000, die sonstigen betrieblichen Aufwendungen 2.500.
- Insgesamt erzielt das Unternehmen Umsatzerlöse von 25.000.
- Alle Zahlungen laufen über den Kontokorrentkredit.
- Der Bestand an Roh-, Hilfs- und Betriebsstoffen zum Ende des Geschäftsjahres beträgt 3.500. Der Bestand an Fertigerzeugnissen (bewertet zu Herstellungskosten) beträgt 3.000.

Jahr 20X3

- Es wurden Roh-, Hilfs- und Betriebsstoffe in Höhe von 18.500 eingekauft. Die Personalaufwendungen steigen aufgrund der gesteigerten Produktionskapazitäten auf 9.500, die Abschreibungen betragen 2.000, die sonstigen betrieblichen Aufwendungen 3.000.
- Insgesamt erzielt das Unternehmen Umsatzerlöse von 30.000.
- Alle Zahlungen laufen über den Kontokorrentkredit.
- Der Bestand an Roh-, Hilfs- und Betriebsstoffen zum Ende des Geschäftsjahres beträgt 4.500. Der Bestand an Fertigerzeugnissen (bewertet zu Herstellungskosten) beträgt 8.000.

Jahr 20X4

- In diesem Geschäftsjahr soll der hohe Bestand an Fertigerzeugnissen abgebaut werden. Daher werden die Produktionskapazitäten und die Materialeinkäufe reduziert. An Roh-, Hilfs- und Betriebsstoffen werden 11.500 eingekauft. Die Personalaufwendungen betragen 8.500, die Abschreibungen 2.000 und die sonstigen betrieblichen Aufwendungen 3.000.
- Insgesamt erzielt das Unternehmen Umsatzerlöse von 29.000.
- Alle Zahlungen laufen über den Kontokorrentkredit.
- Der Bestand an Roh-, Hilfs- und Betriebsstoffen zum Ende des Geschäftsjahres beträgt 3.500. Der Bestand an Fertigerzeugnissen (bewertet zu Herstellungskosten) wird um 2.500 auf 5.500 reduziert.

Aufgabenstellung

- Erstellen Sie die Bilanzen und Gewinn- und Verlustrechnungen für die Jahre 20X2, 20X3 und 20X4.

Schwierigkeitsgrad: ••

Beispiel U36: Einzelwertberichtigung von Forderungen

Salden per 31. Dezember		Soll	Haben
2000	Lieferforderungen	115.820	
2080	Einzelwertberichtigungen zu Lieferforderungen Inland		6.000

Die Forderung in Höhe von 9.600,00 gegen den Kunden Thomasek GmbH (20451) ist vollkommen uneinbringlich. Die Forderung in Höhe von 4.800,00 gegen den Kunden Lukas Weber (20117) ist voraussichtlich nur zu 50 % einbringlich.

Die Forderungen enthalten einheitlich 20 % USt.

Aufgabenstellung

- Aufstellung der Buchungen per 31. Dezember (auf EUR genau)

Beispiel U37: Einzelwertberichtigung von Forderungen

Schwierigkeitsgrad: ••

31.12. Die Forderung gegen den Kunden Philipp Tauber (20111) in Höhe von 4.400,00 (inkl. 10 % USt) ist zweifelhaft und voraussichtlich nur zu 60 % einbringlich. Auf dem Konto Einzelwertberichtigungen zu Lieferforderungen Inland sind 1.200,00 ausgewiesen.

Nächstes Jahr:

20.3. Es wird eine Quote von 40 % rechtskräftig festgelegt (BA 87).

15.10. Die Zahlung erfolgt mit 1.760,00 (BK 253).

31.12. Die Forderung gegen den Kunden Klaus Tischler in Höhe von 1.650,00 (inklusive 10 % USt) ist zweifelhaft; voraussichtlich sind 80 % uneinbringlich.

Aufgabenstellung

- Aufstellung der Buchungen per 31. Dezember (auf EUR genau) und für das nächste Jahr

Beispiel U38: Einzelwertberichtigung von Forderungen

Schwierigkeitsgrad: ••

31.12. Die Forderung gegen den Kunden Siebert GmbH (20287) über 43.600,00 ist zweifelhaft und voraussichtlich zu 40 % einbringlich. Auf dem Konto Einzelwertberichtigungen zu Lieferforderungen Inland sind 12.500,00 ausgewiesen.

Nächstes Jahr:

9.3. Die Gläubigerversammlung beschließt eine Quote von 40 % (BA 113).

6.7. Es gehen 17.440,00 ein (BK 942).

31.12. Die Forderung gegen den Kunden Rainer Höller (20529) in Höhe von 15.400,00 ist zweifelhaft und mit 60 % wertzuberichtigen.

Alle Forderungen enthalten einheitlich 20 % USt.

Aufgabenstellung

- Aufstellung der Buchungen per 31. Dezember und für das nächste Jahr

Schwierigkeitsgrad: ••

Beispiel U39: WES, Abschreibung, Einzelwertberichtigung von Forderungen

Auszug aus der Saldenbilanz zum 31.12. der Firma Kleinwein OG:

		Soll	Haben
0660	Betriebs- und Geschäftsausstattung	40.600	
1600	HW-Vorrat	705.000	
2000	Lieferforderungen	77.100	
2080	Einzelwertbericht. zu Lieferforderungen Inland		5.000
4000	HW-Erlöse		720.460
7010	Abschreibung von Sachanlagen		
7800	Abschreibung von Vorräten		
7802	Abschreibung von Forderungen 20 %	4.000	
7819	Sonst. Schadensfälle		

Abschlussangaben

1. Warenvorrat per 31.12.: 300 Stück
   Der letzte Zukauf erfolgte am 16. Oktober: 400 Stück à 510,00
   Der Preis zum Bilanzstichtag beträgt je Stück 500,00.
2. Am 4. April wurde ein Computer um 300,00 + 60,00 USt = 360,00 verkauft (bereits verbucht). Anschaffungskosten 3.000,00; BW am 1. Jan. 600,00, Abschreibung 10 %; Abschreibung der übrigen Geschäftsausstattung 11.500,00.
3. Von der Forderung an die Fa. Richter GmbH (20118) in Höhe von 9.000,00, die im Vorjahr mit 5.000,00 wertberichtigt wurde, gingen am 29. Dez. des Abschlussjahres 1.800,00 (20 %) ein. Der Rest ist verloren. Bisher wurde nur der Zahlungseingang verbucht.
   Die Forderung gegen die Firma Winter in Höhe von 8.640,00 ist zweifelhaft und voraussichtlich zu 40 % einbringlich.
   Die Forderungen enthalten einheitlich 20 % USt.

Aufgabenstellung

- Aufstellung der Um- und Nachbuchungen per 31. Dezember.

Schwierigkeitsgrad: ••

Beispiel U40: Rückstellungen

Aufgabenstellung 1

31.12.		Bildung einer Rückstellung für Rechtsberatung in der Höhe von 3.000,00.
4.3. n.J.	BK 211	Überweisung an den Rechtsanwalt 3.500,00 + 700,00 USt = 4.200,00.

Aufgabenstellung 2

31.12. Rückstellung für Schadenersatzansprüche eines Kunden 4.000,00.

2.5. n.J. BK 706 Überweisung an den Kunden 2.000,00 Schadenersatz

Aufgabenstellung 3

31.12. Rückstellung für Jahresabschlussarbeiten unseres Steuerberaters 2.500,00.

1.3. n.J. BK 180 Überweisung an den Steuerberater 2.500,00 (inkl. USt) für die Erstellung der Bilanz.

Aufgabenstellung

- Aufstellung der Buchungssätze für das alte und das neue Jahr

Beispiel U41: Rückstellungen

Schwierigkeitsgrad: ••

In der Bilanz zum 31.12. sind folgende Tatbestände zu berücksichtigen:

1. Die unter Garantie stehenden Leistungen des abgelaufenen Geschäftsjahres betragen 720.000,00. In den letzten Jahren betrug der Garantieaufwand ca. 2,5 % der Garantiesumme. Auf dem Konto 3060 ist eine Garantierückstellung von 10.100,00 ausgewiesen.
2. Für Prozesskosten wird eine Rückstellung in Höhe von 7.000,00 gebildet. Am 27. August nächsten Jahres wird das Urteil gefällt, wir haben den Prozess verloren. Wir überweisen am 25. September nächsten Jahres an den Rechtsanwalt 5.000,00 Anwaltskosten + 1.000,00 Gerichtsgebühren + 1.000,00 USt = 7.000,00 (BK 766).
3. Aufgrund einer Terminüberschreitung rechnen wir damit, dass wir eine Konventionalstrafe von 4.000,00 zahlen müssen (Hinweis: Konto 3090 Sonstige Rückstellungen). Am 12. März nächsten Jahres schreiben wir dem Kunden (20154 Thomas Berger KG) 4.500,00 gut (BA 65).
4. Rückstellung für Schadenersatzansprüche eines Kunden (20088 C. Liebmann KG) 6.000,00. Am 18. Februar nächsten Jahres erhalten wir die Abrechnung des Kunden (ER 141) über 5.000,00. Am 2. März nächsten Jahres überweisen wir den Betrag der Abrechnung (BK 234).
6. Rückstellung für Steuerberatungskosten in Höhe von 6.000,00. Am 25. Juni nächsten Jahres erhalten wir die Honorarnote (ER 718, Konto 33066 Kanzlei Dr. Lidl) die auf 5.000,00 + 1.000,00 USt lautet. Am 1. Juli nächsten Jahres wird die Honorarnote mittels Banküberweisung beglichen (BK 389).

Aufgabenstellung

- Aufstellung der Buchungsanweisungen für das alte und das neue Jahr

Schwierigkeitsgrad: ••

Beispiel U42: Rechnungsabgrenzungen

BK 1214 Wir haben 1.500,00 Betriebsbündelversicherung für die Zeit vom 9. Sep. des laufenden Geschäftsjahres bis zum 8. Sep. nächsten Jahres überwiesen.

BK 1215 Wir haben am 1. November für ein Bankdarlehen 8.400,00, davon 6.000,00 Rückzahlung und 2.400,00 Zinsen für das nächste Halbjahr, überwiesen.

BK 1216 Überweisung von 840,00 Haftpflichtversicherungsprämie für den betrieblichen PKW (Zeitraum: 27. Sep. des laufenden Geschäftsjahres bis 26. Sep. nächsten Jahres).

BA 45 Der Lieferant 33156 Pfeiffer GmbH hat uns eine Verbindlichkeit über 6.000,00 per 12. Nov. bis 28. Jän. nächsten Jahres verlängert. Wir werden mit 200,00 Stundungszinsen belastet.

BK 1217 Wir erhalten am 3. Oktober 900,00 Zinsen für ein Darlehen für ein halbes Jahr im Voraus.

BK 1218 Wir haben am 7. Juni ein Darlehen von 6.000,00 gewährt. Der Betrag wurde abzüglich 8 % Zinsen für ein Jahr ausbezahlt.

Aufgabenstellung

- Aufstellung der Buchungsanweisungen für das alte und das neue Jahr

Schwierigkeitsgrad: •••

Beispiel U43: Abschluss einer OG

Abschluss der Fa. Sebastian Leuwe OG, Handel mit EDV-Zubehör, 5020 Salzburg, zum 31. Dezember. Die Saldenbilanz zeigt folgendes Bild:

	Saldenbilanz per 31. Dezember	Soll	Haben
0210	Bebaute Grundstücke	130.000	
0300	Gebäude	147.000	
0640	LKW	80.250	
0660	Geschäftsausstattung	54.200	
1600	Handelswaren-Vorrat	1.461.020	
2000	Lieferforderungen	64.800	
2080	Einzelwertberichtigung zu Lieferforderungen Inland		2.000
2700/2800	Kassa, Bank	14.800	
3040	Rückstellungen für Rechts- und Beratungsaufwand		2.000
3150	Darlehen		85.000
3300	Lieferverbindlichkeiten		85.990

3500	Umsatzsteuer		
3520	USt-Zahllast		60.230
4000	Handelswaren-Erlöse 20 %		1.956.990
4600	Erlöse aus dem Abgang von Anlagen 20 % USt		38.600
4870	Erträge aus der Auflösung von Wertberichtigungen zu Forderungen		
5010	Handelswaren-Einsatz		
Kl. 6	Personalaufwand	310.080	
7010	Abschreib. von Sachanlagen		
7750	Rechts- und Steuerberatungsaufwand	4.200	
7800	Abschreibungen von Vorräten		
7802	Abschreibung von Forderungen Inland 20 %		
7805	Zuweisung Einzelwertberichtigung zu Forderungen Inland 20 %		
7820	Buchwert abgegangener Anlagen		
Div:	Diverse Aufwände	146.700	
8290	Zinsaufwand für Darlehen	8.760	
9000	Kapital Leuwe		120.000
9010	Kapital Brunner		142.000
9600	Privat Leuwe	30.000	
9610	Privat Brunner	41.000	
Σ		**2.492.810**	**2.492.810**

Abschlussangaben (alle Berechnungen auf EUR genau)

1. Abschreibung des Gebäudes 3 % direkt. Die Anschaffungskosten des Gebäudes betrugen 210.000,00.
2. Das Konto 0640 LKW gliedert sich laut Anlagenkartei wie folgt:
   LKW I, Anschaffungskosten 45.000,00, Buchwert am 1.1. d. J. 11.250,00, Nutzungsdauer vier Jahre;
   LKW II, Anschaffungskosten 72.000,00, Buchwert am 1.1. d. J. 36.000,00, Nutzungsdauer vier Jahre;
   1 Schnelltransporter, Anschaffungskosten 55.000,00, Buchwert am 1.1. d. J. 33.000,00, Nutzungsdauer fünf Jahre;
   LKW I bleibt weiterhin im Betrieb (Abschreibung auf den Erinnerungseuro). Der um 72.000,00 angeschaffte LKW wurde am 25. Mai des Abschlussjahres

um 30.000,00 + 6.000,00 USt = 36.000,00 an Lukas Seifert (20108) verkauft (Verkauf und Zahlungseingang wurden bereits verbucht).

3. Abschreibung der Geschäftsausstattung 8.260,00. Auf dem Konto 0660 Geschäftsausstattung sind ein Bildschirm mit Anschaffungskosten in Höhe von 350,00 netto und ein Garderobenständer mit Anschaffungskosten von 180,00 netto enthalten. Beide Gegenstände wurden im Dezember des Abschlussjahres angeschafft und sind voll abzuschreiben.
4. Der Bestand an Waren per 31. Dezember des Abschlussjahres beträgt 460.000,00, Wareneinsatz laut Warenentnahmescheinen 987.000,00. Der Einkauf von Handelswaren wurde in die Klasse 1 verbucht.
5. Beim Kunden Appl (20226), dessen Schuld in Höhe von 2.640,00 (inkl. 20 % USt) bisher mit 70 % wertberichtigt war, wurde die Quote am 2. Dezember des Abschlussjahres mit 30 % festgelegt. Die Zahlung erfolgt im Jänner nächsten Jahres. Die Überprüfung der Außenstände zeigt weiters, dass die Forderung gegenüber dem Kunden Thomas Klein (20197) in Höhe von 1.800,00 (inkl. 20 % USt) zweifelhaft geworden ist. Es wird mit einem Eingang von 60 % gerechnet.
6. Die Rückstellung für Prozesskosten wurde im Vorjahr für einen laufenden Prozess gebildet. Den Prozess haben wir im Dezember verloren. Für Anwaltskosten erhalten wir eine Rechnung in Höhe von 3.500,00 netto. Es erfolgten in diesem Zusammenhang noch keine Buchungen. Für die Kosten des Steuerberaters ist eine Rückstellung von 3.000,00 zu bilden.

Aufgabenstellung

- Aufstellung der erforderlichen Um- und Nachbuchungen per 31.12.
- Erstellung der Bilanz und der Gewinn- und Verlustrechnung per 31.12. Der Gewinn des Geschäftsjahres ist so niedrig wie möglich auszuweisen!

Schwierigkeitsgrad: •••

Beispiel U44: Abschluss einer GmbH

Saldenbilanz der Thomas Gföllner GmbH, per 31. Dezember	Soll	Haben
0200 Unbebaute Grundstücke	260.000	
0210 Bebaute Grundstücke	120.000	
0300 Gebäude	285.000	
0640 LKW	75.150	
0660 Betriebs- und Geschäftsausstattung	63.520	
0920 Festverzinsliche WP des AV	35.460	
1600 Handelswaren-Vorrat	1.800.000	
2000 Lieferforderungen	276.700	
2080 Einzelwertberichtigung zu LF Inland		2.663

2500	Vorsteuer		
2700	Kassa, Bank	14.900	
2900	ARA		
3040	Rückstellung für Prozesskosten, Rechts- und Beratungsaufwand		5.000
3150	Darlehen		120.000
3300	Lieferverbindlichkeiten		320.000
3500	Umsatzsteuer		
3520	USt-Zahllast		31.750
3540	Verbindlichkeiten FA		21.900
4000	Handelswaren-Erlöse 20 %		2.950.000
4600	Erlöse Anlagenverkauf		4.000
4880	Sonstige betrieblichen Erträge		56.000
5010	Handelswaren-Einsatz		
Kl. 6	Personalaufwand	659.000	
7200	Instandhaltung durch Dritte	9.800	
7010	Abschreibung von Sachanlagen		
7800	Abschreibung von Vorräten		
7802	Abschreibung von Forderungen Inland 20 % USt		
7805	Zuweisung an Wertberichtigung zu Forderungen Inland 20 %		
7820	Buchwert abgegangener Anlagen		
Div.	Diverse Aufwände (zusammengefasst)	126.400	
8100	Zinserträge aus Bankguthaben		1.312
8130	Verzugszinsenerträge		1.906
8290	Zinsaufwand für Darlehen	34.600	
8500	Körperschaftsteuer	80.000	
9000	Stammkapital		250.000
9310	Freie Rücklage		76.000
Σ		**3.840.530**	**3.840.530**

Folgende Tatbestände sind zu berücksichtigen:

- Auf dem Konto 0200 ist u.a. ein Grundstück von 2.000 m² verbucht, das um 85,00/m² angeschafft wurde. Der Preis vergleichbarer Grundstücke ist auf 60,00/m² gefallen. Es ist auch nicht damit zu rechnen, dass sich die Grundstückspreise in dieser Region wieder erholen werden.

- Auf dem Konto 0640 sind folgende Fahrzeuge erfasst:

	Anschaffungskosten	Abschreibungssatz	BW 1. 1. d.J.
LKW I	25.500	20 %	7.650
LKW II	35.000	20 %	24.500

  Am 17. Dezember des Abschlussjahres wurde ein neuer LKW zum Preis von 43.000,00 + 8.600,00 USt = 51.600,00 angeschafft; der LKW I wird mit 4.800,00 (4.000,00 + 800,00 USt) in Zahlung gegeben. Kauf bzw. Verkauf sind bereits verbucht. Nutzungsdauer des neuen LKW vier Jahre.
- Abschreibung der Geschäftsausstattung laut Anlagenkartei 10.000,00.
- Bei den ausgewiesenen Wertpapieren des Anlagevermögens handelt es sich um 36.000,00 (Nominale) 4 % Bundesanleihe 2009-08/1, die im Jahr 2015 zum Kurs von 98,50 angeschafft wurden. Der Kurs dieser Wertpapiere ist auf 94,50 gefallen. Es soll abgewertet werden.
- Handelswaren: Endbestand laut Inventur 285.000,00, Einsatz laut Warenentnahmescheinen 1.510.000,00.
- Von der Forderung an die Fa. Tuschek (20345) in Höhe von 6.390,00 (inkl. 20 % USt), die im Vorjahr mit 50 % wertberichtigt wurde, erhielten wir nach Abschluss des Sanierungsverfahrens am 11. November eine Quote von 30 %. Bisher wurde nur die Zahlung verbucht.
  In den Lieferforderungen befindet sich auch die Forderung an die Fa. Auer GmbH in Höhe von 3.000,00 (inkl. 20 % USt). Der Kunde hat trotz mehrmaliger Mahnung nicht gezahlt. Im Jänner des nächsten Jahres wird über das Vermögen der Fa. Auer GmbH das Insolvenzverfahren eröffnet. Die Forderung ist zur Gänze als zweifelhaft anzusehen.
- Die auf dem Konto 3045 ausgewiesenen 5.000,00 wurden für einen laufenden Prozess gebildet. Der Prozess wurde gewonnen, die Rückstellung ist aufzulösen. Für die Erstellung des Jahresabschlusses ist eine Rückstellung von 4.000,00 zu bilden (Konto 3040 Rückstellung für Rechts- und Beratungsaufwand).

Aufgabenstellung

- Aufstellung der erforderlichen Um- und Nachbuchungen per 31.12.
- Erstellung der Bilanz und der Gewinn- und Verlustrechnung per 31.12. Der Gewinn des Geschäftsjahres ist so niedrig wie möglich auszuweisen!

3. Jahresabschlussanalyse

„Die Phönizier haben das Geld erfunden – aber warum so wenig?“
Johann Nepomuk Nestroy (1801–1862)

Lernziele

Wenn Sie dieses Kapitel durchgearbeitet haben, sollten Sie:

- wissen, welche Ziele die Jahresabschlussanalyse verfolgt.
- Kennzahlen berechnen und interpretieren können.
- sich auf Basis ausgewählter Kennzahlen einen Überblick über die Vermögens-, Finanz- und Ertragslage eines Unternehmens verschaffen können.

Beste Geschäftsberichte

Dass Geschäftsberichte nicht langweilig sein müssen, beweisen die im Red Dot Award: Communication Design 2017 ausgezeichneten Berichte. Jahresabschlüsse sind auch ein Mittel zur Selbstdarstellung von Unternehmen und sollen mit zielgruppengerecht aufbereiteten und visualisierten Zahlen und Fakten überzeugen.

So setzt BMW nicht nur bei seinen Produkten auf Qualität, sondern auch in der Kommunikation. Dies zeigt sich unter anderem am Beispiel des BMW Group Annual Report 2016, den hw.design aus München für den bayerischen Konzern gestaltete (https://www.bmwgroup.com/content/dam/bmw-group-websites/bmwgroup_com/ir/downloads/en/2017/GB/2016-BMW-Group-Annual-Report.pdf).

„Calling all creators" kann als Appell und Motto des adidas 2016 Annual Report verstanden werden. Mitarbeiter, Partner, Communitys und Konsumenten tragen als Gestalter zur Entwicklung neuer Konzepte und Produkte bei. Der Geschäftsbericht wurde in einer verständlichen und zusammengefassten Version veröffentlicht und um ein Magazin ergänzt. Mit seinem plakativen Design, starken Bildern und Texten macht der Magazin-Teil die Strategie des Unternehmens erfahrbar und zugänglich (https://www.adidas-group.com/media/filer_public/a3/fb/a3fb7068-c556-4a24-8eea-cc00951a1061/2016_eng_gb.pdf).

Ein weiterer Preisträger des Red Dot Award ist die TUI Group. Online-Geschäftsbericht 2015/2016 gerecht. Die begleitende Website des Online-Geschäftsberichtes 2015/16 lädt den Besucher ein, in eine Unterwasserlandschaft und gleichzeitig in die Welt des Unternehmens abzutauchen (https://www.tuigroup.com/damfiles/default/tuigroup-15/en/investors/6_Reports-and-presentations/Reports/2016/TUI_AR_2015-16_withMagazine.pdf-4572fe3dec10f0196450291182933f8c.pdf).

Quelle: https://www.red-dot.org/de/about-red-dot/magazin/annual-report-2018/

Bereits zum 19. Mal vergeben wurde Ende November 2018 der ASRA – der Austrian Sustainability Reporting Award, eine Auszeichnung, die von der Kammer der Steuerberater und Wirtschaftsprüfer in Kooperation mit dem Institut Österreichischer Wirtschaftsprüfer, dem Bundesministerium für Nachhaltigkeit und Tourismus, der Industriellenvereinigung, der Österreichischen Gesellschaft für Umwelt und Technik, respACT – austrian business council for sustainable development, dem Umweltbundesamt und der Wirtschaftskammer Österreich an jene österreichischen Unternehmen vergeben wird, die in vorbildlicher Weise den steigenden Anforderungen an die nichtfinanzielle Berichterstattung gerecht werden. Ziel des ASRA ist es, die Nachhaltigkeitsberichterstattung in Österreich auf internationalem Niveau zu fördern und auf innovative Berichte aufmerksam zu machen.

13 österreichische Unternehmen und Organisationen, die im Geschäftsjahr 2017 die Forderung nach ausgewogener und angemessener Darstellung ihrer Nachhaltigkeitsaktivitäten vorbildlich umgesetzt haben, wurden ausgezeichnet.

In der Kategorie „Große Unternehmen" wurde die Raiffeisen Bank International vor der Lenzing AG, der Österreichischen Post AG und Wienerberger zur Gesamtsiegerin gekürt. Bei den Klein- und Mittelbetrieben erhielt Vöslauer Mineralwasser GmbH die begehrte Auszeichnung. In der Kategorie „Öffentliche Unternehmen" gewann die Innsbrucker Kommunalbetriebe AG und in der Kategorie „Integrierte Berichte" führte Palfinger AG vor Verbund AG, VBV-Vorsorgekassen AG und EVN AG.

(Quelle: https://www.ots.at/presseaussendung/OTS_20181113_OTS 0084/austrian-sustainability-reporting-award-2018-an-13-heimische-unternehmen-vergeben-bild)

3.1. Ziele der Jahresabschlussanalyse

Jahresabschlussanalyse bedeutet die statistische Aufbereitung, d.h. Gruppierung, Zusammenfassung, Umbildung und Inbeziehungsetzung der Zahlen der Bilanz und der Gewinn- und Verlustrechnung einer oder mehrerer Bilanzstichtage oder Perioden, um eine kritische Durchleuchtung des Unternehmens zu ermöglichen.

Die Beurteilung von Unternehmen kann in der Weise erfolgen, dass die Vielzahl der übermittelten Daten zu kompakten Größen verdichtet werden, die unmittelbar und in komprimierter Form über die Entwicklung des Unternehmens in der (den) abgelaufenen Periode(n) unterrichten. Resultat dieser Informationsverdichtung können einzelne Kennzahlen (Cashflow, Eigenkapitalrentabilität) oder ein System vieler Kennzahlen sein (Return on Capital Employed), die auf ein übergeordnetes Ziel ausgerichtet sind.

Analysegründe. Die Gründe für eine Analyse sind je nach Durchführendem unterschiedlich. Externe Interessenten wie Gläubiger oder Mitbewerber interessieren sich für die gegenwärtige Lage, können jedoch aufgrund der fehlenden internen Daten nur einen groben Überblick gewinnen. Auch aktuelle oder potenzielle Investoren haben ein Interesse an einer Rentabilitäts- bzw. Vermögensprüfung, da sie wissen wollen, wie sich das eingesetzte Kapital im Unternehmen verzinst und vor allem ob eine Wertsteigerung des investierten Kapitals möglich ist. Die Finanzverwaltung kann mittels Kennzahlenanalyse die Plausibilität des Jahresabschlusses prüfen. Führt das Unternehmen selbst eine Jahresabschlussanalyse durch, geschieht dies meist als Vorstufe für die interne Steuerung. Es können Zeitvergleiche, Soll-Ist-Vergleiche oder Betriebsvergleiche (sogenanntes Benchmarking) durchgeführt werden. Im Rahmen eines Benchmarking werden die Daten mehrerer Unternehmen analysiert, wobei die Kennzahl des besten Unternehmens die Benchmark (auch best practice genannt) darstellt, an welchem sich andere Unternehmen orientieren können. Auch zur Vorbereitung auf eine Unternehmensbewertung ist die Jahresabschlussanalyse geeignet.

Kennzahlen. Kennzahlen sind Maßgrößen, die einen quantitativ erfassbaren Sachverhalt umschreiben. Die zahlreichen vorhandenen Informationen werden durch die Kennzahlen verdichtet, um einen schnellen und umfassenden Einblick in die Lage der Unternehmung zu geben. Nach ihrer funktionalen Ausrichtung kann man Kennzahlen, die Informationen über die Liquidität vermitteln, von solchen unterscheiden, welche die Finanzkraft, die Vermögens- oder die Erfolgslage eines Unternehmens abbilden.

3.2. Vorgehensweise bei der Analyse von Jahresabschlüssen

Aufbereitung des Jahresabschlusses. Die Daten des Jahresabschlusses können nicht direkt für die Analyse herangezogen werden, sie müssen entsprechend aufbereitet werden. Diese aufbereitete Bilanz bzw. GuV-Rechnung bezeichnet man als Strukturbilanz. Sie wird von Analysten für eine verbesserte Analyse genutzt.

Die notwendigen Aufbereitungsmaßnahmen bestehen in:

- Umgliederungen, d.h. Bilanzposten werden zu anderen Posten verrechnet.
- Umbewertungen: einzelne Bilanzposten werden anders bewertet, wodurch es zu Bilanzsummenänderungen kommt (z.B. durch die Aufdeckung von stillen Reserven; nicht eingeforderte Einlagen auf das gezeichnete Kapital werden gegen das Eigenkapital verrechnet).
- Abgrenzung der Schulden: Verbindlichkeiten mit einer Laufzeit von weniger als einem Jahr sind kurzfristige Schulden; Verbindlichkeiten mit einer Laufzeit zwischen einem und fünf Jahren sind mittelfristige Schulden und Verbindlichkeiten mit einer Restlaufzeit von mehr als fünf Jahren werden als langfristige Schulden angesehen. Die Summe ergibt die Gesamtschulden.
- Für externe Analysten ist eine Aufteilung der Rückstellungen in kurz-, mittel- und langfristig nur näherungsweise möglich. Grundsätzlich behilft man sich damit, dass Abfertigungs- und Pensionsrückstellungen als langfristig, alle anderen Rückstellungen dagegen als kurzfristig angesehen werden.

Die Durchführung dieser Aufgaben setzt eine umfassende Kenntnis des Unternehmens voraus. So wird es einem externen Bilanzleser unmöglich sein, Kenntnis über etwaige vorhandene stille Reserven zu erhalten. Wichtige Informationen lassen sich dem Anhang entnehmen. Darin werden weiterführende Informationen zu den einzelnen Posten der Bilanz und der GuV gemacht. Forderungen und Verbindlichkeiten werden ihrer Laufzeit nach aufgeteilt in kurz-, mittel- und langfristig. Wendet ein Unternehmen bei der Erstellung der GuV das Umsatzkostenverfahren an (wie auch der Volkswagen-Konzern), müssen im Anhang Informationen über den Materialaufwand, den Aufwand für bezogene Leistungen sowie den Personalaufwand bereitgestellt werden.

Als einfaches und einführendes Beispiel zum Thema Jahresabschlussanalyse dient uns die aufbereitete Bilanz und Gewinn- und Verlustrechnung (Strukturbilanz) des Volkswagen Konzerns zweier aufeinanderfolgender Geschäftsjahre.

Die notwendigen Aufbereitungsmaßnahmen für den Volkswagen-Konzern sind bereits durchgeführt und bestanden darin, dass die einzelnen Posten des Anlage- und Umlaufvermögens sowie des Eigen- und Fremdkapitals addiert wurden und in der Strukturbilanz lediglich die Summen dargestellt werden. Vorliegender Jahresabschluss wurde nach IFRS erstellt:

Gewinn- und Verlustrechnung	GJ 1	GJ 2	∆	in %
Umsatzerlöse	104.875	93.996	10.879	11,6
Herstellkosten	-91.020	-81.733	-9.287	11,4
Bruttoergebnis vom Umsatz	**13.855**	**12.263**	**1.592**	**13,0**
Vertriebskosten	-9.180	-8.628	-552	6,4
Verwaltungskosten	-2.312	-2.225	-87	3,9
Sonstige betriebliche Erträge	4.714	4.397	317	7,2
Sonstige Betriebliche Aufwendungen	-5.068	-3.269	-1.799	55,0
Betriebsergebnis	**2.009**	**2.538**	**-529**	**-20,8**
Finanzergebnis	-216	-917	701	76,4
Ergebnis vor Steuern	**1.793**	**1.621**	**172**	**10,6**
Ertragsteuern	162	-571	733	128,4
Jahresüberschuss	**1.955**	**1.050**	**905**	**86,2**

Bilanz	GJ 1	GJ 2	∆	in %
Anlagevermögen	75.374	75.235	139	0,2
Vorräte	12.463	12.643	-180	-1,4
Forderungen	34.308	33.223	1.085	3,3
Liquide Mittel und Wertpapiere	14.458	11.980	2.478	20,7
Summe Aktiva	**136.603**	**133.081**	**3.522**	**2,6**
Eigenkapital	26.959	23.647	3.312	14,0
Langfristiges Fremdkapital	56.159	56.125	34	0,1
Kurzfristiges Fremdkapital	53.485	53.309	176	0,3
Summe Passiva	**136.603**	**133.081**	**3.522**	**2,6**

Kennzahlen	GJ 1	GJ 2
Eigenkapitalquote	19,7 %	17,8 %
Anlagendeckung	110,3 %	106,0 %
Gesamtkapitalrentabilität (ROI)	1,5 %	1,9 %
Eigenkapitalrentabilität	6,7 %	6,9 %
Umsatzrentabilität (Operating Margin)	1,9 %	2,7 %
Bruttoergebnis in % vom Umsatz	13,2 %	13,0 %
Jahresüberschuss in Mio. EUR	1.955	1.050

Abbildung 56: Strukturbilanz Volkswagen AG

Arten von Kennzahlen. Hinsichtlich der Einteilung der Kennzahlen nach der mathematischen Ermittlung kann zwischen absoluten und relativen Kennzahlen unterschieden werden. Absolute Kennzahlen können zum Teil direkt aus dem Jahresabschluss entnommen werden (z.B. Jahresüberschuss, Umsatzerlöse), zum Teil setzen sie sich aus verschiedenen Einzelgrößen zusammen (z.B. Cashflow). Sie besitzen jedoch oft nur eine begrenzte Aussagekraft, weil sie zu wenig über die Zusammensetzung der Gesamtheit aussagen und weil ihre Stellung zu über-, unter- oder gleichgeordneten Größen nicht unmittelbar erkennbar ist. Als Beispiel für eine absolute Kennzahl im Volkswagen Konzern ist der Jahresüberschuss angeführt. Ohne weiterführende Informationen ist diese Kennzahl nur von sehr eingeschränkter Aussagefähigkeit. Es wäre denkbar, dass das Unternehmen aus dem operativen Geschäft einen Verlust erzielt und nur durch Auflösung von Rücklagen zu einem positiven Jahresüberschuss gekommen ist. Daher werden die absoluten Größen häufig nur als Ausgangsgrößen zur Ermittlung von relativen Kennzahlen (Verhältniszahlen) verwendet. Bei diesen lassen sich wiederum Gliederungs- und Beziehungszahlen unterscheiden. *Gliederungszahlen* sind Zahlen, bei denen einzelne Größen zur Gesamtheit, der sie angehören, ins Verhältnis gesetzt werden. Sie werden verwendet, um die Struktur einer Gesamtheit aufzuzeigen, wie beispielsweise die Vermögensstruktur (z.B. Umlaufvermögen zum Gesamtvermögen), die Kapitalstruktur (z.B. Eigenkapital zu Gesamtkapital) oder die Struktur der Aufwendungen (z.B. Abschreibungen zum Gesamtaufwand oder Materialaufwand zum Gesamtaufwand). Als Beispiel für eine Gliederungszahl wurde für den Volkswagen Konzern die Eigenkapitalquote dargestellt. Dabei wird das Eigenkapital des Unternehmens in Beziehung zum Gesamtkapital gesetzt.

Beziehungszahlen entstehen, wenn voneinander verschiedene Größen, die einen inneren Zusammenhang aufweisen, zueinander in Beziehung gesetzt werden. Sie stellen Mittel-Zweck-Relationen im weitesten Sinne dar. Beispiele sind Rentabilitätskennzahlen, die eine Erfolgsgröße zu einem bestimmten Kapitaleinsatz (Eigenkapital oder Gesamtkapital) als verursachende Größe in Beziehung setzen. Eigenkapitalrentabilität, Gesamtkapitalrentabilität und die Umsatzrentabilität des Volkswagen Konzerns sind als Beispiele für Beziehungszahlen dargestellt, jeweils wird eine Erfolgsgröße (z.B. Jahresüberschuss bzw. Betriebserfolg) zu einer Bezugsgröße (Eigenkapital, Gesamtkapital oder Umsatz) in Beziehung gesetzt.

Eine weitere Kategorie von Kennzahlen stellen die *Indexzahlen* dar. Diese werden errechnet, indem gleichartige Zahlen verschiedener Zeitpunkte bzw. Zeiträume zueinander in Beziehung gesetzt werden, wobei eine Größe als Basis verwendet wird. Mit Indexzahlen kann die zeitliche Entwicklung der Ausgangsgröße verdeutlicht werden. Darüber hinaus sind Trendberechnungen möglich. So gibt der Lebenshaltungskostenindex (Verbraucherpreisindex) Auskunft über das Maß der Teuerung (über die Entwicklung der Kaufkraft des Geldes).

Einsatz von Kennzahlensystemen. Ein Kennzahlensystem (synonym Performance Measurement System) beinhaltet ein Set an betriebswirtschaftlichen Kennzahlen, die zueinander in Beziehung stehen und die Leistungsfähigkeit eines Unternehmens bzw. eines Unternehmensbereichs mess- und steuerbar machen. Im Controlling werden „Rechensysteme“ und „Ordnungssysteme“ unterschieden. Rechensysteme charakterisieren sich durch mathematische Verknüpfungen zwischen den einzelnen Kennzahlen. Im Gegensatz dazu weisen Ordnungssysteme (z.B. die Balanced Scorecard) „nur“ einen sachlogischen Zusammenhang zwischen den Kennzahlen auf, was aber auch die Integration von nichtfinanziellen Kennzahlen (z.B. Kundenzufriedenheit, Durchlaufzeit) ermöglicht.

Der *ROCE-Kennzahlenbaum (ROCE = Return on Capital Employed)* ist ein Kennzahlensystem zur Unternehmenssteuerung (siehe dazu Band IV Kapitel 3). Er stellt die Rentabilität des eingesetzten Kapitals und ihre Einflussgrößen in einem rechnerisch verknüpften Zusammenhang dar. Veränderungen des ROCE können direkt aus den Veränderungen einzelner Größen errechnet werden. Da sich so gut wie alle lang-, mittel- und kurzfristigen unternehmerischen Entscheidungen in einer oder mehreren Komponenten des ROCE-Kennzahlenbaums niederschlagen, werden ihre Auswirkungen auf die Kapitalrentabilität erkennbar.

3.3. Analyse der Jahresabschlüsse der Firma Süßwaren AG

Jahresabschlussanalyse der Firma Süßwaren AG. Bei der Firma Süßwaren AG handelt es sich um ein fiktives österreichisches Unternehmen, welches in der Süßwarenbranche tätig ist. Das Unternehmen produziert Schokolade, Kekse, Waffeln und Pralinen in hochwertiger Qualität – die verwendeten Zutaten stammen ausschließlich aus biologischer Produktion – und beliefert Unternehmen in der gesamten Europäischen Union. Sitz des Unternehmens ist in Linz. Produktionsstandorte befinden sich neben Linz noch in Graz, sowie in Hamburg und Brüssel. Eigene Verkaufsniederlassungen gibt es in Wien und Innsbruck, sowie seit Ende 2007 auch in Deutschland (Hamburg) und in Frankreich (Paris). Geplant ist die Erschließung des amerikanischen Marktes. In den vergangenen Jahren durchgeführte Marktstudien lassen darauf schließen, dass die Produkte der Firma Süßwaren AG dem Geschmack der amerikanischen Kunden entsprechen.

Alle Produktionsprozesse, die zur Schokoladenerzeugung dazugehören, erfolgen im Unternehmen. Jährlich werden an den verschiedenen Standorten hohe Summen investiert, um technisch am neuesten Stand zu sein.

Der Jahresabschluss der Süßwaren AG entspricht den Vorschriften des österreichischen UGB.

Anhand der Analyse der Jahresabschlüsse dreier aufeinanderfolgender Jahre der Firma Süßwaren AG erfolgt die Berechnung und Erläuterung der Kennzahlen.

Zunächst wird die Berechnung der Kennzahl dargestellt, daran anschließend werden die aus dem Jahresabschluss der Firma Süßwaren AG berechneten Kennzahlen gezeigt.

Bilanz (Beträge in T€)		**Aktuelles GJ**		**Vorjahr**		**Vorvorjahr**	
Aktiva		**T€**	**%**	**T€**	**%**	**T€**	**%**
A.	**Anlagevermögen**						
I.	Immaterielle Vermögensgegenstände	4.400	2,0	3.800	1,9	3.000	1,7
II.	Sachanlagen	106.700	49,4	102.400	52,5	92.600	53,0
III.	Finanzanlagen	8.700	4,0	7.300	3,7	6.400	3,7
	Anlagevermögen	**119.800**	**55,4**	**113.500**	**58,2**	**102.000**	**58,4**
B.	**Umlaufvermögen**						
I.	Vorräte	44.000	20,4	36.600	18,8	30.700	17,6
II.	Forderungen und sonstige Vermögensgegenstände	48.000	22,2	41.300	21,2	40.200	23,0
	davon mit einer Laufzeit über einem Jahr	*0*	*0,0*	*0*	*0,0*	*0*	*0,0*
III.	Kassenbestand, Guthaben bei Kreditinstituten	3.400	1,6	2.500	1,3	1.100	0,6
Σ	**Umlaufvermögen**	**95.400**	**44,1**	**80.400**	**41,2**	**72.000**	**41,2**
C.	**Rechnungsabgrenzungsposten**	1.000	0,5	1.100	0,6	600	0,3
Σ	**Aktiva**	**216.200**	**100,0**	**195.000**	**100,0**	**174.600**	**100,0**

	Passiva	**T€**	**%**	**T€**	**%**	**T€**	**%**
A.	**Eigenkapital**						
I.	Grundkapital	27.400	12,7	27.400	14,1	27.400	15,7
II.	Gewinnrücklagen	38.500	17,8	37.000	19,0	35.200	20,2
III.	Bilanzgewinn	1.000	0,5	1.200	0,6	2.400	1,4
Σ	**Eigenkapital**	**66.900**	**30,9**	**65.600**	**33,6**	**65.000**	**37,2**

B.	**Rückstellungen**						
I.	Rückstellungen für Abfertigungen	11.000	5,1	11.200	5,7	10.700	6,1
II.	Rückstellungen für Pensionen	12.000	5,6	12.700	6,5	12.600	7,2
III.	Steuerrückstellungen	300	0,1	400	0,2	600	0,3
IV.	Sonstige Rückstellungen	8.000	3,7	8.300	4,3	9.100	5,2
Σ	**Rückstellungen**	**31.300**	**14,5**	**32.600**	**16,7**	**33.000**	**18,9**
C.	**Verbindlichkeiten**						
I.	Verbindlichkeiten gegenüber Kreditinstituten	80.000	37,0	53.500	27,4	34.500	19,8
	davon mit einer Laufzeit über einem Jahr	*45.000*	*20,8*	*30.000*	*15,4*	*6.000*	*3,4*
II.	Verbindlichkeiten aus Lieferungen und Leistungen	16.000	7,4	22.400	11,5	20.000	11,5
	davon mit einer Laufzeit über einem Jahr	*0*	*0,0*	*0*	*0,0*	*0*	*0,0*
III.	Verbindlichkeiten gegenüber verbundenen Unternehmen	500	0,2	500	0,3	100	0,1
	davon mit einer Laufzeit über einem Jahr	*0*	*0,0*	*0*	*0,0*	*0*	*0,0*
IV.	Sonstige Verbindlichkeiten	21.500	9,9	20.400	10,5	22.000	12,6
	davon mit einer Laufzeit über einem Jahr	*2.000*	*0,9*	*7.000*	*3,6*	*6.000*	*3,4*
Σ	**Verbindlichkeiten**	**118.000**	**54,6**	**96.800**	**49,6**	**76.600**	**43,9**
Σ	**Passiva**	**216.200**	**100,0**	**195.000**	**100,0**	**174.600**	**100,0**

Tabelle 26: Bilanzen der Firma Süßwaren AG

Gewinn- und Verlustrechnung zum 31. Dezember (Beträge in TEUR)		**Aktuelles Jahr**		**Vorjahr**		**Vorvorjahr**	
		in T€	%	in T€	%	in T€	%
1.	Umsatzerlöse	272.300	99,1	279.900	97,0	263.000	98,4
2.	Veränderungen des Bestandes an fertigen und unfertigen Erzeugnissen	700	–0,3	4.400	1,5	400	0,1
3.	andere aktivierte Eigenleistungen	1.300	0,5	1.200	0,4	800	0,3
4.	Sonstige betriebliche Erträge	1.900	0,7	3.100	1,1	3.200	1,2

Gewinn- und Verlustrechnung zum 31. Dezember (Beträge in TEUR)	Aktuelles Jahr		Vorjahr		Vorvorjahr	
	in T€	%	in T€	%	in T€	%
5. Gesamtleistung	**274.800**	**100,0**	**288.600**	**100,0**	**267.400**	**100,0**
6. Aufwendungen für Material und sonstige bezogene Herstellungskosten	–143.200	–52,1	–159.100	–55,1	–148.000	–55,3
7. Personalaufwand	–67.600	–24,6	–68.400	–23,7	–62.800	–23,5
8. Abschreibungen auf immaterielle Gegenstände des Anlagevermögens und Sachanlagen	–16.700	–6,1	–15.400	–5,3	–14.600	–5,5
9. Sonstige betriebliche Aufwendungen	–42.600	–15,5	–41.400	–14,3	–35.600	–13,3
10. Betriebsergebnis (EBIT)	**4.700**	**1,7**	**4.300**	**1,5**	**6.400**	**2,4**
11. Erträge aus anderen Wertpapieren des Finanzanlagevermögens	400	0,1	400	0,1	300	0,1
12. Sonstige Zinsen und ähnliche Erträge	100	0,0	100	0,0	100	0,0
13. Aufwendungen aus Finanzanlagen	–200	–0,1	–300	–0,1	0	0,0
14. Zinsen und ähnliche Aufwendungen	–3.450	–1,3	–3.600	–1,2	–3.300	–1,2
15. Zwischensumme aus Z 11 bis Z 14 (Finanzergebnis)	**–3.150**	**–1,1**	**–3.400**	**–1,2**	**–2.900**	**–1,1**
16. Ergebnis vor Steuern (Zwischensumme aus Z 10 und Z 15)	**1.550**	**0,6**	**900**	**0,3**	**3.500**	**1,3**
17. Steuern vom Einkommen und Ertrag	–250	–0,1	–300	–0,1	–600	–0,2
18. Jahresüberschuss	**1.300**	**0,5**	**600**	**0,2**	**2.900**	**1,1**
19. Zuweisung zu Gewinnrücklagen	–1.500	–0,5	–1.800	–0,6	–900	–0,3
20. Gewinnvortrag aus dem Vorjahr	1.200	0,4	2.400	0,8	400	0,1
21. Bilanzgewinn	**1.000**	**0,4**	**1.200**	**0,4**	**2.400**	**0,9**

Tabelle 27: Gewinn- und Verlustrechnungen der Firma Süßwaren AG

SÜSSWAREN AG	aktuelles Jahr	Vorjahr	Vorvor-jahr
Kurzfristiges Fremdkapital	**in T€**	**in T€**	**in T€**
Steuerrückstellungen	300	400	600
Sonstige Rückstellungen	8.000	8.300	9.100
Verbindlichkeiten gegenüber Kreditinstituten	35.000	23.500	28.500
Verbindlichkeiten aus Lieferungen und Leistungen	16.000	22.400	20.000
Verbindlichkeiten gegenüber verbundenen Unternehmen	500	500	100
Sonstige Verbindlichkeiten	19.500	13.400	16.000
Σ kurzfristiges Fremdkapital	**79.300**	**68.500**	**74.300**
Langfristiges Fremdkapital			
Rückstellungen für Abfertigungen	11.000	11.200	10.700
Rückstellungen für Pensionen	12.000	12.700	12.600
Verbindlichkeiten gegenüber Kreditinstituten	45.000	30.000	6.000
Sonstige Verbindlichkeiten	2.000	7.000	6.000
Σ langfristiges Fremdkapital	**70.000**	**60.900**	**35.300**
Gesamtes Fremdkapital	**149.300**	**129.400**	**109.600**

Tabelle 28: Sonstige – dem Anhang entnommene – Angaben der Jahresabschlüsse der Firma Süßwaren AG

Anmerkung: Für die Berechnung der nachfolgenden Kennzahlen wird aus Vereinfachungsgründen lediglich zwischen kurz- (Laufzeit bis zu einem Jahr) und langfristigem Fremdkapital (Laufzeit über einem Jahr) unterschieden.

3.3.1. Analyse der Vermögenslage

Kennzahlen zur Vermögenslage. Dieses Kennzahlenfeld bezieht sich auf die Mittelverwendungsseite der Bilanz. Die aus der Vermögensstruktur abgeleiteten Kennzahlen haben jedoch nur einen bedingten Aussagewert, da die Vermögensstruktur eines Unternehmens von unterschiedlichen Einflussgrößen bestimmt wird.

Darüber hinaus determiniert die Branche die Höhe des Anlagevermögens, des Vorratsvermögens etc. Interessant sind in diesem Bereich daher Branchenvergleiche oder Zeitreihenvergleiche.

Das Bilanzvermögen wird der Anlagenintensität in Relation gesetzt.

Anlagevermögen immer mit Fixkosten behaftet
↳ Abschreibung durchführen

Anlagenintensität. Die Kennzahl Anlagenintensität setzt das Anlagevermögen in Beziehung zum Gesamtvermögen. Ein verhältnismäßig niedriges Anlagevermögen kann z.B. eine hohe Auslastung, hohe Zulieferleistungen, aber auch die Verwendung überalterter Anlagen oder übermäßig hohe Bestände an Umlaufvermögen bedeuten.

Geringes Anlagevermögen kann auf Flexibilität hindeuten, aber auch auf eine Ausrichtung auf geringe Stückzahlen.

Ein steigendes Anlagevermögen im Verhältnis zum Umlaufvermögen kann z.B. auf hohe Investitionen in der unmittelbaren Vergangenheit hindeuten.

Anlagenintensität = Anlagevermögen × 100 / Gesamtvermögen

SÜSSWAREN AG	aktuelles Jahr	Vorjahr	Vorvorjahr
Anlagenintensität	55,4 %	58,2 %	58,4 %

Produktionsbetriebe haben im Vergleich zu Handels- oder Dienstleistungsunternehmen eine höhere Anlagenintensität. Eine sehr hohe Anlagenintensität birgt jedoch die Gefahr der *Illiquidität,* da bei kurzfristigen Finanzierungsengpässen Anlagevermögen nicht so rasch veräußert werden kann wie Umlaufvermögen. Hohes Anlagevermögen verringert auch die *Flexibilität* des Unternehmens hinsichtlich der Anpassung bei unterschiedlichen Beschäftigungsgraden, da die Belastung mit *Fixkosten* (darunter versteht man jene Kosten, die in einem Unternehmen z.B. auch bei einem Produktionsstillstand anfallen würden, wie z.B. die Miete, das Gehalt des Geschäftsführers, usw. Näheres dazu im Band II Kosten- und Leistungsrechnung) bei anlagenintensiven Unternehmen höher ist. Ebenso liegt eine *verringerte Anpassungsfähigkeit* anlagenintensiver Unternehmen bei Strukturveränderungen auf den Absatzmärkten und technologischem Wandel vor.

Nicht zu vergessen sind die Kapitalkosten zur Bedienung des Fremdkapitals, welches zur Finanzierung der Vermögensgüter benötigt wurde.

Beim externen Bilanzvergleich ist zu beachten, dass im österreichischen UGB die Bewertung des Anlagevermögens mit den fortgeführten Anschaffungskosten (darunter versteht man die Anschaffungskosten abzüglich der jährlichen Abschreibung) zu erfolgen hat, während die IFRS die Möglichkeit der Neubewertung von Anlagevermögen beinhalten (in den meisten Fällen führt die Neubewertung zu einem höheren Ausweis an Anlagevermögen).

Die Interpretation der Kennzahl ist nicht ganz einfach, da aus der Berechnung nicht hervorgeht, welche Gründe zu einer Erhöhung/Reduktion der Anlagenintensität geführt haben. Für eine Erhöhung der Anlagenintensität, d.h. das Anlagevermögen nimmt einen größeren Anteil an der Bilanzsumme ein, können mehrere Gründe verantwortlich sein:

Wachstumsorientierte Investitionspolitik	Investitionen ins Anlagevermögen als Resultat einer Wachstumsstrategie erhöhen das Anlagevermögen.
Verkleinerung des Umlaufvermögens, insbesondere der Vorräte	Lean Production (= „Schlanke Produktion“) verlangt eine Reduzierung der Vorratshaltung. Falls die Vorratsbestände reduziert werden, erhöht sich dadurch die Anlageintensität. Dazu ein Beispiel: **Situation 1:** UV = 100, davon 50 Vorräte AV = 100 Anlageintensität = (100 × 100) / 200 = 50 % **Situation 2:** UV = 70, davon 30 Vorräte (Vorrat wird um 20 reduziert) AV = 100 (unverändert) Anlageintensität = (100 × 100) / 170 = 58,82 %
Verschlechterung der Beschäftigungslage	Eine Verschlechterung der Beschäftigungslage führt in vielen Fällen schnell zu einer Anpassung des Umlaufvermögens, nicht dagegen zu einer Anpassung des Anlagevermögens.

Abbildung 57: Ursachen für die Erhöhung der Anlagenintensität

Diese drei Ursachen lassen sich mit folgenden Kennzahlen überprüfen:

Ursache	Kennzahl	Interpretation
Wachstumsorientierte Investitionspolitik	$\dfrac{\textbf{Investitionen} \times \textbf{100}}{\textbf{Abschreibung auf das Anlagevermögen}}$	Ist diese Kennzahl größer 100 %, kann von einer wachstumsorientierten Investitionspolitik gesprochen werden
Verkleinerung des Umlaufvermögens, insbesondere der Vorräte	**Umsatzerlöse/Vorräte**	Wird diese Kennzahl größer, so wurden die Vorräte gekürzt, was zu einem Anstieg der Anlageintensität führt.
Verschlechterung der Beschäftigungslage	**Umsatzerlöse/ Anlagevermögen**	Falls diese Kennzahl kleiner wird, so hat die schlechte Beschäftigungslage zu einer Reduzierung des Umlaufvermögens geführt. Dadurch steigt die Anlageintensität.

Tabelle 29: Kennzahlen zur Feststellung der Ursachen für die Abweichungen

Die Firma Süßwaren AG weist im Analysezeitraum eine Anlagenintensität zwischen 58,4 % und 55,4 % auf. Es handelt sich um einen Produktionsbetrieb, da aber zum Bilanzstichtag generell hohe Lagerbestände an Fertigfabrikaten und Rohstoffen vorhanden sind, da die Waren für das Ostergeschäft zum Großteil bereits produziert aber noch nicht ausgeliefert wurden, verfügt das Unternehmen auch über ein hohes Vorratsvermögen. Während des Untersuchungszeitraumes hat sich die Anlagenintensität auch nur geringfügig verändert. Dem Geschäftsbericht des Unternehmens ist zu entnehmen, dass in den vergangenen Geschäftsjahren sehr hohe Investitionen in das Anlagevermögen getätigt wurden, denen durch die langen Anlaufzeiten noch keine Rationalisierungseffekte gegenüberstehen. In den kommenden Jahren sind aber durch diese Investitionen, vor allem durch die Gründung eigener Verkaufsniederlassungen in Deutschland und Frankreich und durch die ständige Erweiterung und Erneuerung des Maschinenparks positive Effekte zu erwarten.

Umlaufvermögensintensität. Analog zur Kennzahl Anlagenintensität kann auch die Umlaufvermögensintensität errechnet werden, indem das Umlaufvermögen in Beziehung zum Gesamtvermögen gesetzt wird. Bei der Firma Süßwaren AG beträgt die Umlaufvermögensintensität im aktuellen Geschäftsjahr 44,2 %.

Investitionsquote. Die Kennzahl Investitionsquote (Verhältnis der Investitionsausgaben zu den Gesamtausgaben eines Unternehmens), die als Maßstab für die Zukunftsvorsorge in einem Unternehmen gilt, da ja zukünftige Erfolge über derzeit getätigte Investitionen erzielt werden müssen, ergibt für die Firma Süßwaren AG im Analysezeitraum einen Wert von ca. 7 %. Dies bedeutet, dass jährlich rund 7 % Investitionen in das Sachanlagevermögen erfolgen. Eine Aussage über die Notwendigkeit oder Qualität der Investitionen enthält diese Kennzahl jedoch nicht. Alternative Finanzierungsformen, wie z.B. Leasing statt Kauf, können diese Kennzahl stark verfälschen.

Abschreibungsquote. Die Abschreibungsquote[3], welche die jährlichen Abschreibungen des Sachanlagevermögens in Beziehung zu den historischen Anschaffungs- oder Herstellungskosten des Sachanlagevermögens setzt, liegt im Analysezeitraum bei durchschnittlich 5 %. Aus ihr können Erkenntnisse über die durchschnittliche Nutzungsdauer der Anlagegüter gewonnen werden. Aus der Betrachtung der zeitlichen Entwicklung dieser beiden Kennzahlen kann geschlossen werden, dass das Unternehmen seine Substanz vergrößert. Umgekehrt bedeutet eine sinkende Abschreibungsquote bei gleichzeitig abnehmender Investitionsquote, dass ein Unternehmen von seiner Substanz lebt.

Investitionsquote = Nettoinvestitionen in das Sachanlagevermögen × 100 / historische Anschaffungskosten/Herstellkosten in das Sachanlagevermögen zum 1.1.

Kennzahl	Aktuelles Geschäftsjahr	Vorjahr	Vorvorjahr
Investitionsquote	6,6 %	8,6 %	7,9 %

3 Für die Berechnung dieser Kennzahl ist der Anlagenspiegel des Unternehmens erforderlich.

Abschreibungsquote = Jahresabschreibungen auf das Sachanlagevermögen × 100 / historische Anschaffungskosten/Herstellkosten in das Sachanlagevermögen

Kennzahl	Aktuelles Geschäftsjahr	Vorjahr	Vorvorjahr
Abschreibungsquote	4,9 %	5,0 %	4,9 %

3.3.2. Finanzierungsanalyse

Kennzahlen zur Finanzierung. Dieses Kennzahlenfeld bezieht sich auf die Mittelherkunftsseite der Bilanz.

Durch die Finanzierungsanalyse sollen die Kapitalstruktur und die Kreditstruktur untersucht werden und daraus das Kreditpotenzial und die kostengünstigste Finanzierung des Unternehmens festgestellt werden.

In der Praxis wurden verschiedene Finanzierungsregeln für das „optimale“ Verhältnis von Eigen- und Fremdkapital entwickelt. Diese Regeln bleiben Erklärungen zumeist schuldig. Fest steht jedoch, dass in Österreich der Verschuldungsgrad im Laufe der Jahrzehnte immer größer geworden ist und derzeit bei etwa 75–85 % liegt.

Bei der Analyse des optimalen Verschuldungsgrades müssen drei Aspekte beachtet werden:

- Rentabilität
- Risiko
- Unabhängigkeit

Zu den Aufgaben, welche das Eigenkapital wahrnimmt, zählen:

- Krisenvorsorge
- Risikoträger (mit Fremdkapital sollen keine unangemessen hohen Risiken übernommen werden)
- Sicherung der Unabhängigkeit
- Sicherung des Wettbewerbsvorteils aufgrund geringerer Belastung mit Fremdkapital.

Eigenkapitalquote = Eigenkapital × 100 / Gesamtkapital

Kennzahl	Aktuelles Geschäftsjahr	Vorjahr	Vorvorjahr
Eigenkapitalquote	30,9 %	33,6 %	37,2 %

Eigenkapitalquote. Die Eigenkapitalquote ist eine zentrale Kennzahl bei Ratingmodellen[4]. Für gute Unternehmen wird in der Analysepraxis eine Eigenkapitalquote von größer 20 % angesehen. Ein Wert über 30 % wird als sehr gut beurteilt.

4 Im Bankwesen versteht man unter Rating die Einschätzung der Zahlungsfähigkeit eines Kunden. Dabei finden Ratingcodes Anwendung. Es handelt sich dabei um einen Buchstabenschlüssel, der das Ausfallrisiko eines Schuldners darstellt und somit eine Beurteilung der Bonität des Schuldners erlaubt.

Bei der Firma Süßwaren AG ist die Eigenkapitalquote im Untersuchungszeitraum zwar gesunken, liegt aber deutlich über dem Durchschnitt österreichischer Betriebe. Mangelnde Eigenkapitalausstattung ist eine der wesentlichen Insolvenzursachen in Österreich.

Fremdkapitalquote
Summe Rückstellung +
Summe Verbindlichkeiten =
FK

Verschuldungsgrad = Fremdkapital × 100 / Gesamtkapital

Kennzahl	Aktuelles Geschäftsjahr	Vorjahr	Vorvorjahr
Verschuldungsgrad	69,1 %	66,4 %	62,8 %

Verschuldungsgrad. Der Verschuldungsgrad gibt an, wie hoch der Anteil des Fremdkapitals am Gesamtkapital ist. Beide Kennzahlen zusammen – Verschuldungsgrad und Eigenkapitalquote – müssen als Ergebnis 100 % betragen.

Langfristige Kapitalquote. Die langfristige Kapitalquote gibt darüber Auskunft, wie hoch der Anteil des langfristig (länger als ein Jahr) zur Verfügung stehenden Eigen- und Fremdkapitals ist. Es besteht ein Zusammenhang mit dem Anlagevermögen, da dieses ebenfalls langfristig dem Unternehmen zur Verfügung steht und im Sinne der „goldenen Bilanzregel" auch mit langfristigem Kapital finanziert werden soll.

Für die Berechnung dieser Kennzahl ist die Aufgliederung des Fremdkapitals in kurz- und langfristig vorzunehmen. In einer Bilanz, die den Richtlinien des UGB folgt, sind Verbindlichkeiten mit einer Restlaufzeit bis zu einem Jahr und solche mit einer Restlaufzeit über einem Jahr in der Bilanz getrennt auszuweisen. Verbindlichkeiten mit einer Laufzeit über fünf Jahren sind im Anhang des Jahresabschlusses aufzugliedern. Auch bei einer IFRS-Bilanz erfolgt passivseitig eine Gliederung des Kapitals nach der Fristigkeit in kurz- und langfristig.

SÜSSWAREN AG	aktuelles Jahr	Vorjahr	Vorvorjahr
Kurzfristiges Fremdkapital	**in T€**	**in T€**	**in T€**
Steuerrückstellungen	300	400	600
Sonstige Rückstellungen	8.000	8.300	9.100
Verbindlichkeiten gegenüber Kreditinstituten	35.000	23.500	28.500
Verbindlichkeiten aus Lieferungen und Leistungen	16.000	22.400	20.000
Verbindlichkeiten gegenüber verbundenen Unternehmen	500	500	100
Sonstige Verbindlichkeiten	19.500	13.400	16.000
Σ kurzfristiges Fremdkapital	**79.300**	**68.500**	**74.300**

langfristiges Fremdkapital			
Rückstellungen für Abfertigungen	11.000	11.200	10.700
Rückstellungen für Pensionen	12.000	12.700	12.600
Verbindlichkeiten gegenüber Kreditinstituten	45.000	30.000	6.000
Sonstige Verbindlichkeiten	2.000	7.000	6.000
Σ langfristiges Fremdkapital	**70.000**	**60.900**	**35.300**
Gesamtes Fremdkapital	**149.300**	**129.400**	**109.600**

Tabelle 30: Gliederung des Fremdkapitals nach Fristigkeit für die Firma Süßwaren AG

Langfristige Kapitalquote = (Eigenkapital + langfristiges Fremdkapital) × 100 / Gesamtkapital

Kennzahl	Aktuelles Geschäftsjahr	Vorjahr	Vorvorjahr
Langfristige Kapitalquote	63,3 %	64,9 %	57,4 %

Das der Firma Süßwaren AG zur Verfügung stehende langfristige Kapital liegt im aktuellen Geschäftsjahr bei rund 63 %. Das bedeutet ca. 37 % bzw. € 79,3 Mio. kurzfristiges Fremdkapital, welches innerhalb eines Jahres rückzahlbar ist. Dem gegenüber stehen aber Forderungen und Vorräte in Höhe von ca. € 92 Mio.

Effektivverschuldung. Die Effektivverschuldung gibt über die tatsächliche Verschuldung im Unternehmen Auskunft.

Effektivverschuldung = Fremdkapital – verzinsliches Umlaufvermögen[5]

Kennzahl	Aktuelles Geschäftsjahr	Vorjahr	Vorvorjahr
Effektivverschuldung (in T€)	145.900	126.900	108.500

Die Kennzahl Effektivverschuldung wird zur Berechnung der Schuldentilgungsdauer (dynamischer Verschuldungsgrad) herangezogen. Im aktuellen Geschäftsjahr betrug die Effektivverschuldung in der Süßwaren AG rund € 146 Mio.

Nettofinanzverschuldung. Die Nettofinanzverschuldung errechnet sich, indem von der Summe der zinstragenden Verbindlichkeiten die verzinslichen Aktiva (überschüssige Barreserven) abgezogen werden. Verbindlichkeiten aus Lieferungen und Leistungen werden nicht eingerechnet, da sie zum laufenden Geschäftsbetrieb gehören und in der Regel nicht zinstragend sind. Die überschüssigen Barreserven bestehen aus Bargeld, Sichteinlagen und kurzfristigen Geldanlagen,

5 Verzinsliches Umlaufvermögen beinhaltet im Wesentlichen Guthaben bei Bankinstituten.

die nicht aus reinen Liquiditätsgesichtspunkten zur Aufrechterhaltung der Geschäftstätigkeit erforderlich sind.

Nettofinanzverschuldung = verzinsliche Passiva – verzinsliche Aktiva

Kennzahl	Aktuelles Geschäftsjahr	Vorjahr	Vorvorjahr
Nettofinanzverschuldung (in T€)	76.600	51.000	33.400

Gearing Ratio. Die Kennzahl Gearing Ratio misst die finanzielle Lage bzw. die Finanzierungsstruktur als Verhältnis der Nettofinanzverschuldung in Relation zum Eigenkapital. Sie zeigt, welches Eigenkapital notwendig ist, um die finanziellen und strategischen Freiräume zu sichern, wobei sie die Fristenkongruenz der Zahlungsströme vernachlässigt.

Gearing Ratio = Nettofinanzverschuldung / Eigenkapital × 100

Kennzahl	Aktuelles Geschäftsjahr	Vorjahr	Vorvorjahr
Gearing Ratio	114,4 %	77,7 %	51,4 %

Unter „Gearing" versteht man das Verhältnis zwischen dem netto zu verzinsenden Kapital (= zu verzinsendes Kapital abzüglich liquider Mittel) und dem Eigenkapital.

Ein Gearing von 114 % sagt aus, dass die Finanzverbindlichkeiten nach Abzug der liquiden Mittel 114 % des Eigenkapitals betragen.

Schuldentilgungsdauer. Die Schuldentilgungsdauer zeigt jene Anzahl von Jahren, die ein Unternehmen benötigt, um das gesamte Fremdkapital (Verbindlichkeiten und Rückstellungen) mit selbst erwirtschafteten Mitteln zurückzubezahlen. Eine hohe Entschuldungsdauer weist auf eine hohe Abhängigkeit von Fremdkapitalgebern hin. Diese Kennzahl wird im Rahmen von Insolvenzprognosen sowie Bonitäts- und Ratingmodellen als zentrale Kennzahl gesehen.

In der betrieblichen Praxis wird ein Zeitraum von weniger als fünf Jahren für gute Unternehmen angenommen.

Schuldentilgungsdauer = Effektivverschuldung / Cashflow

Kennzahl	Aktuelles Geschäftsjahr	Vorjahr	Vorvorjahr
Schuldentilgungsdauer	8,5 Jahre	7,6 Jahre	8,7 Jahre

Die Süßwaren AG wäre bei gleichbleibendem Cashflow in der Lage, das gesamte Fremdkapital innerhalb von etwa neun Jahren zurückzuzahlen.

Anzumerken ist, dass bei der Berechnung der Kennzahl der operative Cashflow herangezogen wird. Dieser steht jedoch in den meisten Fällen nicht ausschließlich für die Rückzahlung des Fremdkapitals zur Verfügung, sondern – abhängig von der Rechtsform des Unternehmens – auch für Privatentnahmen, Investitionen oder Dividendenzahlungen. Und letztlich haben die ermittelten Werte nur Gültigkeit, wenn die Höhe des Cashflows im Zeitablauf keinen Schwankungen unterliegt. Dieses Problem könnte durch Verwendung eines mittelfristig zu erwartenden, nachhaltigen Cashflows gemildert werden.

3.3.3. Liquiditätsanalyse

Kennzahlen zur Liquidität. Unter dem Begriff „Liquidität" wird die Fähigkeit des Unternehmens verstanden, seinen fälligen Zahlungsverpflichtungen jederzeit uneingeschränkt nachzukommen.

Durch die Liquiditätsanalyse soll festgestellt werden, ob die für den Bestand des Unternehmens neben dem vorrangig zu erfüllenden Rentabilitätsziel notwendige Bedingung der dauernden Aufrechterhaltung der Zahlungsfähigkeit erfüllt ist.

Zunächst muss einschränkend gesagt werden, dass eine exakte Analyse der Liquidität aus dem Jahresabschluss nicht möglich ist, denn der Jahresabschluss ist eine *Momentaufnahme* des Zustandes zum Bilanzstichtag, zu dem eine gewisse Liquiditätssituation bestanden hat. Zum Zeitpunkt der Analyse der Liquidität kann bereits eine völlig geänderte Liquiditätssituation vorliegen. Die Liquiditätsanalyse ist daher nur geeignet, die grundsätzliche Liquidität eines Unternehmens bzw. deren Entwicklung festzustellen.

Ziel ist es, eine Verbesserung oder Verschlechterung der Situation über mehrere Jahre zu erkennen. Dies wird einerseits durch Analyse von Bestandsgrößen und andererseits von Stromgrößen erreicht. Bei Analyse der Bestandsgrößen wird hier z.B. das „Working Capital" errechnet, bei Analyse der Stromgrößen z.B. der „Cashflow".

Cashflow. Der Cashflow wird als Gradmesser der finanziellen Dispositionsfähigkeit des Unternehmens angesehen. Übersetzt man den Begriff ins Deutsche, bedeutet Cashflow „Zahlungsmittelfluss" und stellt somit den aus der Tätigkeit des Unternehmens am Markt erzielten Einnahmenüberschuss dar, der für Investitionen, Fremdkapitaltilgungen, Dividendenzahlungen, Steuerzahlungen sowie bei Einzelunternehmen auch für Privatentnahmen herangezogen wird. In der Praxis findet sich eine Vielzahl unterschiedlicher Cashflow-Definitionen und -Berechnungen. Beim externen Bilanzvergleich ist somit zu hinterfragen, welcher Cashflow gemeint ist. Wir befassen uns zunächst mit dem sogenannten *„Praktiker-Cashflow"*, bei dem zum Jahresüberschuss alle nicht auszahlungswirksamen Aufwendungen hinzugerechnet und alle nicht einzahlungswirksamen Erträge abgezogen werden.

	Jahresüberschuss
+	Abschreibungen
+	Dotierung langfristiger Rückstellungen
–	Auflösung langfristiger Rückstellungen
=	Cashflow

Tabelle 31: Berechnung des Praktiker-Cashflows

Um aber zu einer aussagefähigen Analyse der Struktur der Zahlungsströme zu gelangen, sind die Ursachen für die Veränderungen im Rahmen des *Cashflow Statements* zu analysieren (siehe dazu Teil III Investition und Finanzierung). Dieses Instrument stellt die Ein- und Auszahlungen des Unternehmens aus der laufenden Geschäftstätigkeit und der Investitions- und Finanzierungstätigkeit dar.

Kennzahl	**Aktuelles Geschäftsjahr**	**Vorjahr**	**Vorvorjahr**
Cashflow (in T€)	17.100	16.600	12.500

Die Süßwaren AG hat im abgelaufenen Geschäftsjahr aus eigener Kraft Finanzmittel in Höhe von rund € 17,1 Mio. (im Vorjahr € 16,6 Mio.) erwirtschaftet. Diese Finanzmittel sind in den vorgenommenen Investitionen und im Rohmateriallager, welches zum Jahresende um ca. € 7,4 Mio. über dem Wert des Vorjahres lag, gebunden.

Working Capital. Das Working Capital oder Nettoumlaufvermögen stellt die finanzielle Manövriermasse des Unternehmens dar. Es ergibt sich aus der Differenz zwischen kurzfristigem Umlaufvermögen und kurzfristigen Verbindlichkeiten. Somit können Rückschlüsse über die Aufrechterhaltung des kurzfristigen finanziellen Gleichgewichts gezogen werden. Ein positives Working Capital bedeutet, dass das kurzfristige Fremdkapital durch eine Veräußerung des gesamten kurzfristigen Umlaufvermögens beglichen werden kann. Allerdings bedeutet ein positives Working Capital auch, dass Teile des kurzfristigen Umlaufvermögens mit langfristig zur Verfügung stehendem Kapital finanziert worden sind, was so viel bedeutet, als dass Kapital zinsenlos brachliegt. Das Working Capital verändert sich nicht bei Geschäftsvorfällen, die nur die kurzfristigen Bilanzposten (z.B. Bezahlung kurzfristiger Verbindlichkeiten in bar) oder nur die langfristigen Bilanzposten (z.B. Finanzierung einer Investition durch Aufnahme eines langfristigen Darlehens) berühren. Es wird durch solche Entscheidungen beeinflusst, die langfristige und kurzfristige Bilanzposten tangieren (z.B. Barverkauf von Anlagevermögen, Tilgung langfristiger Schulden aus Barmitteln). Es handelt sich aber lediglich um eine statische Betrachtungsweise, weil bereits eingegangene künftige Zahlungsverpflichtungen und zu erwartende Zahlungseingänge nicht berücksichtigt werden. Die Aussagekraft der Kennzahl als Maß für die Solidität der Finanzierung des Unternehmens bzw. die Sicherung der Zahlungsfähigkeit ist also sehr begrenzt.

Working Capital = kurzfristiges Umlaufvermögen – kurzfristiges Fremdkapital

Kennzahl	Aktuelles Geschäftsjahr	Vorjahr	Vorvorjahr
Working Capital (in T€)	17.100	13.000	–1.700

Die Ursachen für die Veränderung des Working Capitals in der Süßwaren AG für den Analysezeitraum liegten in der Erhöhung der Vorräte (ein Plus von € 7,4 Mio. gegenüber dem Vorjahr) und der Forderungen (ein Plus von € 6,7 Mio.), aber auch in der Erhöhung der kurzfristigen Verbindlichkeiten (ein Plus von € 10,8 Mio. gegenüber dem Vorjahr).

Working Capital Ratio. Die Kennzahl Working Capital Ratio zeigt die prozentuelle Deckung des kurzfristigen Fremdkapitals durch das kurzfristige Umlaufvermögen.

Working Capital Ratio = kurzfristiges Umlaufvermögen / kurzfristiges Fremdkapital

Kennzahl	Aktuelles Geschäftsjahr	Vorjahr	Vorvorjahr
Working Capital Ratio	121,6 %	119,0 %	97,7 %

Das Working Capital zeigt lediglich die Höhe der Veränderung der Liquidität auf, nicht aber die Ursachen, die zu deren Veränderung geführt haben. Eine genaue Analyse der Ursachen liefert das Cashflow Statement (siehe dazu Band III Investition und Finanzierung).

Anlagendeckungsgrad. Zu den langfristigen Liquiditätskennzahlen zählen die Anlagendeckungsgrade. Während beim Anlagendeckungsgrad 1 lediglich das Eigenkapital in Beziehung zum Anlagevermögen gesetzt wird, bezieht der Anlagendeckungsgrad 2 auch das langfristige Fremdkapital in die Berechnung mit ein. Diese Kennzahl, auch als *„goldene Bilanzregel"* bezeichnet, zeigt auf, ob ein Unternehmen im Sinne der fristenkongruenten Finanzierung das langfristige Vermögen auch mit langfristig zur Verfügung stehendem Kapital finanziert hat. Das Ergebnis der Kennzahl sollte größer 100 % sein.

Anlagendeckungsgrad 2 = (Eigenkapital + langfristiges Fremdkapital) × 100 / Anlagevermögen

Kennzahl	Aktuelles Geschäftsjahr	Vorjahr	Vorvorjahr
Anlagendeckungsgrad 2	114,3 %	111,5 %	98,3 %

Während der Anlagendeckungsgrad 2 bei der Firma Süßwaren AG im ersten Jahr des Analysezeitraumes noch knapp unter 100 % lag (ca. 2 % des Anlagevermögens waren mit kurzfristigem Kapital finanziert), erhöhte er sich im laufenden Geschäftsjahr auf 114 %. Das bedeutet, dass auch Teile des Umlaufvermögens mit langfristigem Kapital finanziert sind.

3.3.4. Erfolgs- und Rentabilitätsanalyse

Kennzahlen zu Erfolg und Rentabilität. Bei der Berechnung von Rentabilitätskennzahlen wird in der betrieblichen Analysepraxis sehr unterschiedlich vorgegangen. Je nach Analyseziel stehen unterschiedliche Abgrenzungen betreffend die verwendete Ergebnisgröße (EBIT, Ergebnis vor Steuern, Jahresüberschuss) und des verwendeten Kapitals (Stichtagswert oder durchschnittliches Eigen- oder Gesamtkapital, betriebsnotwendiges, zinsberechtigtes Kapital) offen. Insofern ist im Rahmen eines zwischenbetrieblichen Vergleichs immer die verwendete Abgrenzung zu hinterfragen.

Für die nachfolgende Analyse wird bei der Berechnung der Gesamtkapital- bzw. Eigenkapitalrentabilität vom Stichtagswert ausgegangen, d.h. dem Wert des Gesamt- bzw. Eigenkapitals zum Bilanzstichtag.

Gesamtkapitalrentabilität. Bei der Analyse werden immer Erfolgsgrößen in Beziehung zu einer bestimmten Einsatzgröße, wie z.B. Kapital, Umsatz, gesetzt. Bei der Berechnung der Gesamtkapitalrentabilität wird das Betriebsergebnis in Beziehung zum eingesetzten Gesamtkapital gesetzt. Die Gesamtkapitalrentabilität drückt somit die Effizienz des gesamten (Eigen- und Fremdkapital) eingesetzten Kapitals aus oder anders ausgedrückt gibt das Ergebnis darüber Auskunft, wie hoch von jedem Euro eingesetztem Kapital der Gewinn (bzw. Verlust) ist.

Weiterführende Informationen zur Gesamtkapitalrentabilität finden Sie auch im Band IV Operatives Controlling.

Gesamtkapitalrentabilität = Betriebsergebnis (EBIT) × 100 / Gesamtkapital

Kennzahl	Aktuelles Geschäftsjahr	Vorjahr	Vorvorjahr
Gesamtkapitalrentabilität	2,2 %	2,2 %	3,7 %

Eigenkapitalrentabilität. Die Eigenkapitalrentabilität drückt die Verzinsung des Eigenkapitals aus und gibt somit über die Effizienz des Eigenkapitaleinsatzes Auskunft. Anhand der Eigenkapitalrentabilität lässt sich erkennen, ob eine Investition in das Unternehmen mehr oder weniger rentabel ist als in eine andere Kapitalanlage.

Eigenkapitalrentabilität = Jahresüberschuss × 100 / Eigenkapital

Die Eigenkapitalrentabilität sollte deutlich über den marktüblichen Zinsen für langfristige Anleihen liegen, da die Rentabilität eines Unternehmens im Gegensatz zu den als sicher geltenden Anleihen mit einem höheren Risiko behaftet ist.

Kennzahl	Aktuelles Geschäftsjahr	Vorjahr	Vorvorjahr
Eigenkapitalrentabilität	1,9 %	0,9 %	4,5 %

Umsatzrentabilität (Operating Margin). Die Kennzahl „Umsatzrentabilität (Operating Margin)“ oder auch „Umsatzrendite“ gibt an, wie hoch der Erfolg des Unternehmens prozentuell zum Umsatz ist (Wie hoch ist der Gewinn von jedem Euro Umsatz?).

Umsatzrentabilität (Operating Margin) = Betriebsergebnis (EBIT) × 100 / Umsatz

Kennzahl	Aktuelles Geschäftsjahr	Vorjahr	Vorvorjahr
Umsatzrentabilität (Operating Margin)	1,7 %	1,5 %	2,4 %

Die Rentabilitätskennzahlen sind bei der Süßwaren AG als sehr niedrig einzustufen. In der Nahrungsmittel- und Getränkeindustrie müssen viele Faktoren beachtet werden: die gleichbleibend hohe Produktqualität, maximale Anlagenverfügbarkeit, optimale Ressourceneffizienz. Verantwortlich für die wenig zufriedenstellenden Ergebnisse im Analysezeitraum können gestiegene Rohstoffpreise (im Speziellen für Haselnüsse und Kakao) und auch steigende Abschreibungsquoten, bedingt durch hohe Investitionsaktivitäten, bei denen aufgrund langer Anlaufzeiten ein Rationalisierungseffekt erst in den Folgejahren zu erwarten ist, sein. Markterschließungskosten können zu einer weiteren Verschlechterung des Betriebsergebnisses beitragen, jedoch lassen sich dadurch zukünftig positive Effekte erwarten.

3.4. Grenzen der Jahresabschlussanalyse

Die gewonnenen Erkenntnisse aus einer Jahresabschlussanalyse bringen dem interessierten Leser viele zusätzliche Informationen über die Entwicklung eines Unternehmens, sind jedoch auch immer kritisch zu hinterfragen und zu prüfen. Schließlich stellt die Bilanz eine Momentaufnahme dar, die teilweise auch unvollständige Informationen liefert. So gibt es aufgrund gesetzlicher Vorschriften im UGB Bilanzierungsverbote (z.B. für selbsterstellte Software) und einem externen Analysten liegen auch keine Informationen hinsichtlich der im Unternehmen vorhandenen stillen Reserven vor. Im Jahresabschluss finden sich auch keine Angaben zu internen Daten aus der Kostenrechnung etc., zu Potenzialen, Effizienz, Innovationskraft, Kundentreue, usw. Der externe Analyst hat auch keinen Zugang zu Informationen über freie Kreditlinien, Auftragsbestände oder schwebende Geschäfte.

Die Daten des Jahresabschlusses sind bewertungsabhängig und somit subjektiv (aufgrund von Bewertungswahlrechten). Der Unternehmer kann den Jahresabschluss – und damit auch das wirtschaftliche Ergebnis – im Rahmen der gesetzlichen Möglichkeiten bewusst gestalten, um dem Bilanzleser einen bestimmten Eindruck zu vermitteln. Die Zielsetzungen der Bilanzpolitik hängen vor allem davon ab, für welche Adressaten (Finanzbehörde, Kreditgeber, Aktionäre usw.) der Jahresabschluss primär bestimmt ist.

Die den Jahresabschlüssen entnommenen Werte sind vergangenheitsbezogen, da der Jahresabschluss ja eine abgelaufene Periode abbildet. Zwischen dem Bilanzstichtag und dem Zeitpunkt der Bilanzerstellung bzw. der Veröffentlichung liegt oftmals ein längerer Zeitraum. Zudem existieren auch keine allgemein anerkannten Soll-Werte für Kennzahlen.

Trotz der angeführten Mängel einer Jahresabschlussanalyse sollte kein Unternehmen auf dieses Instrument verzichten, da es – vor allem im Zeitablauf gesehen – wertvolle Informationen zur Steuerung des Unternehmens bereithält.

3.5. Blick in die Praxis

Im vorangegangenen Kapitel wurde die Ermittlung von Kennzahlen der Vermögenslage, der Finanzierung und der Liquidität sowie des Erfolges und der Rentabilität dargestellt und wurden mögliche Interpretationen aufgezeigt.

In der praktischen Anwendung ist darauf hinzuweisen, dass es für Kennzahlen keine verbindlichen Vorgaben für die Ermittlung gibt und Unternehmen dies nutzen können, um die Berechnungen ihren Besonderheiten anzupassen.

In der Folge werden ausgewählte Kennzahlen aus den Berichten von ATX-Unternehmen des im Jahr 2018 endenden Geschäftsjahres dargestellt. Hinzuweisen ist darauf, dass es sich bei diesen Geschäftsberichten um Konzernabschlüsse nach IFRS handelt. Geschäftsberichte von Banken und Versicherungen wurden nicht mit einbezogen, da diese branchenspezifische Besonderheiten aufweisen und daher diese Kennzahlen für die Mehrheit der Unternehmen nicht von Relevanz sind.

	ANDRITZ	DO & C	FAC	LENZIN	POS	OMV	TELEKOM	VERBUND	VOEST	WIENER-BERGER
Allgemeine Kennzahlen										
Umsatz in Mio EUR	6.032	861	782	2.176	1.959	22.930	4.435	2.848	12.898	1.919
Mitarbeiter weltweit	29.026	9.587	3.465	6.839	20.545	20.231	18.705	2.784	51.621	10.808
Gesamtkapital (Mio EUR)	6.919	573	726	2.631	1.681	36.961	7.408	11.705	15.455	3.743
Eigenkapital (Mio EUR)	1.331	248	299	1.553	699	15.342	2.449	5.941	6.554	1.939
Vermögenslage										
Anlagenintensität (in %)	33,0	55,9	19,2	60,6	38,8	37,8	36,7	91,4	55,6	42,1
Finanzierung										
EK-Quote (in %)	19,2	41,9	41,0	59,0	41,6	42,0	33,1	50,8	42,4	51,8
Verschuldungsquote (in %)	80,8	58,1	59,0	41,0	58,4	58,0	66,9	49,2	57,6	48,2
Gearing Ratio (in %)	42,7	71,1	60,5	14,1	−2,0	13,1	–	28,7	45,7	31,0
Schuldentilgungsdauer (Jahre)	0,5	7,7	0,5	2,7	2,6	3,4	3,9	8,0	6,5	4,7
Liquidität										
Cash-Flow betrieblich (Mio EUR)	7,8	42,4	63,3	280,0	240,0	4.396,0	1.208,0	664,1	1.195,1	338,3
Working Capital (in Mio EUR)	472,2	41,2	159,8	443,5	143,0	2.337,0	−282,0	−793,8	2.104,1	484,6
Anlagendeckungsgrad II (in %)	274,0	180,7	349,2	129,0	171,7	180,3	213,7	92,6	124,5	187,1
Erfolg- und Rentabilität										
GK-Rentabilität (in %)	4,6	8,8	6,0	9,3	12,8	8,8	5,9	5,6	7,6	6,4
EK-Rentabilität (in %)	22,9	13,4	10,1	12,9	20,6	13,0	10,0	3,3	12,5	7,6
Operating Margin (in %)	5,3	5,9	5,6	10,9	10,8	15,4	9,8	23,0	9,1	7,3

3.6. Zusammenfassung

Kennzahlen geben komplexe Sachverhalte in einfacher und verdichteter Form wieder. Vorhandenes Zahlenmaterial wird geordnet und in aussagekräftige Kenngrößen verdichtet, damit die relevanten und quantifizierbaren Sachverhalte in konzentrierter Form zum Ausdruck kommen.

Die dabei verfolgten Ziele sind:

- Informationen für die Analyse, Planung und Steuerung bereitzustellen,
- die Informationsversorgung für die operative Führung der jeweiligen Unternehmung, Abteilung oder Kostenstelle zu verbessern,
- durch Verdichtung der relevanten Informationen die operative Führung zu entlasten.

Finanzwirtschaftliche Kennzahlen werden zur Beurteilung von Unternehmen herangezogen. Die Basisdaten liefert das Rechnungswesen. Da eine externe Kennzahlenanalyse nur vor dem Hintergrund der Branchen- sowie der gesamtwirtschaftlichen Entwicklung aussagekräftig ist, werden zusätzlich unternehmensexterne Daten in die Analyse einbezogen.

Eine Kennzahlenanalyse ist nur im mehrperiodischen Zeit-, Branchen- und Betriebsvergleich sinnvoll. In erster Linie werden dabei die Analysefelder Rentabilität, Liquidität, Finanzierung, und Investition abgedeckt.

Vor allem der externe Analytiker, der über keinen Zugang zu unternehmensinternen Daten verfügt, hat zu beachten, dass jede Kennzahlenanalyse von eingeschränktem Wert ist, da das verwendete Datenmaterial (Bilanz und GuV) eine vergangene Geschäftsperiode des Unternehmens widerspiegelt. Hinzu kommt, dass das Basismaterial durch die Bewertungsspielräume, welche das Unternehmens- und Steuerrecht einräumen, je nach angestrebten Unternehmenszielen beeinflusst werden kann. Ein Vergleich von Kennzahlen von Unternehmen verschiedener Länder ist zudem schwierig, da weder die Berechnung der Kennzahlen standardisiert ist noch die Rechnungslegungsvorschriften ident sind.

3.7. Kontrollfragen

1. Welche Ziele verfolgt die Jahresabschlussanalyse?
2. Führen Sie Kennzahlen zur Vermögenslage des Unternehmens an.
3. Welche Kennzahlen eignen sich für die erfolgswirtschaftliche Analyse eines Unternehmens?
4. Welche Kritikpunkte lassen sich bei der Jahresabschlussanalyse anführen?
5. Nennen Sie Kennzahlen zur Finanzierungs- bzw. Liquiditätsanalyse.

3.8. Übungsaufgaben

Schwierigkeitsgrad: ••

Beispiel U45: Analyse der Konzernabschlüsse der Firma Wolford AG für den Zeitraum 1. Mai 2016 bis 30. April 2018

Die Wolford-Gruppe ist ein international tätiger Konzern, der auf die Herstellung und den Vertrieb qualitativ hochwertiger Strümpfe, Strumpfhosen, Bodys, Bademode und Wäsche im Luxussegment spezialisiert ist, mit dem Hauptsitz in Österreich, 6901 Bregenz, Wolfordstraße 1 (www.wolford.com).

Die Geschäftstätigkeit der Tochterunternehmen besteht aus dem Vertrieb vom Mutterunternehmen bezogener Erzeugnisse.

BILANZ zum 30. April (Beträge in TEUR)		**2018**		**2017**		**2016**	
	Aktiva	**T€**	**%**	**T€**	**%**	**T€**	**%**
A.	**Anlagevermögen**						
I.	Immaterielle Vermögensgegenstände	2.132	2,0	3.224	2,5	3.260	2,3
II.	Sachanlagen	32.778	30,4	35.811	27,5	39.208	28,2
III.	Finanzanlagen	21.577	20,0	27.293	21,0	20.211	14,5
Σ	**Anlagevermögen**	**56.487**	**52,3**	**66.328**	**51,0**	**62.679**	**45,0**
B.	**Umlaufvermögen**						
I.	Vorräte	29.430	27,3	34.783	26,7	33.562	24,1
II.	Forderungen und sonstige Vermögensgegenstände	19.576	18,1	19.865	15,3	40.533	29,1
	davon mit einer Laufzeit über einem Jahr	*0*	*0,0*	*108*	*0,1*	*0*	*0,0*
III.	Kassenbestand, Guthaben bei Kreditinstituten	1.295	1,2	7.774	6,0	903	0,6
Σ	**Umlaufvermögen**	**50.301**	**46,6**	**62.530**	**48,1**	**74.998**	**53,9**
C.	**Rechnungsabgrenzungsposten**	**1.191**	**1,1**	**1.360**	**1,0**	**1.579**	**1,1**
Σ	**Aktiva**	**107.979**	**100,0**	**130.110**	**100,0**	**139.256**	**100,0**

	Passiva	**T€**	**%**	**T€**	**%**	**T€**	**%**
A.	**Eigenkapital**						
I.	Grundkapital	35.709	33,1	35.709	27,4	35.709	25,6
II.	Kapitalrücklagen	1.817	1,7	1.817	1,4	1.817	1,3
III.	Gewinnrücklagen	29.050	26,9	29.050	22,3	29.050	20,9
IV.	Rücklagen für eigene Anteile	641	0,6	641	0,5	641	0,5
V.	Bilanzgewinn (Bilanzverlust)	−31.624	−29,3	−19.306	−14,8	13.062	9,4
Σ	**Eigenkapital**	**35.593**	**33,0**	**47.911**	**36,8**	**80.279**	**57,6**

B.	**Rückstellungen**						
I.	Rückstellungen für Abfertigungen	9.238	8,6	9.582	7,4	9.956	7,1
II.	Rückstellungen für Pensionen	4.593	4,3	4.800	3,7	4.882	3,5
III.	Steuerrückstellungen	118	0,1	118	0,1	413	0,3
IV.	Sonstige Rückstellungen	9.835	9,1	11.811	9,1	8.707	6,3
Σ	**Rückstellungen**	**23.784**	**22,0**	**26.311**	**20,2**	**23.958**	**17,2**
C.	**Verbindlichkeiten**						
I.	Verbindlichkeiten gegenüber Kreditinstituten	33.927	31,4	42.446	32,6	24.995	17,9
	davon mit einer Laufzeit über einem Jahr	*0*	*0,0*	*0*	*0,0*	*800*	*0,6*
II.	Erhaltene Anzahlungen auf Bestellungen	1.004	0,9	994	0,8	1.002	0,7
	davon mit einer Laufzeit über einem Jahr	*0*	*0,0*	*0*	*0,0*	*0*	*0,0*
III.	Verbindlichkeiten aus Lieferungen und Leistungen	3.796	3,5	3.785	2,9	3.932	2,8
	davon mit einer Laufzeit über einem Jahr	*0*	*0,0*	*0*	*0,0*	*0*	*0,0*
IV.	Verbindlichkeiten gegenüber verbundenen Unternehmen	6.600	6,1	5.968	4,6	2.466	1,8
	davon mit einer Laufzeit über einem Jahr	*0*	*0,0*	*0*	*0,0*	*0*	*0,0*
V.	Sonstige Verbindlichkeiten	3.275	3,0	2.695	2,1	2.624	1,9
	davon mit einer Laufzeit über einem Jahr	*192*	*0,2*	*214*	*0,2*	*367*	*0,3*
Σ	**Verbindlichkeiten**	**48.602**	**45,0**	**55.888**	**43,0**	**35.019**	**25,1**
Σ	**Passiva**	**107.979**	**100,0**	**130.110**	**100,0**	**139.256**	**100,0**

Langfristige Rückstellungen per 30. April 2015 ***15.697***

Gewinn- und Verlustrechnung zum 30. April (Beträge in TEUR)		**2018**		**2017**		**2016**	
		in T€	**%**	**in T€**	**%**	**in T€**	**%**
1.	Umsatzerlöse	83.571	99,2	89.297	97,2	99.461	95,0
2.	Veränderungen des Bestandes an fertigen und unfertigen Erzeugnissen	-4.601	-5,5	1.236	1,3	2.402	2,3
3.	andere aktivierte Eigenleistungen	0	0,0	135	0,1	86	0,1
4.	Sonstige betriebliche Erträge	5.268	6,3	1.201	1,3	2.772	2,6
5.	**Gesamtleistung**	**84.238**	**100,0**	**91.869**	**100,0**	**104.721**	**100,0**
6.	Aufwendungen für Material und sonstige bezogene Herstellungskosten	-26.270	-31,2	-33.400	-36,4	-33.100	-31,6
7.	Personalaufwand	-38.644	-45,9	-42.351	-46,1	-40.345	-38,5
8.	Abschreibungen auf immaterielle Gegenstände des Anlagevermögens und Sachanlagen	-6.318	-7,5	-11.774	-12,8	-5.072	-4,8
9.	Sonstige betriebliche Aufwendungen	-26.312	-31,2	-22.797	-24,8	-21.037	-20,1

Gewinn- und Verlustrechnung zum 30. April (Beträge in TEUR)	2018		2017		2016	
	in T€	%	in T€	%	in T€	%
10. Betriebsergebnis (EBIT)	**–13.306**	**–15,8**	**–18.453**	**–20,1**	**5.167**	**4,9**
11. Erträge aus anderen Wertpapieren des Finanzanlagevermögens	24	0,0	24	0,0	24	0,0
12. Sonstige Zinsen und ähnliche Erträge	297	0,4	268	0,3	49	0,0
13. Erträge aus der Zuschreibung zu Finanzanlagen	1.844	2,2	0	0,0	62	0,1
14. Aufwendungen aus Finanzanlagen	–18	0,0	–13.185	–14,4	–77	–0,1
15. Zinsen und ähnliche Aufwendungen	–1.285	–1,5	–537	–0,6	–599	–0,6
16. Zwischensumme aus Z 11 bis Z 15 (Finanzergebnis)	**862**	**1,0**	**–13.430**	**–14,6**	**–541**	**–0,5**
17. Ergebnis vor Steuern (Zwischensumme aus Z 10 und Z 16)	**–12.444**	**–14,8**	**–31.883**	**–34,7**	**4.626**	**4,4**
18. Steuern vom Einkommen und Ertrag	127	0,2	497	0,5	–123	–0,1
19. Jahresüberschuss	**–12.317**	**–14,6**	**–31.386**	**–34,2**	**4.503**	**4,3**
20. Auflösung von Gewinnrücklagen	0	0,0	0	0,0	1	0,0
21. Gewinnvortrag aus dem Vorjahr	–19.306	–22,9	12.080	13,1	8.558	8,2
22. Bilanzgewinn	**–31.623**	**–37,5**	**–19.306**	**–21,0**	**13.062**	**12,5**

Aufgabenstellung

Analysieren Sie das Unternehmen anhand der in Kapitel 3 erläuterten Kennzahlen.

Schwierigkeitsgrad: ••

Beispiel U46: Analyse der Konzernabschlüsse der Firma Fabasoft AG für den Zeitraum 1. April 2016 bis 31. März 2018

Die Fabasoft Gruppe besteht aus der Fabasoft AG als Holding-Gesellschaft und ihren Tochterunternehmen für Produktentwicklung, interne Dienstleistungen und Kunden- und Partnerbetreuung in den einzelnen Regionen. Das Unternehmen wurde 1988 gegründet. Die Konzernzentrale ist in Linz, Österreich, mit Niederlassungen in Deutschland, Österreich, der Schweiz, Italien und den USA. Die Fabasoft AG agiert in der Unternehmensgruppe als Konzernverwaltung. Die Aktien der Fabasoft AG notieren im Prime Standard der Frankfurter Wertpapierbörse (WKN 922 985, ISIN: AT0000785407).

Fabasoft ist ein führender Hersteller von Standardsoftware für Electronic Government und Content Governance. Die Produkte von Fabasoft dienen der schnellen und wirksamen Umsetzung von digitalen Geschäftsprozessen. Der besondere Kundennutzen liegt in der Beschleunigung und Automatisierung von Abläufen, in der Qualitätssteigerung durch umfassendere und kennzahlenbasierte Entscheidungsgrundlagen sowie in der Sicherheit durch dokumentierte Prozesse. Als Cloud-Betreiber bietet Fabasoft mit der Authentifizierung mit neuem deutschem Personalausweis oder der österreichischen Bürgerkarte mit Handy-Signatur für die Cloud-Services die derzeit höchstmögliche Sicherheit im Internet. Darüber hinaus ist Fabasoft zertifiziert nach ISO 9001, ISO 20000 und ISO 27001 sowie geprüft nach SAS 70 Typ II. (www.fabasoft.com)

zur Übung

FK = Gesamt - Eigen

Bilanz zum 31. März (Beträge in TEUR)	2018		2017		2016	
Aktiva	**T€**	**%**	**T€**	**%**	**T€**	**%**
Langfristiges Vermögen						
Sachanlagen	4.564	11,0	3.427	13,0	3.254	11,8
Immaterielle Vermögenswerte	88	0,2	69	0,3	27	0,1
Zur Veräußerung verfügbare finanzielle Vermögenswerte	169	0,4	169	0,6	177	0,6
Aktive latente Steuern	410	1,0	461	1,8	325	1,2
Σ langfristiges Vermögen	**5.231**	**12,6**	**4.126**	**0,2**	**3.783**	**0,1**
Kurzfristiges Vermögen						
Liefer- und sonstige Forderungen	8.635	20,9	6.111	23,2	8.232	29,8
Ertragsteuerforderungen	0	0,0	67	0,3	1	0,0
Liquide Mittel	27.528	66,5	16.000	60,8	15.603	56,5
Σ kurzfristiges Vermögen	**36.163**	**0,9**	**22.178**	**0,8**	**23.836**	**0,9**
Σ Aktiva	**41.394**	**100,0**	**26.304**	**100,0**	**27.619**	**1,0**
Passiva	**T€**	**%**	**T€**	**%**	**T€**	**%**
Eigenkapital						
Grundkapital	11.000	26,6	10.000	38,0	10.000	36,2
Kapitalrücklagen	15.190	36,7	4.295	16,3	4.394	15,9
Eigene Aktien	−2.013	−4,9	−1.088	−4,1	−245	−0,9
Sonstige Rücklagen	−689	−1,7	−630	−2,4	−558	−2,0
Ausgleichsposten aus Währungsumrechnung	291	0,7	329	1,3	519	1,9
Ergebnisvortrag	−923	−2,2	−253	−1,0	−1.127	−4,1
	22.856	55,2	12.653	48,1	12.983	47,0
Minderheitenanteil	563	1,4	223	0,8	−24	−0,1
Σ Eigenkapital	**23.419**	**56,6**	**12.876**	**49,0**	**12.959**	**46,9**
Langfristige Schulden						
Rückstellungen für Abfertigungen	2.976	7,2	2.674	10,2	2.432	8,8
Passive latente Steuern	456	1,1	324	1,2	349	1,3
Σ langfristige Schulden	**3.432**	**8,3**	**2.998**	**11,4**	**2.781**	**10,1**
Kurzfristige Schulden						
Liefer- und sonstige Verbindlichkeiten	4.132	10,0	3.714	14,1	3.965	14,4
Ertragsteuerverbindlichkeiten	1.468	3,5	794	3,0	343	1,2
Erlösabgrenzungen	8.943	21,6	5.922	22,5	7.571	27,4
Σ kurzfristige Schulden	**14.543**	**35,1**	**10.430**	**39,7**	**11.879**	**43,0**
Σ Passiva	**41.394**	**100,0**	**26.304**	**100,0**	**27.619**	**100,0**

Rückstellungen für Abfertigung per 31.3.2015 2.256

Gewinn- und Verlustrechnung zum 31. März (Beträge in TEUR)	2018		2017		2016	
	in T€	in %	in T€	in %	in T€	in %
Umsatzerlöse	31.959	115,0	28.292	112,3	28.429	99,4
sonstige betriebliche Erträge	9	0,0	75	0,3	173	0,6
Betriebsleistung	**31.968**	**115,0**	**28.367**	**112,6**	**28.602**	**100,0**
Aufwendungen für bezogene Herstellungsleistungen	-1.077	-3,9	-1.337	-5,3	-1.857	-6,5
Personalaufwand	-16.688	-60,1	-15.414	-61,2	-15.513	-54,2
Aufwand für planmäßige Abschreibungen	-1.802	-6,5	-1.576	-6,3	-1.652	-5,8
Sonstige betriebliche Aufwendungen	-7.151	-25,7	-6.742	-26,8	-7.290	-25,5
Betriebsergebnis (EBIT)	**5.250**	**18,9**	**3.298**	**13,1**	**2.290**	**8,0**
Zinsen und ähnliche Erträge	125	0,4	11	0,0	30	0,1
Zinsen und ähnliche Aufwendungen	-2	0,0	-23	-0,1	-20	-0,1
Finanzergebnis (Summe aus Z 11 bis Z 12)	**123**	**0,4**	**-12**	**0,0**	**10**	**0,0**
Ergebnis vor Ertragsteuern	**5.373**	**19,3**	**3.286**	**13,0**	**2.300**	**8,0**
Ertragsteuern	-1.436	-5,2	-998	-4,0	-625	-2,2
Jahresergebnis	**3.937**	**14,2**	**2.288**	**9,1**	**1.675**	**5,9**

Aufgabenstellung

Analysieren Sie das Unternehmen anhand der in Kapitel 3 erläuterten Kennzahlen.

Schwierigkeitsgrad: ••

Beispiel U47: Analyse der Konzernabschlüsse der Lufthansa Group für den Zeitraum 1. Jänner 2016 bis 31.12.2018

Die Deutsche Lufthansa ist die größte deutsche Fluggesellschaft. Eigentümerin der Airline ist die Deutsche Lufthansa AG mit Sitz in Köln. Ihre beiden Drehkreuze befinden sich am Frankfurter Flughafen und am Flughafen München. Die Lufthansa war 1997 Gründungsmitglied der größten Luftfahrtallianz Star Alliance und gehört zur Lufthansa Group, dem größten Luftverkehrskonzern Europas.

Die heutige Deutsche Lufthansa AG wurde im Jahr 1953 zunächst als Aktiengesellschaft für Luftverkehrsbedarf (LUFTAG) gegründet und 1954 im Anschluss an den Erwerb der Rechte am traditionsreichen Firmennamen Lufthansa in Deutsche Lufthansa AG umbenannt. Den Linienflugbetrieb nahm das Unternehmen am 1. April 1955 auf.

Bis 1963 war die Deutsche Lufthansa AG zu fast 100 Prozent in staatlichem Besitz, seit 1997 ist das Unternehmen vollständig privatisiert.

Seit Mitte der 1990er Jahre entwickelte sich die Deutsche Lufthansa AG zu einem Luftverkehrs-Konzern mit verschiedenen Geschäftsbereichen, die als eigenständige Tochtergesellschaften geführt werden. Darunter sind zum Beispiel die Luftfracht in der Lufthansa Cargo AG, die Flugzeugwartung in der Lufthansa

Technik AG und das Catering in der LSG Service Holding AG. Seit Mitte der 2000er Jahre übernahm die Deutsche Lufthansa AG darüber hinaus mehrere europäische Fluggesellschaften, darunter Swiss International Air Lines, Austrian Airlines, Brussels Airlines, Air Dolomiti, Eurowings, Teile der Air Berlin sowie zeitweise auch British Midland Airways.

(Quelle: Wikipedia; www.lufthansagroup.com)

Bilanz zum 31. Dezember (Beträge in Mio. €)	**2018**		**2017**		**2016**	
Aktiva	**in Mio.€**	**%**	**in Mio.€**	**%**	**in Mio.€**	**%**
Langfristiges Vermögen						
Sachanlagen	21.130	55,3	19.277	53,9	18.601	53,6
Immaterielle Vermögenswerte	1.893	5,0	1.835	5,1	1.737	5,0
Finanzanlagen	2.277	6,0	1.955	5,5	2.738	7,9
Aktive Rechnungsabgrenzung	118	0,3	9	0,0	11	0,0
Aktive latente Steuern	2.141	5,6	1.673	4,7	1.417	4,1
Σ langfristiges Vermögen	**27.559**	**72,1**	**24.749**	**69,2**	**24.504**	**70,6**
Kurzfristiges Vermögen						
Vorräte	968	2,5	907	2,5	816	2,4
Liefer- und sonstige Forderungen	5.576	14,6	5.313	14,8	4.570	13,2
Ertragsteuerforderungen	58	0,2	58	0,2	37	0,1
Wertpapiere, Bankguthaben und Kassenbestände	3.235	8,5	3.948	11,0	3.937	11,3
Sonstige kurzfristige Vermögenswerte	817	2,1	803	2,2	833	2,4
Σ kurzfristiges Vermögen	**10.654**	**27,9**	**11.029**	**30,8**	**10.193**	**29,4**
Σ Aktiva	**38.213**	**100,0**	**35.778**	**100,0**	**34.697**	**100,0**
Passiva	**T€**	**%**	**T€**	**%**	**T€**	**%**
Eigenkapital						
Grundkapital	1.217	3,2	1.206	3,4	1.200	3,5
Kapitalrücklagen	343	0,9	263	0,7	222	0,6
Gewinnrücklagen	4.555	11,9	3.724	10,4	1.549	4,5
Sonstige Rücklagen	1.185	3,1	1.474	4,1	2.313	6,7
Konzernergebnis	2.163	5,7	2.340	6,5	1.776	5,1
Anteile der Aktionäre der Deutschen Lufthansa AG am EK	**9.463**	**24,8**	**9.007**	**25,2**	**7.060**	**20,3**
Minderheitenanteil	110	0,3	103	0,3	89	0,3
Σ Eigenkapital	**9.573**	**25,1**	**9.110**	**25,5**	**7.149**	**20,6**

Langfristige Schulden						
Rückstellungen für Pensionen	5.865	15,3	5.116	14,3	8.364	24,1
Sonstige Rückstellungen	537	1,4	601	1,7	503	1,4
Sonstige langfristige Schulden	5.440	14,2	7.864	22,0	7.235	20,9
Passive latente Steuern	583	1,5	449	1,3	437	1,3
Σ langfristige Schulden	**12.425**	**32,5**	**14.030**	**39,2**	**16.539**	**47,7**
Kurzfristige Schulden						
Sonstige Rückstellungen	925	2,4	990	2,8	1.066	3,1
Finanzschulden	1.677	4,4	672	1,9	764	2,2
Liefer- und sonstige Verbindlichkeiten	5.764	15,1	5.249	14,7	4.689	13,5
Ertragsteuerverbindlichkeiten	783	2,0	838	2,3	390	1,1
Sonstige kurzfristige Schulden	7.066	18,5	4.889	13,7	4.100	11,8
Σ kurzfristige Schulden	**16.215**	**42,4**	**12.638**	**35,3**	**11.009**	**31,7**
Σ Passiva	**38.213**	**100,0**	**35.778**	**100,0**	**34.697**	**100,0**
Pensionsrückstellungen 2015	6.626					
Sonstige Rückstellungen 2015	526					

Gewinn- und Verlustrechnung zum 31. Dezember (Beträge in Mio. €)	**2018**		**2017**		**2016**	
	in Mio.€	**in %**	**in Mio.€**	**in %**	**in Mio.€**	**in %**
Erlöse aus Verkehrsleistungen	28.103	73,6	28.399	74,8	24.661	72,7
Andere Betriebserlöse	9.559	25,0	9.456	24,9	6.999	20,6
Bestandsveränderungen	531	1,4	106	0,3	2.279	6,7
Betriebsleistung	**38.193**	**100,0**	**37.961**	**100,0**	**33.939**	**100,0**
Materialaufwand	-18.669	-48,9	-19.013	-50,1	-17.109	-50,4
Personalaufwand	-8.811	-23,1	-8.172	-21,5	-7.354	-21,7
Aufwand für planmäßige Abschreibungen	-2.205	-5,8	-2.052	-5,4	-1.769	-5,2
Sonstige betriebliche Aufwendungen	-5.708	-14,9	-5.571	-14,7	-5.517	-16,3
Betriebsergebnis (EBIT)	**2.800**	**7,3**	**3.153**	**8,3**	**2.190**	**6,5**
Zinsen und ähnliche Erträge	242	0,6	407	1,1	340	1,0
Zinsen und ähnliche Aufwendungen	-258	-0,7	-373	-1,0	-282	-0,8
Finanzergebnis (Summe aus Z 11 bis Z 12)	**-16**	**0,0**	**34**	**0,1**	**58**	**0,2**
Ergebnis vor Ertragsteuern	**2.784**	**7,3**	**3.187**	**8,4**	**2.248**	**6,6**
Ertragsteuern	-588	-1,5	-789	-2,1	-445	-1,3
Jahresergebnis	**2.196**	**5,7**	**2.398**	**6,3**	**1.803**	**5,3**

Aufgabenstellung

Analysieren Sie das Unternehmen anhand der in Kapitel 3 dargestellten Kennzahlen und geben Sie eine Stellungnahme zur Lage des Unternehmens ab!

Beispiel U48: Analyse der Konzernabschlüsse der Firma Wienerberger AG für den Zeitraum 1. Jänner 2016 bis 31. Dezember 2018

Schwierigkeitsgrad: ••

Das Unternehmen Wienerberger AG ist ein internationaler Hersteller von gebrannten Ziegeln weltweit, Nr. 1 bei Tondachziegeln in Europa und Marktführer bei Betonflächenbefestigungen in Zentral-Osteuropa und bei Rohrsystemen in Europa. Die Konzernzentrale des Unternehmens befindet sich in Wien, im Jahr 2018 waren in 195 Produktionsstandorten in 30 Ländern rund 16.600 Mitarbeiter beschäftigt.

Gegründet 1819 in Wien und seit 1869 im amtlichen Handel der Wiener Börse blickt Wienerberger auf eine traditionsreiche Unternehmensgeschichte zurück. Erst im Jahre 1986 wurde die dynamische Expansion gestartet, die sich seit Einführung des Value Management 1997 auf Baustoffe konzentriert. Damit stieg Wienerberger innerhalb weniger Jahre vom lokalen österreichischen Ziegelproduzenten zur weltweiten Nummer eins bei Ziegeln auf.

Durch den Trend in den USA, Bauten aus festen Baustoffen zu errichten, der nicht zuletzt durch den Hurrikan Katrina im Jahr 2005 gesteigert wurde, gelang es Wienerberger, auch in den USA durch General Shale Brick Inc. zur Nummer eins aufzusteigen.

(Quelle: www.wienerberger.com)

BILANZ (Beträge in T€)	**31.12.2018**		**31.12.2017**		**31.12.2016**	
Aktiva	**T€**	**%**	**T€**	**%**	**T€**	**%**
A. Langfristiges Vermögen						
Immaterielles Anlagevermögen und Firmenwerte	712.719	19,0	690.897	18,9	690.440	19,0
Sachanlagen	1.575.709	42,1	1.521.572	41,6	1.564.727	43,0
Als Finanzinvestition gehaltene Immobilien	66.569	1,8	65.918	1,8	85.733	2,4
Anteile an assoziierten Unternehmen	22.100	0,6	11.371	0,3	13.542	0,4
Übrige Finanzanlagen	30.420	0,8	16.708	0,5	13.918	0,4
Latente Steuern	54.076	1,4	44.049	1,2	17.367	0,5
Σ langfristiges Vermögen	**2.461.593**	**65,8**	**2.350.515**	**64,2**	**2.385.727**	**65,6**
B. Kurzfristiges Vermögen						
Vorräte	761.659	20,3	741.597	20,3	718.359	19,8
Forderungen aus Lieferungen und Leistungen	215.838	5,8	214.277	5,9	201.809	5,5
Forderungen aus laufenden Ertragsteuern	4.144	0,1	2.297	0,1	9.868	0,3
Sonstige kurzfristige Forderungen	92.436	2,5	98.934	2,7	66.278	1,8
Wertpapiere und sonstige finanzielle Vermögenswerte	42.812	1,1	79.008	2,2	52.740	1,5
Zahlungsmittel und kurzfristige Finanzmittel	163.080	4,4	169.259	4,6	197.016	5,4
Σ kurzfristiges Vermögen	**1.279.969**	**34,2**	**1.305.372**	**35,7**	**1.246.070**	**34,3**
C. Zur Veräußerung gehaltene langfristige Vermögenswerte	**1.348**	**0,0**	**3.977**	**0,1**	**5.380**	**0,1**
Σ Aktiva	**3.742.910**	**100,0**	**3.659.864**	**100,0**	**3.637.177**	**100,0**

Passiva	T€	%	T€	%	T€	%
A. Eigenkapital						
Gezeichnetes Kapital	117.527	3,1	117.527	3,2	117.527	3,2
Kapitalrücklagen	1.075.422	28,7	1.086.017	29,7	1.086.017	29,9
Hybridkapital	265.969	7,1	265.985	7,3	265.985	7,3
Gewinnrücklagen	760.389	20,3	674.923	18,4	586.961	16,1
Übrige Rücklagen	–230.955	–6,2	–251.842	–6,9	–222.503	–6,1
Eigene Anteile	–49.858	–1,3	–4.862	–0,1	–4.862	–0,1
Beherrschende Anteile	**1.938.494**	**51,8**	**1.887.748**	**51,6**	**1.829.125**	**50,3**
Nicht beherrschende Anteile	586	0,0	23.491	0,6	19.831	0,5
Σ Eigenkapital	**1.939.080**	**51,8**	**1.911.239**	**52,2**	**1.848.956**	**50,8**
B. Langfristige Schulden						
Personalrückstellungen	136.432	3,6	154.992	4,2	171.488	4,7
Passive latente Steuern	75.021	2,0	71.630	2,0	80.759	2,2
Sonstige langfristige Rückstellungen	83.622	2,2	76.453	2,1	71.197	2,0
Langfristige Finanzverbindlichkeiten	710.590	19,0	493.948	13,5	481.434	13,2
Sonstige langfristige Verbindlichkeiten	2.793	0,1	6.023	0,2	3.991	0,1
Σ Langfristige Rückstellungen und Verbindlichkeiten	**1.008.458**	**26,9**	**803.046**	**21,9**	**808.869**	**22,2**
C. Kurzfristige Schulden						
Sonstige kurzfristige Rückstellungen	51.924	1,4	39.114	1,1	35.287	1,0
Verbindlichkeiten aus laufenden Ertragsteuern	22.531	0,6	11.399	0,3	15.912	0,4
Kurzfristige Finanzverbindlichkeiten	126.907	3,4	320.724	8,8	399.924	11,0
Verbindlichkeiten aus Lieferungen und Leistungen	326.890	8,7	321.533	8,8	302.718	8,3
Sonstige kurzfristige Verbindlichkeiten	267.120	7,1	252.809	6,9	225.511	6,2
Σ Kurzfristige Rückstellungen und Verbindlichkeiten	**795.372**	**21,3**	**945.579**	**25,8**	**979.352**	**26,9**
Σ Passiva	**3.742.910**	**100,0**	**3.659.864**	**100,0**	**3.637.177**	**100,0**

Personalrückstellungen 2015	*160.575*
Sonstige langfristige Rückstellungen 2015	*71.783*
Summe langfristige RST	***232.358***

Gewinn- und Verlustrechnung (Beträge in TEUR)	2018		2017		2016	
	T€	%	T€	%	T€	%
Umsatzerlöse	3.305.079	100,0	3.119.707	100,0	2.973.829	100,0
Herstellkosten	-2.146.319	-64,9	-2.093.708	-67,1	-2.011.241	-67,6
Bruttoergebnis vom Umsatz	**1.158.760**		**1.025.999**	**32,9**	**962.588**	**32,4**
Vertriebskosten	-637.162	-19,3	-595.562	-19,1	-574.347	-19,3
Verwaltungskosten	-217.559	-6,6	-203.322	-6,5	-186.184	-6,3
Sonstige betriebliche Aufwendungen	-122.692	-3,7	-108.888	-3,5	-80.513	-2,7
Sonstige betrieblichen Erträge	58.461	1,8	60.445	1,9	69.072	2,3
Betriebsergebnis	**239.808**	**7,3**	**178.672**	**5,7**	**190.616**	**6,4**
Ergebnisübernahme von assoziierten Unternehmen	1.701	0,1	4.209	0,1	6.666	0,2
Zinsertrag	4.409	0,1	5.952	0,2	5.494	0,2
Zinsaufwand	-43.671	-1,3	-42.103	-1,3	-39.898	-1,3
sonstiges Finanzergebnis	-6.902	-0,2	-1.852	-0,1	-4.329	-0,1
Finanzergebnis	**-44.463**	**-1,3**	**-33.794**	**-1,1**	**-32.067**	**-1,1**
Ergebnis vor Steuern (EBT)	**195.345**	**5,9**	**144.878**	**4,6**	**158.549**	**5,3**
Steuern vom Einkommen und Ertrag	-48.475	-1,5	-4.244	-0,1	-43.222	-1,5
Jahresüberschuss/-fehlbetrag	**146.870**	**4,4**	**140.634**	**4,5**	**115.327**	**3,9**

Abschreibungen (in TEUR)	2018	2017	2016
Laufende Abschreibungen und Sonderabschreibungen	194.388	220.837	206.550
Firmenwertabschreibungen	0	6.339	6.892
Wertminderungen von Sachanlagen	12.727	10.226	4.511
Wertaufholungen von Vermögenswerten	-4.297	-1.055	-4.303
Laufende Abschreibungen, Wertminderungen und Wertaufholungen	**202.818**	**236.347**	**213.650**

Aufgabenstellung

Analysieren Sie das Unternehmen anhand der in Kapitel 3 dargestellten Kennzahlen und geben Sie eine Stellungnahme zur Lage des Unternehmens ab!

Beispiel U49: Analyse der Konzernabschlüsse der Firma HUGO BOSS für den Zeitraum 1. Jänner 2016 bis 31. Dezember 2018

Schwierigkeitsgrad: ••

Der HUGO BOSS Konzern ist einer der Weltmarktführer im Premium- und Luxussegment des Bekleidungsmarkts. Der Konzern fokussiert sich auf die Entwicklung und Vermarktung hochwertiger Mode für Damen und Herren. Der in Metzingen in Deutschland beheimatete Konzern erwirtschaftete im Geschäftsjahr 2018 mit knapp 14.700 Mitarbeitern einen Jahresumsatz von 2,8 Mrd. EUR und gehört zu den profitabelsten Bekleidungsherstellern weltweit.

Die Produktion der Anzüge findet unter anderem in eigenen Werken in Metzingen, in der Türkei und den USA statt.

Der Vertrieb der Marken BOSS und HUGO erfolgt sowohl über den eigenen Einzelhandel als auch den Großhandel, sowohl online als auch stationär. Im Geschäftsjahr 2018 wurden 63 % des Konzernumsatzes im eigenen Einzelhandel erwirtschaftet. Im Großhandelsgeschäft wurden 34 % des Konzernumsatzes mit rund 6.500 von Großhandelspartnern betriebenen Verkaufspunkten erwirtschaftet. Die restlichen 3 % des Konzernumsatzes entfallen auf das Lizenzgeschäft.

(Quelle: www.hugoboss.com)

BILANZ (Beträge in T€)	**31.12.2018**		**31.12.2017**		**31.12.2016**	
Aktiva	**T€**	%	**T€**	%	**T€**	%
A. Langfristiges Vermögen						
Immaterielle Vermögenswerte	184.896	9,9	182.940	10,6	185.449	10,3
Sachanlagen	389.441	21,0	365.661	21,3	416.278	23,1
Aktive latente Steuern	90.116	4,8	94.420	5,5	124.685	6,9
Langfristige finanzielle Vermögenswerte	19.020	1,0	18.301	1,1	21.027	1,2
Langfristige Ertragsteuerforderungen	0	0,0	0	0,0	55	0,0
Sonstige langfristige Vermögenswerte	2.880	0,2	1.158	0,1	4.233	0,2
Σ langfristiges Vermögen	**686.353**	**36,9**	**662.480**	**38,5**	**751.727**	**41,8**
B. Kurzfristiges Vermögen						
Vorräte	617.947	33,2	536.843	31,2	567.971	31,6
Forderungen aus Lieferungen und Leistungen	214.137	11,5	207.626	12,1	228.176	12,7
Kurzfristige Ertragsteuerforderungen	38.682	2,1	49.337	2,9	42.617	2,4
Kurzfristige finanzielle Vermögenswerte	31.998	1,7	38.834	2,3	28.339	1,6
Sonstige kurzfristige Vermögenswerte	122.723	6,6	109.227	6,4	96.302	5,4
Zahlungsmittel und kurzfristige Finanzmittel	146.717	7,9	115.700	6,7	83.490	4,6
Σ kurzfristiges Vermögen	**1.172.204**	**63,1**	**1.057.567**	**61,5**	**1.046.895**	**58,2**
Σ Aktiva	**1.858.557**	**100,0**	**1.720.047**	**100,0**	**1.798.622**	**100,0**

Passiva	**T€**	%	**T€**	%	**T€**	%
A. Eigenkapital						
Gezeichnetes Kapital	70.400	3,8	70.400	4,1	70.400	3,9
Eigene Aktien	−42.363	−2,3	−42.363	−2,5	−42.363	−2,4
Kapitalrücklage	399	0,0	399	0,0	399	0,0
Gewinnrücklagen	926.137	49,8	868.612	50,5	813.289	45,2
Kumuliertes übriges Eigenkapital	26.424	1,4	18.007	1,0	44.778	2,5
Den Anteilseignern des Mutterunternehmens zuzurechnendes Ergebnis	0	0,0	0	0,0	0	0,0
Auf die Anteilseigner des Mutterunternehmens entfallendes Eigenkapital	**980.997**	**52,8**	**915.055**	**53,2**	**886.503**	**49,3**
Minderheitsanteile am Eigenkapital	−302	0,0	−350	0,0	1.048	0,1
Σ Konzerneigenkapital	**980.695**	**52,8**	**914.705**	**53,2**	**887.551**	**49,3**

B. Langfristige Schulden						
Langfristige Rückstellungen	69.029	3,7	69.796	4,1	78.554	4,4
Langfristige Finanzverbindlichkeiten	82.775	4,5	62.966	3,7	134.111	7,5
Passive latente Steuern	12.632	0,7	10.634	0,6	9.193	0,5
Sonstige langfristige Verbindlichkeiten	60.670	3,3	55.132	3,2	49.353	2,7
Σ Langfristige Schulden	**225.106**	**12,1**	**198.528**	**11,5**	**271.211**	**15,1**

C. Kurzfristige Schulden						
Kurzfristige Rückstellungen	97.671	5,3	107.468	6,2	148.614	8,3
Kurzfristige Finanzverbindlichkeiten	93.361	5,0	68.827	4,0	77.077	4,3
Ertragsteuerschulden	43.526	2,3	32.263	1,9	27.339	1,5
Verbindlichkeiten aus Lieferungen und Leistungen	295.106	15,9	285.778	16,6	271.731	15,1
Sonstige kurzfristige Verbindlichkeiten	123.092	6,6	112.478	6,5	115.099	6,4
Σ Kurzfristige Schulden	**652.756**	**35,1**	**606.814**	**35,3**	**639.860**	**35,6**
Σ Eigenkapital und Schulden	**1.858.557**	**100,0**	**1.720.047**	**100,0**	**1.798.622**	**100,0**

Langfristige Rückstellungen 2015 ***72.082***

Gewinn- und Verlustrechnung (Beträge in TEUR)		**2018**		**2017**		**2016**	
		T€	**%**	**T€**	**%**	**T€**	**%**
1.	Umsatzerlöse	2.795.963	100,0	2.732.573	100,0	2.692.846	100,0
2.	Umsatzkosten	-972.241	-34,8	-924.278	-33,8	-915.384	-34,0
4.	**Rohertrag**	**1.823.722**	**65,2**	**1.808.295**	**66,2**	**1.777.462**	**66,0**
5.	Vertriebs- und Marketingaufwendungen	-1.173.523	-42,0	-1.195.453	-43,7	-1.175.454	-43,7
6.	Verwaltungsaufwendungen und sonstige betriebliche Aufwendungen/ Erträge	-290.457	-10,4	-280.275	-10,3	-271.804	-10,1
7.	Sonstige betriebliche Aufwendungen und Erträge	-12.933	-0,5	8.487	0,3	-66.701	-2,5
8.	**Ergebnis der betrieblichen Geschäftstätigkeit**	**346.809**	**12,4**	**341.054**	**12,5**	**263.503**	**9,8**
9.	Sonstige Zinsen und ähnliche Erträge	2.019	0,1	1.608	0,1	1.567	0,1
10.	Zinsen und ähnliche Aufwendungen	-5.232	-0,2	-4.311	-0,2	-3.729	-0,1
11.	Übrige Finanzposten	-6.926	-0,2	-7.059	-0,3	-5.705	-0,2
12.	**Finanzergebnis**	**-10.139**	**-0,4**	**-9.762**	**-0,4**	**-7.867**	**-0,3**
13.	**Ergebnis vor Steuern (EBT)**	**336.670**	**12,0**	**331.292**	**12,1**	**255.636**	**9,5**
14.	Steuern vom Einkommen und Ertrag	-100.470	-3,6	-100.091	-3,7	-61.991	-2,3
15.	**Konzernergebnis**	**236.200**	**8,4**	**231.201**	**8,5**	**193.645**	**7,2**

Abschreibungen (in TEUR)	2018	2017	2016
Laufende Abschreibungen auf Sachanlagen und immaterielles Anlagevermögen	123.426	133.624	138.820

Aufgabenstellung

Analysieren Sie das Unternehmen anhand der in Kapitel 3 dargestellten Kennzahlen und geben Sie eine Stellungnahme zur Lage des Unternehmens ab!

Schwierigkeitsgrad: ••

Beispiel U50: Analyse der Konzernabschlüsse der Firma Alphabet Incorporated für den Zeitraum 1. Jänner 2016 bis 31. Dezember 2018

Bei der Alphabet Holding handelt es sich um ein börsennotiertes Unternehmen, welches aus der Google LLC bzw. Google Inc. hervorging. Innerhalb der neuen Struktur agiert Google als Tochterunternehmen, das durch Internetdienstleistungen – insbesondere durch die Suchmaschine „Google" – bekannt wurde. Hauptsitz des Unternehmens ist in Mountain View (Kalifornien, USA). Google wurde am 4. September 1998 von Larry Page und Sergey Brin gegründet. Noch am selben Tag brachten sie eine erste Testversion des Programms auf den Markt und im selben Jahr ging die Suchmaschine offiziell ans Netz. Am 2. Oktober 2015 hat Google eine neue Dachgesellschaft gegründet, die **Alphabet Holding**.

Das Unternehmen beschäftigte Ende 2018 rund 99.000 Mitarbeiter und erzielte dabei einen Umsatz von rund 137 Milliarden US-Dollar. 2017 stand Alphabet Inc. laut den Forbes Global 2000 auf Platz 23 der weltgrößten Unternehmen. Das Unternehmen kam Anfang 2018 auf eine Marktkapitalisierung von 766,4 Mrd. USD. Weitere Firmen unter Alphabet sind beispielsweise Unternehmen wie Calico, ein Biotechnologieunternehmen, welches an Langlebigkeit forscht, oder Google Ventures, ein Risikokapitalgeber, den Alphabet nutzt, um sich an Start-Ups zu beteiligen (Quelle: https://www.hanseranking.de/alphabet-inc-diese-tochterunternehmen-gehoeren-dazu.html).

(Quelle: www.google.com)

BILANZ (Beträge in Mio. $)	2018		2017		2016	
Aktiva	**in Mio $**	**in %**	**in Mio $**	**in %**	**in Mio $**	**in %**
Langfristiges Vermögen						
Firmenwerte	17.888	7,7	16.747	8,5	16.468	9,8
Immaterielle Vermögensgegenstände	2.220	1,0	2.692	1,4	3.307	2,0
Sachanlagen	59.719	25,7	42.383	21,5	34.234	20,4
Finanzanlagen	13.859	6,0	7.813	4,0	5.878	3,5
Rechnungsabgrenzung und sonstige Vermögensgegenstände	2.693	1,2	2.672	1,4	1.819	1,1
aktive latente Steuern	737	0,3	680	0,3	383	0,2
Σ langfristiges Vermögen	**97.116**	**41,7**	**72.987**	**37,0**	**62.089**	**37,1**

BILANZ (Beträge in Mio. $)	**2018**		**2017**		**2016**	
Aktiva	**in Mio $**	**in %**	**in Mio $**	**in %**	**in Mio $**	**in %**
Kurzfristiges Vermögen						
Forderungen	20.838	9,0	18.336	9,3	14.137	8,4
Wertpapiere und Finanzinvestitionen	92.439	39,7	91.156	46,2	73.415	43,8
Kassenbestand und kurzfristige Finanzmittel	16.701	7,2	10.715	5,4	12.918	7,7
Aktive Rechnungsabgrenzung und sonstige Vermögensgegenstände	5.343	2,3	3.732	1,9	4.843	2,9
aktive latente Steuern	355	0,2	369	0,2	95	0,1
Σ kurzfristiges Vermögen	**135.676**	**58,3**	**124.308**	**63,0**	**105.408**	**62,9**
Σ Aktiva	**232.792**	**100,0**	**197.295**	**100,0**	**167.497**	**100,0**

Passiva	**in Mio $**	**%**	**in Mio $**	**in %**	**in Mio $**	**in %**
Eigenkapital						
Einbezahltes Kapital	45.049	19,4	40.247	20,6	36.307	21,7
OCI/OCL	−2.306	−1,0	−992	−0,5	−2.402	−1,4
Ergebnisvortrag	134.885	57,9	113.247	57,8	105.131	62,8
Σ Eigenkapital	**177.628**	**76,3**	**152.502**	**77,9**	**139.036**	**83,0**
Langfristige Verbindlichkeiten						
Steuerrückstellung	11.723	5,0	11.667	6,0	4.879	2,9
Sonstige langfristige Verbindlichkeiten	7.557	3,2	7.028	3,6	6.600	3,9
Passive Latente Steuern	1.264	0,5	430	0,2	226	0,1
Σ langfristige Verbindlichkeiten	**20.544**	**8,8**	**19.125**	**9,8**	**11.705**	**7,0**
Kurzfristige Verbindlichkeiten						
Lieferverbindlichkeiten	4.378	1,9	3.137	1,6	2.041	1,2
Anleihen	4.592	2,0	3.975	2,0	2.942	1,8
Steuerrückstellung	69	0,0	881	0,4	554	0,3
Sonstige Rückstellungen	6.839	2,9	4.581	2,3	3.976	2,4
Sonstige laufende Verbindlichkeiten	18.742	8,1	11.609	5,9	7.243	4,3
Σ kurzfristige Verbindlichkeiten	**34.620**	**14,9**	**24.183**	**12,4**	**16.756**	**10,0**
Σ Passiva	**232.792**	**100,0**	**195.810**	**100,0**	**167.497**	**100,0**

Langfristige Rückstellungen 2015 (in Mio $) ***3.852***

Gewinn- und Verlustrechnung (Beträge in Mio. $)		2018		2017		2016	
		in Mio $	in %	in Mio $	in %	in Mio $	in %
1.	Umsatzerlöse	136.819	100,0	110.855	100,0	90.272	100,0
2.	Herstellungskosten der zur Erzielung der Umsatzerlöse erbrachten Leistungen	-59.549	-43,5	-45.583	-41,1	-35.138	-38,9
3.	**Bruttoergebnis vom Umsatz**	**77.270**	**56,5**	**65.272**	**58,9**	**55.134**	**61,1**
4.	Forschung und Entwicklung	-21.419	-15,7	-16.625	-15,0	-13.948	-15,5
5.	Marketing und Vertrieb	-16.333	-11,9	-12.893	-11,6	-10.485	-11,6
6.	Verwaltung	-13.197	-9,6	-9.608	-8,7	-6.985	-7,7
7.	**Betriebsergebnis (EBIT)**	**26.321**	**19,2**	**26.146**	**23,6**	**23.716**	**26,3**
8.	Zinsen und ähnliche Erträge	8.592	6,3	1.047	0,9	434	0,5
9.	Zinsen und ähnliche Aufwendungen	0	0,0	0	0,0	0	0,0
10.	**Finanzergebnis**	**8.592**	**6,3**	**1.047**	**0,9**	**434**	**0,5**
11.	**Ergebnis vor Steuern**	**34.913**	**25,5**	**27.193**	**24,5**	**24.150**	**26,8**
12.	Steuern vom Einkommen und Ertrag	-4.177	-3,1	-14.531	-13,1	-4.672	-5,2
13.	**Jahresüberschuss/-fehlbetrag**	**30.736**	**22,5**	**12.662**	**11,4**	**19.478**	**21,6**
	Abschreibungen (in Mio $)	8.164		6.103		5.267	

Aufgabenstellung

Analysieren Sie das Unternehmen anhand der in Kapitel 3 dargestellten Kennzahlen und geben Sie eine Stellungnahme zur Lage des Unternehmens ab!

Stichwortverzeichnis